高等学校电子信息类精品教材

基于 MATLAB 的信息处理教程

李鸿燕　主编

U0290834

电子工业出版社·

Publishing House of Electronics Industry

北京·BEIJING

内 容 简 介

　　本书结合电子信息类课程的教学特点，系统介绍了当前国际上最为流行的面向工程与科学计算的高级语言 MATLAB 及其动态仿真集成环境 Simulink，并以 MATLAB 为平台，详细阐述了 MATLAB 在图像增强、信号与系统、数字通信、语音信号处理和神经网络等方面的应用。本书取材先进实用，讲解深入浅出，各章均有大量应用实例，并提供了相应的仿真程序，便于读者掌握和巩固所学知识。

　　本书可作为高等学校电子信息类专业本科生和研究生的教材，也可作为从事信息处理及相关专业技术人员的参考用书。

未经许可，不得以任何方式复制或抄袭本书部分或全部内容。

版权所有，侵权必究。

图书在版编目（CIP）数据

基于 MATLAB 的信息处理教程 / 李鸿燕主编. —北京：电子工业出版社，2023.3
ISBN 978-7-121-45041-9

Ⅰ. ①基… Ⅱ. ①李… Ⅲ. ①Matlab 软件－高等学校－教材 Ⅳ. ①TP317

中国国家版本馆 CIP 数据核字（2023）第 019158 号

责任编辑：韩同平
印　　刷：三河市君旺印务有限公司
装　　订：三河市君旺印务有限公司
出版发行：电子工业出版社
　　　　　北京市海淀区万寿路 173 信箱　邮编：100036
开　　本：787×1092　1/16　印张：19　字数：608 千字
版　　次：2023 年 3 月第 1 版
印　　次：2023 年 9 月第 2 次印刷
定　　价：69.90 元

　　凡所购买电子工业出版社图书有缺损问题，请向购买书店调换。若书店售缺，请与本社发行部联系，联系及邮购电话：（010）88254888，88258888。

　　质量投诉请发邮件至 zlts@phei.com.cn，盗版侵权举报请发邮件至 dbqq@phei.com.cn。

　　本书咨询联系方式：（010）88254525，hantp@phei.com.cn。

前　　言

MATLAB 是近年来最流行、应用最广泛的科学计算软件之一。它具有强大的矩阵计算、数值计算、符号运算、数据分析与可视化、用户图形界面设计、系统仿真分析功能，以及众多的工具箱。它被广泛应用于工程科学中，在数值分析、矩阵计算、信号与信息处理、系统仿真、机器人、控制系统、量化金融与风险管理、工程绘图等方面具有强大的优势，可以为科学研究、工程设计，以及需要进行有效数值计算的众多科学领域提供高效解决方案。

本书以 MATLAB 9.8（R2020a）版本为基础进行叙述，同时也兼顾当前仍在较低配置计算机上使用较低版本的用户，以满足不同读者的需求。本书由基础篇和应用篇两部分组成，基础篇介绍 MATLAB 概述、MATLAB 语言基础、MATLAB 图形基础、MATLAB 科学计算、MATLAB 程序设计基础及 Simulink 动态仿真集成环境等，应用篇详细阐述了 MATLAB 在图像增强、信号与系统、通信系统、语音信号处理和人工神经网络等方面的应用。教材结合作者多年来从事 MATLAB 语言课程教学及科学研究经验编著而成，注重实践应用，以案例为驱动，并提供了程序源代码，方便读者开展研究性学习。

本教材适用的学时数为 32～48（2～3 学分），各章节编排具有相对的独立性，便于教师与学生取舍，适用于不同层次院校的不同专业选用，以适应不同教学学时的需要。教材内容完善、新颖，有利于学生能力的培养。

本书由李鸿燕教授主编。全书共 11 章，其中第 1 章由王鸿斌编写；第 2、3、5、7 章由李鸿燕编写；第 4 章由李朋伟编写；第 6 章由巩玲仙编写；第 8 章由史健芳编写；第 9 章由赵哲峰编写；第 10 章由薛珮芸编写，第 11 章由杨琨编写。全书由李鸿燕整理定稿。张雪英教授主审了全书，提出了许多宝贵的意见和建议，在此深表谢意。

本书内容丰富，针对性强，应用实例多，易于学习。可作为高等学校电子信息类专业本科生和研究生教材。鉴于本书的通用性和实用性较强，故也可供电子信息领域的科技工作者或其他读者自学参考。

由于编者水平有限，书中难免有遗漏与不当之处，故恳请有关专家、同行和广大读者批评指正（tylihy@163.com）。

编　者

目　录

第 1 章　MATLAB 概述

MATLAB（MATrix LABoratory）是由美国 MathWorks 公司推出的高性能数值计算和可视化软件，是一种以矩阵运算为基础的交互式程序设计语言。它被广泛应用于工程科学中，在数值分析、矩阵计算、信号与信息处理、系统仿真、机器人、控制系统、量化金融与风险管理、工程绘图等方面具有强大的优势，可以为科学研究、工程设计以及需要进行有效数值计算的众多科学领域提供高效解决方案。

MATLAB 提供了庞大的预定义函数库，利用这些函数可以简单高效地解决工程问题。近年来 MATLAB 针对不同领域应用开发了很多工具包，这些工具包可以分为功能性工具包和学科性工具包。功能性工具包主要用来扩充 MATLAB 的符号计算功能、图形建模仿真功能、文字处理功能以及硬件实时交互功能。学科性工具包是专业性比较强的工具包，如控制工具包（Control Toolbox）、信号处理工具包（Signal Processing Toolbox）、通信工具包（Communication Toolbox）等。开放性是 MATLAB 最重要且最受欢迎的特点。除内部函数外，所有 MATLAB 主包文件和各工具包文件都是可读可改的源文件。用户可通过对源文件进行修改或加入自己的编写文件来构成新的专用工具包。

本章要点：

（1）MATLAB 主要窗口的界面操作。

（2）MATLAB 帮助系统。

学习目标：

（1）了解 MATLAB 的发展历程。

（2）了解 MATLAB 的特点和功能。

（3）了解 MATLAB 的工作环境，掌握 MATLAB 主要窗口的界面操作。

（4）了解 MATLAB 的帮助系统。

1.1　MATLAB 的发展历程

20 世纪 70 年代，美国新墨西哥大学计算机科学系主任 Cleve Moler 为了减轻学生编程的负担，用 FORTRAN 编写了最早的 MATLAB，第一代 MATLAB 由两个软件包 Linpack 和 Eispack 组成，目的是为了免去大量的经常重复的矩阵运算和基本数学运算等烦琐的工作。1984 年由 Jack Little 和 Cleve Moler 合作成立了 MathWorks 公司，开发了第二代 MATLAB 软件，并正式推向市场，其内核改用 C 语言编写，提高了速度，另外还增加了绘图功能，数值计算结果可以直接在 MATLAB 环境下用图形或图像形式表示出来，使 MATLAB 成为一种可视化科学计算软件。到 20 世纪 90 年代，MATLAB 已成为国际流行的科学计算软件。

从 2006 年开始，MathWorks 公司每年发布两个用年号表示建造编号的 MATLAB 版本，其中上半年 3 月份左右发布 a 版，下半年 9 月份左右发布 b 版。

1.2　MATLAB 的特点和功能

MATLAB 是一种解释型交互式程序设计语言，在很大程度上摆脱了传统非交互式程序设计语言（如 C、FORTRAN）的编辑模式。MATLAB 的语法比较简单、数据类型单一、命令表达方式接近于常用的数学公式。因此，在某种意义上说，MATLAB 既像一种万能的、科学的数学运算"演算纸"，又像一种高效的计算器一样方便快捷。MATLAB 大大降低了对使用者的数学基础和计算机语言知识的要求，即使使用者不懂 C 或 FORTRAN 这样的程序设计语言，也可使用 MATLAB 轻易地呈现 C 或 FORTRAN 语言几乎全部的功能，设计出功能强大、界面优美、稳定可靠的高质量程序，而且编程效率和计算效率极高。

与传统的编程语言相比，MATLAB 在工程设计方面具有无可比拟的优势，MATLAB 的特点可以概括为：

1．起点高

（1）MATLAB 以矩阵为基本运算单位进行计算，每个变量代表一个矩阵。而当前的科学计算中，几乎无处不见矩阵运算，这使它的优势得到了充分体现。

（2）每个元素都可看作复数。

（3）所有的运算都对矩阵和复数有效，包括加、减、乘、除、函数运算等。

2．界面友好，编程效率高

（1）MATLAB 语言语法结构简单，命令表达方式接近于常用的数学公式，用户可在短时间内掌握它的主要内容和基本操作。

（2）矩阵的行列数无需定义，系统会自动根据输入数据的行列数决定它的阶数。

（3）键入算式立即得到结果，无需编译。MATLAB 是以解释方式进行工作的，即它对每条语句解释后立即执行，若有错误也立即做出反应。

3．图形功能灵活方便

（1）MATLAB 具有灵活的二维和三维绘图功能，在程序运行过程中，可以方便迅速地用图形、图像、声音、动画等多媒体形式表述数值计算结果。

（2）可以选择不同的坐标系和坐标轴。用户利用 MATLAB 可视化功能呈现数据间的关系时，可以根据需要选择 x 轴、y 轴为线性刻度，或一个轴为线性刻度，另一个轴为对数刻度，或都为对数刻度。

（3）可以设置颜色、线型、视角等，也可以在图中加上比例尺、标题等标记，在程序运行结束后改变图形标记、控制图形句柄等。

4．功能强大，可扩展性强

MATLAB 语言不但提供了科学计算、数据分析与可视化、系统仿真等强大的功能，而且还具有可扩展性特征。MathWorks 公司针对不同领域的应用，推出了自动控制、信号处理、图像处理、模糊逻辑、神经网络、小波分析、通信、最优化、数理统计、偏微分方程、财政金融等多个具有专门功能的 MATLAB 工具箱。各种工具箱中的函数可以互相调用，也可以由用户更改，MATLAB 支持用户对其函数进行二次开发，用户的应用程序可以作为新的函数添加到相应的工具箱中。MATLAB 常用工具箱如下。

Matlab Main Toolbox——MATLAB 主工具箱

Signal Processing Toolbox——信号处理工具箱

Control System Toolbox——控制系统工具箱

Communication System Toolbox——通信系统工具箱

Filter Design Toolbox——滤波器设计工具箱

Fuzzy Logic Toolbox——模糊逻辑工具箱

Image Processing Toolbox——图像处理工具箱

Neural Network Toolbox——神经网络工具箱

Computer Vision System Toolbox——计算机视觉系统工具箱

DSP System Toolbox——DSP 系统工具箱

Higher-Order Spectral Analysis Toolbox——高阶谱分析工具箱

Optimization Toolbox——优化工具箱

Wavelet Toolbox——小波工具箱

Curve Fitting Toolbox——曲线拟合工具箱

Simulink Toolbox——动态仿真工具箱

Symbolic Math Toolbox——符号数学工具箱

5. 灵活的应用程序接口

MATLAB 软件是一个开放的平台。MathWorks 公司为 MATLAB 提供了应用程序接口，允许 MATLAB 和其他应用程序进行交互操作，并且提供了 C/C++数学和图形函数库，为在其他程序设计语言中调用 MATLAB 高效算法提供了可能。MATLAB 可以调用 C/C++、FORTRAN、Java 语言编写的程序，利用 MATLAB 编译器可以将 M 文件转换为可执行文件或动态链接库，独立于 MATLAB 运行。另外，MATLAB 还可以与办公软件如 Word 和 Excel 等进行交互。通过 MATLAB 的应用程序接口，用户可以方便地利用 MATLAB 与其他应用程序进行交互，发挥各自优势，提高工作效率。

6. 在线帮助，有利于自学

用户可以借助于 MATLAB 环境下的在线帮助学习各种函数的用法及其内涵。另外还可以直接访问 MathWorks 公司的网站，以获得常见问题解答、产品指南和 MATLAB 书籍等更丰富的帮助信息。

MATLAB 主要有以下两方面的缺点：

（1）由于 MATLAB 是解释型程序设计语言，需要对每条语句解释后执行，所以执行速度比其他编译型语言慢。

（2）由于商业性要求，MATLAB 费用较高。但对学生群体提供了学生专用版，其功能与完全版 MATLAB 基本一致。

1.3 MATLAB 的工作环境

同一台计算机可以同时安装多种 MATLAB 版本，高版本的 MATLAB 同时支持 32 位和 64 位操作系统，安装包 win32 和 win64 两个文件夹分别与之对应。MATLAB 版本在计算机重装之后，没有必要再次安装，只需在 MATLAB 目录中，为 MATLAB.exe 创建一个桌面快捷方式，仍可以正常使用。

MATLAB 版本更新较快，MATLAB 8.4（R2014a）及之后版本已将主操作界面汉化，并支持中文，但其大多数子操作界面和子菜单仍为英文。本书以 MATLAB 9.8（R2020a）版本为基础进行叙述，同时也兼顾当前仍在较低配置计算机上使用较低版本的用户。MATLAB 新版本的内容和功能有所增加，但其使用方法基本与旧版本相同，最新版 MATLAB 大多新增功能对于本书涉及内容没有太大影响，使得本书所述内容对使用新老版本的用户均适用。

在 MATLAB 命令窗口输入

```
>>ver('matlab')
```

可以看到在当前电脑安装的 MATLAB 版本信息。

MATLAB 主窗口是 MATLAB 的主要工作界面，图 1-1 是 MATLAB 9.8（R2020a）主窗口，图 1-2 是 MATLAB 7.11（R2010b）主窗口。

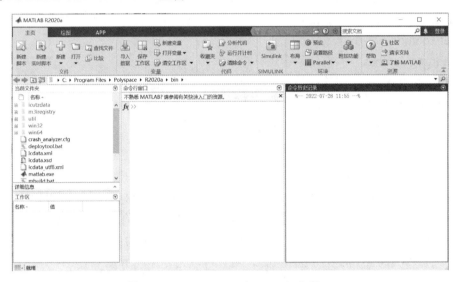

图 1-1   MATLAB 9.8（R2020a）主窗口

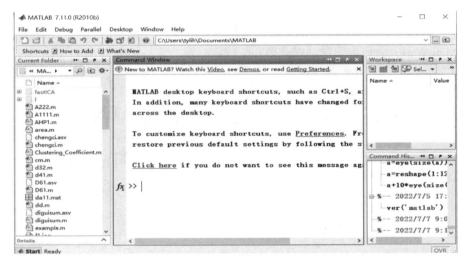

图 1-2   MATLAB 7.11（R2010b）主窗口

主窗口除包括命令行窗口（低版本 Command Window 窗口）、工作区窗口（低版本 Workspace 窗口）、命令历史记录窗口（低版本 Command History 窗口）和当前文件夹窗口（低版本 Current Folder 窗口）外，还包括标题栏、功能区、菜单栏和工具栏。

下面介绍 MATLAB 9.8（R2020a）版本的工作环境。

1.3.1　标题栏

图 1-3 为标题栏，右上角显示三个图标。分别为最小化、最大化和退出图标，单击最小化图标，将最小化显示工作界面；单击最大化图标，将最大化显示界面；单击退出图标，将关闭工作界面。

图 1-3　标题栏

在命令窗口输入 exit 或 quit 命令，同样可以关闭 MATLAB。

1.3.2　功能区

区别于传统菜单栏形式，MATLAB 8.1（R2013a）后的版本以功能区的形式显示应用命令。MATLAB 9.8（R2020a）将所有功能命令分类别放置于"主页"、"绘图"和"APP"三个选项卡中。

1. "主页"选项卡

单击标题栏下方的"主页"选项卡，显示如图 1-4 所示。

图 1-4　"主页"选项卡

"主页"选项卡内功能按键，根据功能命令分为"文件"、"变量"、"代码"、"SIMULINK"、"环境"和"资源"6 类。

"新建脚本"、"新建实时脚本"、"新建"、"打开"、"查找文件"和"比较"等 6 个功能按键归属于"文件"类别，用于 MATLAB 各类文件的操作。其中，"新建脚本"和"新建实时脚本"按钮用于新建 MATLAB 脚本文件，实时脚本在一个被称为实时编辑器的交互式环境中编辑，同时包含代码、输出和格式化文本。在实时脚本中，可以编写代码并查看生成的输出和图形，以及相应的源代码；"新建"和"打开"按钮用于新建和打开 MATLAB 的各类文件；"查找文件"按钮用于根据文件名或文件内容查找已有文件；"比较"按钮用于比较两个文件的内容。

"导入数据"、"保存工作区"、"新建变量"、"打开变量"和"清空工作区"等 5 个功能按钮归属于"变量"类别，用于 MATLAB 的变量操作。其中，"导入数据"按钮用于导入外部数据文件，如 excel、csv、txt 等各类文件；"保存工作区"按钮用于保存在命令行窗口创建的当前工作区的变量；"新建变量"按钮用于重新创建一个变量；"打开变量"按钮用于打开已有的变量；"清空工作区"按钮用于清除当前工作区所有变量。

"收藏夹"、"分析代码"、"运行并计时"和"清除命令"等 4 个功能按钮归属于"代码"类别，用于 MATLAB 的代码操作。其中，"收藏夹"按钮用于收藏命令，可以设置 MATLAB 快捷命令并放置于工具栏，方便以后的调用；"分析代码"按钮用于分析 MATLAB 当前文件夹的代码文件，查找效率低下的代码和潜在的错误；"运行并计时"按钮用于运行代码和配置文件以提高性能；"清除命令"用于清除命令行窗口显示内容。

"SIMULINK"按钮用于启动 Simulink。

"布局"、"预设"、"设置路径"、"Parallel"和"附加功能"等 5 个功能按钮归属于"环境"类别，用于设置 MATLAB 的工作环境。其中，"布局"按钮用于设置 MATLAB 工作界面布局；"预设"按钮用于 MATLAB 各窗口或各功能参数预先设置；"设置路径"按钮用于设置 MATLAB 的搜索路径；"Parallel"按钮用于操作 MATLAB 并行计算选项；"附加功能"按钮用于获取硬件支持在内的附加功能。

"帮助"、"社区"、"请求支持"和"了解 MATLAB"等 4 个功能按钮归属于"资源"类别。其中，"帮助"按钮用于获取 MATLAB 的在线帮助；"社区"按钮用于访问 MathWorks 在线社区；"请求支持"按钮用于提交技术支持请求；"了解 MATLAB"按钮用于按需访问学习资源。

2. "绘图"选项卡

单击标题栏下方的"绘图"选项卡，显示关于图形绘制的编辑按钮，如图 1-5 所示。此时，可以看到"绘图"选项卡各按钮均为灰色，表示不可操作。"绘图"选项卡左侧第一个按钮显示"未选择变量"。

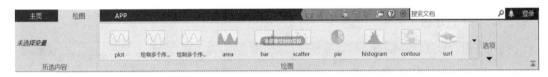

图 1-5　"绘图"选项卡

在命令行窗口输入

```
>> x=0:0.1:2*pi;
>> y=sin(x);
```

在当前工作区会产生 x 和 y 两个变量，在工作区内单击变量 y，"绘图"选项卡会显示关于变量 y 的各种图形绘制按钮，如图 1-6 所示。其中，"plot"、"area"、"bar"等均为相应绘图函数绘制的图形，单击各按钮，可以打开对应图形。关于图形绘制的内容将在本书的第 3 章介绍。

图 1-6　变量 y 的"绘图"选项卡

3. "APP"选项卡

单击标题栏下方的"APP"选项卡，显示各种应用程序按钮，如图 1-7 所示。

图 1-7　"APP"选项卡

1.3.3　命令行窗口

命令行窗口是 MATLAB 界面中的重要组成部分，利用该窗口可以实现用户与 MATLAB 的交互操作，即输入数据或命令并进行相应的计算。

1．基本操作

启动命令行窗口后，在提示符>>后可输入 MATLAB 语句，回车后即可得到语句执行结果。如图 1-8 所示。可以看出，利用 MATLAB 编程运算与人类进行科学计算的思维和表达类似，就像在草稿纸上演算数学题一样方便。

单击命令行窗口右上角的"⊡"按钮，出现一个下拉菜单，如图 1-9 所示。

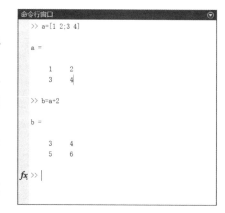

图 1-8　命令行窗口

> 选择"清空命令行窗口"，命令行窗口的所有文本将会被清除。

> 选择"全选"，命令行窗口的所有文本将会被选中。

> 选择"查找"，弹出对话框，根据输入内容查找命令行窗口的文本。

> 选择"打印"，弹出对话框，可以设置打印命令行窗口的文本。

> 选择"页面设置"，弹出"页面设置：命令行窗口"对话框。该对话框包括："布局"、"标题"和"字体"三个选项卡。"布局"选项卡如图 1-10 所示，用于设置文本打印对象及打印颜色；"标题"选项卡如图 1-11 所示，用于设置打印页码、边框和布局；"字体"选项卡如图 1-12 所示，用于设置命令行窗口文本的字体，可选择使用当前命令行字体，也可以自定义设置，在下拉列表中选择字体设置选项。

图 1-9　命令行窗口下拉菜单

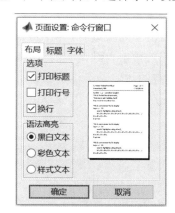

图 1-10　"页面设置：命令行窗口"对话框

图 1-11　"标题"选项卡

> "最小化"、"最大化"和"取消停靠"用于设置命令行窗口布局。选择"最小化"，将命令行窗口最小化到主窗口右侧，以页签形式存在，单击该页签，可显示该窗口内容，单击"⊡"按钮，可选择还原该窗口；选择"最大化"，将命令行窗口最大化显示，此时主窗口仅显示命令行窗口；选择"取消停靠"，将单独打开命令行窗口。

2．快捷操作

选择命令行窗口中的命令，单击鼠标右键，弹出如图 1-13 所示快捷菜单。选择其中的命令，即可进行相应操作。下面介绍几种常用操作。

图 1-12　"字体"选项卡　　　　　图 1-13　命令行窗口快捷菜单

> 执行所选内容：执行选中的命令。
> 打开所选内容：选择该命令，打开所选内容对应的文件。
> 关于所选内容的帮助：执行该命令，弹出关于所选内容的相关帮助窗口。
> 函数浏览器：执行该命令，弹出选中命令中所需函数，并对该函数进行安装和介绍。
> 查找：选择该命令，弹出"查找"对话框，在"查找内容"文本框中输入需要查找的文本关键词，即可在命令行窗口找到所需文本的位置。
> 清空命令行窗口：清除命令行窗口的所有显示内容。

3．命令行窗口的文本显示格式

为了方便显示，MATLAB 数值显示格式遵循一定的规则：在默认情况下，当结果为整数时，MATLAB 将它以整数显示，当结果为实数时，MATLAB 以小数点后 4 位的精度近似显示。MATLAB 计数精度约为 16 位有效数字，结果中的有效数字超出了这一范围，MATLAB 以科学计数法显示结果。MATLAB 支持的数值显示格式如表 1-1 所示。

MATLAB 可以使用 format 命令改变数值输出显示格式。调用格式为

format　控制参数

以下为在 MATLAB 中输入数值及显示结果

```
>> a=1.2
a =
      1.2000
>> format long
>> a
a =
    1.200000000000000
>> format bank
>> a
a =
         1.20
```

表 1-1　MATLAB 数值显示格式

显示格式	含　义	显示格式	含　义
short	5 位定点表示	short eng	5 位加 3 位指数浮点表示
short e	5 位浮点表示	long eng	15 位加 3 位指数浮点表示
short g	系统选择 short 和 short e 中较好的表示	hex	十六进制表示
long	15 位定点表示	bank	元、角、分定点表示
long e	15 位浮点表示	+	显示数值的符号
long g	系统选择 long 和 long e 中较好的表示	rational	近似的有理数表示

另外，在命令行执行命令后，MATLAB 输出命令执行结果时，会加入一些空行。利用 format 命令可以压缩这些空行。使用格式如下

format loose	%输出显示空行（默认情况）
format compact	%压缩掉输出显示空行

除采用 format 命令改变 MATLAB 命令行文本显示格式外，也可通过单击"⚙预设"功能按钮，弹出"预设项"页面。在该页面左侧选择"命令行窗口"，可设置 MATLAB 命令行文本显示格式，如图 1-14 所示。"数值格式"下拉列表中，出现表 1-1 中数值显示格式，选择对应项，设置数值显示格式；"数值显示"下拉列表包含"loose"和"compact"两项，选择"loose"即为默认显示结果时，加入空行；选择"compact"，将压缩掉这些空行。

4．命令行窗口功能按键编辑功能

在命令行窗口可利用一些功能按键对输入的命令进行编辑，如表 1-2 所示。

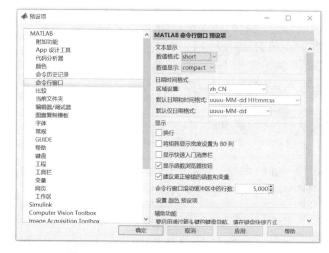

图 1-14　MATLAB 命令行文本显示格式

表 1-2　MATLAB 命令行窗口编辑功能

按键操作		作用
↑	Ctrl+P	调出前一行
↓	Ctrl+N	调出后一行
←	Ctrl+B	光标前移一个字符
→	Ctrl+F	光标后移一个字符
Ctrl+→	Ctrl+R	光标前移一个字
Ctrl+←	Ctrl+L	光标后移一个字
Home	Ctrl+A	光标移动到行首
End	Ctrl+E	光标移动到行尾
Esc	Ctrl+U	清除当前行

1.3.4　工作区窗口

MATLAB 工作区（工作空间）窗口用于放置在命令行窗口中创建的 MATLAB 变量，用户既可以在工作区窗口直接对这些变量进行编辑，也可以在命令行窗口对这些变量进行操作。

MATLAB 工作区窗口如图 1-15 所示，该窗口显示当前工作空间所有变量，利用该窗口可以直接对变量内容进行操作。

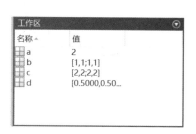

图 1-15　工作区窗口

在工作区窗口右上角,有""按钮,单击该按钮,出现一个下拉菜单,如图 1-16 所示,用户可以利用这些菜单对工作区窗口变量进行操作。

1. 查看与清除工作空间中的变量

用户可以直接在图 1-15 所示的工作区窗口查看并编辑当前工作空间的变量。双击其中的一个变量,如双击变量 a,弹出数组编辑器,如图 1-17 所示。在该数组编辑器内显示的即为变量 a 的具体内容,可以利用该数组编辑器查看并编辑变量 a 的内容。如图 1-18 所示,通过直接输入数组元素的值对变量进行编辑修改,将变量 a 由 1×1 的数值数组变为 3×3 的矩阵。

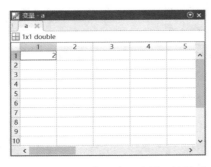
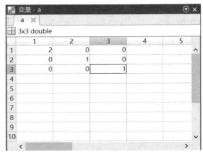

图 1-16 工作区窗口下拉菜单   图 1-17 工作区窗口变量 a 的显示   图 1-18 工作区窗口变量 a 的编辑

选中工作区窗口变量 a,单击鼠标右键,弹出如图 1-19 所示快捷菜单。通过该菜单命令,可以对该变量进行相应操作。如选择 bar(a),将会以直方图形式显示矩阵 a 每一列内容,如图 1-20 所示。

在图 1-16 所示菜单中,选择"清空工作区",将会删除工作区所有变量。在图 1-19 所示菜单中,选择"删除",将会删除工作区指定变量。变量被删除后,将不会恢复。在选择"清空工作区"或"删除"选项时,提示将会删除工作区所有变量或指定变量,可选择"确定"或"取消"完成相应操作。

在命令行窗口查看工作空间变量的具体内容,可通过输入变量名的方式查询。

查询工作区包含哪些变量可以使用 who 或 whos 命令。who 命令可以给出工作区简明的变量名列表,whos 命令还可以列出变量的大小及数据类型。使用格式如下

图 1-19 工作区窗口变量 a 鼠标右键显示菜单

who	%给出工作区窗口所有变量名列表
whos	%给出工作区窗口所有变量的变量名、大小、字节和数据类型

在命令行窗口,可以通过 clear 命令清除工作空间中的变量。使用格式如下

clear 变量名列表	%清除工作空间中的指定变量
clear	%清空工作空间

以下为对工作空间变量的查看与清除输入语句及显示结果

```
>> clear
>> a=2;b=ones(2);c=a*b;d=b/2;
>> who
您的变量为:
```

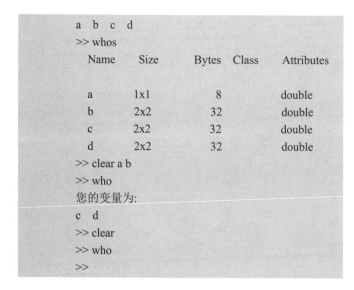

```
a b c d
>> whos
    Name        Size          Bytes    Class      Attributes

    a           1x1           8        double
    b           2x2           32       double
    c           2x2           32       double
    d           2x2           32       double
>> clear a b
>> who
您的变量为:
c d
>> clear
>> who
>>
```

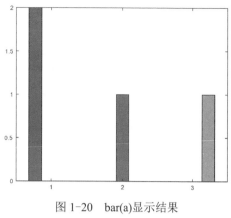

图 1-20   bar(a)显示结果

2. 保存和加载工作空间

MATLAB 允许用户保存当前的工作空间，并随时调用已保存的工作空间。

MATLAB 工作空间中的变量在退出 MATLAB 后将会被自动清除，如果在退出 MATLAB 前想将工作空间中的变量保存在文件中，可以在工作区窗口保存，也可在命令行窗口保存。

在工作区窗口保存当前工作空间所有变量，可以在工作区窗口右上角，单击"⊙"按钮，在图 1-16 的下拉菜单中，选择"保存"，在弹出的对话框内输入文件名，将工作区所有变量保存在扩展名为".mat"的数据文件中；在工作区窗口保存当前工作空间指定变量，可以选中该变量，单击鼠标右键，在图 1-19 的下拉菜单中，选择"另存为"，在弹出的"另存为"对话框内输入文件名，将工作区指定变量保存在扩展名为".mat"的数据文件中。

例如，在图 1-16 的下拉菜单中，选择"保存"，输入文件名"data"，将工作区所有变量保存在"data.mat"数据文件中。该数据文件可以通过单击 MATLAB 功能区窗口"导入数据"按钮"⬇"，在弹出的页面中找到并选择"data.mat"文件，弹出如图 1-21 页面，选择变量将该数据文件中的变量重新导入到 MATLAB 工作区。

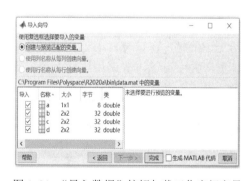

图 1-21   "导入数据"按钮加载工作空间变量

在命令行窗口保存工作空间中的变量，可以使用 save 命令。save 命令可以将工作空间中的变量保存在二进制的 MAT 文件中，以后可以使用 load 命令调用 MAT 文件。

save 和 load 命令使用格式如下

save 文件名	%将当前工作空间中的所有变量保存在指定文件中
save 文件名 变量名列表	%将当前工作空间中的指定变量保存在指定文件中
load 文件名	%加载数据文件中的所有变量至当前工作空间
load 文件名 变量名列表	%加载数据文件中的指定变量至当前工作空间

使用 save 命令保存的文件名后缀为".mat"，表示是数据文件。

以下为 save 和 load 命令示例

```
>> a=2;b=ones(2);c=a*b;d=b/2;
>> save worksp                    %将当前工作空间中的所有变量保存在 worksp.mat 文件中
>> save worksp1 a b               %将当前工作空间中的变量 a 和 b 保存在 worksp1.mat 文件中
>> clear
>> a
函数或变量 'a' 无法识别。
>> load worksp1                   %加载数据文件 worksp1.mat 中的所有变量至当前工作空间
>> who
您的变量为:
a  b
>> a
a =
    2
>> load worksp c                  %加载数据文件 worksp1.mat 中的变量 c 至当前工作空间
>> c
c =
    2    2
    2    2
```

3.文件名和变量名的特殊用法

命令 save 和 load 都可以使用"*"作为通配符。

例如:save myworksp a*,表示将当前工作空间中所有以字符 a 开头的变量保存在文件 myworksp.mat 中。

load myworksp aa*bb,表示从文件 myworksp.mat 中加载所有变量名中前两个字符是 aa,最后两个字符是 bb 的变量。通配符"*"的位置可以是任意字符或字符串。

1.3.5 命令历史记录窗口

命令历史记录窗口主要显示已执行过的命令。如图 1-22 所示。默认情况下,每次启动命令历史记录时,窗口会自动记录启动的时间,并将窗口中执行的命令记录下来。一方面便于查找,另一方面可以再次调用这些命令。调用单条命令时只需双击该命令,该操作等效于在命令行窗口中输入并执行此命令。

单击命令历史记录窗口右上角的"▣"按钮,出现一个下拉菜单,如图 1-23 所示,用户可以利用这些菜单命令对命令历史记录窗口及记录的命令进行操作。

图 1-22　命令历史记录窗口　　　　　图 1-23　命令历史记录窗口下拉菜单

1.3.6 当前文件夹窗口

当前文件夹窗口如图 1-24 所示。利用该窗口可以查看当前目录下的文件，双击文件可以打开指定文件。单击当前文件夹窗口右上角的""按钮，出现一个下拉菜单，如图 1-25 所示，用户可以利用这些菜单命令对当前文件夹窗口的文件进行操作。

图 1-24 当前文件夹窗口

图 1-25 当前文件夹窗口下拉菜单

当前文件夹放置的是在 MATLAB 当前路径下保存的文件，用户创建的文件默认路径为当前路径。

1. MATLAB 的路径搜索

MATLAB 采用路径搜索的方法来查找文件，例如：在命令行窗口中输入一个字符串"sear"时，将按以下的顺序进行搜索。

（1）将 sear 看作一个变量进行搜索，在当前工作空间中查找变量。

（2）将 sear 看作一个内置函数进行搜索，查找内置函数并执行。

（3）查找当前目录中的 sear.m 文件。

（4）查找当前搜索路径中的 sear.m 文件。

此搜索的顺序只是一般情况下的顺序，而实际的搜索规则还要考虑到私有函数、子函数和面向对象函数的范围限制，因此会更加复杂。

如果在搜索路径中存在同名函数，则仅可发现搜索路径中的第一个函数，而其他同名的函数不被执行，使用 path 命令可以显示当前的搜索路径。

以下为在命令窗口输入 path 命令的结果显示

```
>> path
    MATLABPATH

    C:\Users\tywan\Documents\MATLAB
    C:\Users\tywan\AppData\Local\Temp\Editor_vxdxq
    C:\Program Files\Polyspace\R2020a\toolbox\matlab\capabilities
    C:\Program Files\Polyspace\R2020a\toolbox\matlab\datafun
    C:\Program Files\Polyspace\R2020a\toolbox\matlab\datatypes
    C:\Program Files\Polyspace\R2020a\toolbox\matlab\elfun
    C:\Program Files\Polyspace\R2020a\toolbox\matlab\elmat
    C:\Program Files\Polyspace\R2020a\toolbox\matlab\funfun
    C:\Program Files\Polyspace\R2020a\toolbox\matlab\general
    C:\Program Files\Polyspace\R2020a\toolbox\matlab\iofun
    ……
```

在命令行窗口输入

```
>> pathtool
```

弹出"设置路径"对话框，如图 1-26 所示，通过选择相应按钮可以添加 MATLAB 搜索路径或改变搜索顺序。如单击"添加文件夹"按钮，进入文件夹浏览对话框，选择路径可以将某一目录下的文件添加在搜索路径中。

2．当前目录文件类型

MATLAB 常用文件类型如表 1-3 所示。

图 1-26 "设置路径"对话框

表 1-3　MATLAB 常用文件类型

文件类型	说明	扩展名
M-files	M 文件	.m
MAT-files	数据文件	.mat
MEX-files	可执行文件	.mex
FIG-files	图形文件	.fig
Models-files	模型文件	.mdl

1.4　MATLAB 的帮助系统

MATLAB 的帮助系统功能强大，各种版本都为用户提供了非常详细的帮助系统，以帮助用户更好地了解和运用 MATLAB。MATLAB 的帮助系统主要分为三大类。

➢ 联机帮助系统
➢ 命令窗口查询帮助系统
➢ 了解 MATLAB

下面介绍 MATLAB 9.8（R2020a）版本的帮助系统。

1.4.1　联机帮助系统

进入 MATLAB 联机帮助系统的方法有以下几种。

（1）单击 MATLAB 主窗口功能区中的问号按钮" "。

（2）在命令行窗口中执行 helpwin、helpdesk 或 doc。

联机帮助窗口如图 1-27 所示。

图 1-27　MATLAB 9.8（R2020a）联机帮助系统

单击图 1-27 窗口菜单"示例",选择"创建常见的二维图形",打开如图 1-28 所示文档。在该文档中可以看到创建常见的二维图形的实时脚本及图形。

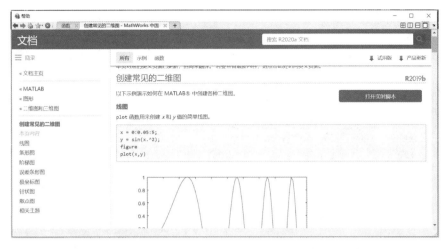

图 1-28　MATLAB 9.8（R2020a）创建常见的二维图形示例界面

联机帮助系统界面的操作与大多数 Windows 界面操作类似,熟悉 Windows 的读者可以很容易地掌握,在此不再详细介绍。

1.4.2　命令帮助系统

熟练的用户可以使用更方便快捷的命令窗口查询帮助。常用的命令窗口命令如表 1-4 所示。

表 1-4　常用的命令窗口命令

帮助命令	功能	帮助命令	功能
demo	获取 MATLAB 演示帮助	who	查询当前工作空间变量名列表
help	获取 MATLAB 在线帮助	whos	查询当前工作空间变量详细信息
lookfor	根据用户提供的关键字搜索相关信息	what	列出当前路径或指定路径下的文件
exist	检查指定文件或变量的存在性	which	显示指定文件或函数的路径
tour	运行 MATLAB 漫游程序	doc	获取联机帮助
type	显示文件内容	dir/ls	列出当前文件夹下的文件
pwd	显示当前工作目录	cd	改变当前目录
clc	清除命令行窗口显示	clf	清除图形窗口内容

1. help 命令

help 命令帮助功能有 help+函数（库）名、helpwin 和 helpdesk。其中，helpwin 和 helpdesk 可用来调用联机帮助。

在命令行窗口输入 help+函数（库）名是最常用的一种帮助命令，可以帮助用户查询函数库中的函数，学习函数的使用方法和内涵。其调用格式为

help 函数（库）名

如要查询函数库 elfun 下所包含函数，输入以下命令

```
>> help elfun
```

Elementary math functions.

Trigonometric.

sin	- Sine.
sind	- Sine of argument in degrees.
sinh	- Hyperbolic sine.
asin	- Inverse sine.
asind	- Inverse sine, result in degrees.
asinh	- Inverse hyperbolic sine.
cos	- Cosine.
cosd	- Cosine of argument in degrees.
cosh	- Hyperbolic cosine.
acos	- Inverse cosine.
acosd	- Inverse cosine, result in degrees.
acosh	- Inverse hyperbolic cosine.
tan	- Tangent.
tand	- Tangent of argument in degrees.
tanh	- Hyperbolic tangent.
atan	- Inverse tangent.
atand	- Inverse tangent, result in degrees.
atan2	- Four quadrant inverse tangent.
atanh	- Inverse hyperbolic tangent.
sec	- Secant.
secd	- Secant of argument in degrees.
sech	- Hyperbolic secant.
asec	- Inverse secant.
asecd	- Inverse secant, result in degrees.
asech	- Inverse hyperbolic secant.
csc	- Cosecant.
cscd	- Cosecant of argument in degrees.
csch	- Hyperbolic cosecant.
acsc	- Inverse cosecant.
acscd	- Inverse cosecant, result in degrees.
acsch	- Inverse hyperbolic cosecant.
cot	- Cotangent.
cotd	- Cotangent of argument in degrees.
coth	- Hyperbolic cotangent.
acot	- Inverse cotangent.
acotd	- Inverse cotangent, result in degrees.
acoth	- Inverse hyperbolic cotangent.
hypot	- Square root of sum of squares.

Exponential.

exp	- Exponential.
expm1	- Compute exp(x)−1 accurately.
log	- Natural logarithm.
log1p	- Compute log(1+x) accurately.
log10	- Common (base 10) logarithm.

```
        log2          - Base 2 logarithm and dissect floating point number.
        pow2          - Base 2 power and scale floating point number.
        realpow       - Power that will error out on complex result.
        reallog       - Natural logarithm of real number.
        realsqrt      - Square root of number greater than or equal to zero.
        sqrt          - Square root.
        nthroot       - Real n-th root of real numbers.
        nextpow2      - Next higher power of 2.


    Complex.
        abs           - Absolute value.
        angle         - Phase angle.
        complex       - Construct complex data from real and imaginary parts.
        conj          - Complex conjugate.
        imag          - Complex imaginary part.
        real          - Complex real part.
        unwrap        - Unwrap phase angle.
        isreal        - True for real array.
        cplxpair      - Sort numbers into complex conjugate pairs.


    Rounding and remainder.
        fix           - Round towards zero.
        floor         - Round towards minus infinity.
        ceil          - Round towards plus infinity.
        round         - Round towards nearest integer.
        mod           - Modulus (signed remainder after division).
        rem           - Remainder after division.
        sign          - Signum.
```

查询函数库 elfun 下 abs 函数用法，输入以下命令

```
>> help abs
```

结果显示如下

```
    abs - 绝对值和复数的模
        此 MATLAB 函数 返回数组 X 中每个元素的绝对值。
        Y = abs(X)
        另请参阅 angle, hypot, imag, norm, real, sign, unwrap
        abs 的文档
        名为 abs 的其他函数
```

2. lookfor 命令

当用户知道确切的函数名时，可以使用 help 命令查询函数的使用方法，但如果不知道函数的确切名时，可以使用 lookfor 命令根据用户提供的关键字搜索函数相关信息。其调用格式为

lookfor 关键词

例如，查找与积分相关的 MATLAB 函数时，输入以下语句

```
>> lookfor integral
```

结果显示如下

```
dblquad                          - Numerically evaluate double integral over a rectangle.
integral                         - Numerically evaluate integral.
integral2                        - Numerically evaluate double integral.
integral3                        - Numerically evaluate triple integral.
quad                             - Numerically evaluate integral, adaptive Simpson quadrature.
quad2d                           - Numerically evaluate double integral over a planar region.
quadgk                           - Numerically evaluate integral, adaptive Gauss-Kronrod quadrature.
quadl                            - Numerically evaluate integral, adaptive Lobatto quadrature.
triplequad                       - Numerically evaluate triple integral.
integral2Calc                    - Perform INTEGRAL2 calculation
……
integral 的文档
```

3．which 命令

which 命令用于查找函数和文件的路径。其调用格式为

which 函数名/文件名

例如，查找 MATLAB 自建函数 sin 的路径，输入以下语句

```
>> which sin
```

结果显示如下

```
built-in (C:\Program Files\Polyspace\R2020a\toolbox\matlab\elfun\@double\sin)     % double method
```

查找用户编写函数 example 的路径，输入以下语句

```
>> which example
```

结果显示如下

```
C:\Program Files\Polyspace\R2020a\bin\example.m
```

4．what 命令

what 命令用于列出当前路径或指定路径下的文件。其调用格式为

what

在命令行窗口输入 what 命令，结果显示如下

```
>> what
当前文件夹  C:\Program Files\Polyspace\R2020a\bin  中的  MATLAB Code files
ex1          example
当前文件夹  C:\Program Files\Polyspace\R2020a\bin  中的  MAT-files
data         myworksp
```

1.4.3　了解 MATLAB

单击 MATLAB 主窗口功能区中的"🖵 了解 MATLAB"按钮，进入 MathWorks 网站，如图 1-29 所示界面。单击"MATLAB 入门之旅"，在图 1-30 所示界面选择对应内容，可学习相关视频。

图 1-29 "了解 MATLAB"界面

图 1-30 "MATLAB 入门之旅"界面

<h1 style="text-align:center">小　　结</h1>

本章主要介绍了当前国际上最为流行的应用软件——MATLAB 的功能特点、操作界面、工作环境和帮助系统等内容。希望通过本章的内容，用户能够对 MATLAB 有一个直观的印象。在后面的章节中，将详细介绍关于 MATLAB 的基础知识和操作方法，以及在专业中的应用。

思考题

1-1　与其他计算机语言相比，MATLAB 的特点是什么？

1-2　较为常见的 MATLAB 工具箱主要有哪些？试列举几个。

1-3　MATLAB 的工作窗口有哪几个？

1-4　如何使用 MATLAB 的帮助系统？

第2章 MATLAB 语言基础

MATLAB 的语法相对比较简单，本章将介绍 MATLAB 的变量及表达式、数组类型和 MATLAB 的基本运算，本章是掌握 MATLAB 的基础。

本章要点：

（1）MATLAB 语句构成。

（2）MATLAB 数值数组的创建和操作。

（3）MATLAB 的数组运算和矩阵运算。

（4）MATLAB 的关系与逻辑运算。

学习目标：

（1）掌握 MATLAB 的语句构成，变量和表达式的创建和表示。

（2）了解 MATLAB 永久变量和特殊变量。

（3）掌握 MATLAB 一维数组、二维数组、多维数组的创建、寻访与赋值方法。

（4）了解 MATLAB 的数组函数和矩阵函数，以及产生特殊矩阵的函数。

（5）掌握主要函数的调用方法。

（6）了解 MATLAB 的元胞数组和结构数组。

（7）掌握 MATLAB 的数组运算和矩阵运算、关系与逻辑运算。

（8）了解 MATLAB 的字符与字符串运算。

（9）掌握 MATLAB 常用标点功能。

2.1 MATLAB 的变量及表达式

表达式和变量是使用 MATLAB 的基础，MATLAB 采用的是表达式语句，用户输入的语句由 MATLAB 系统解释运行。MATLAB 的语句由表达式和变量组成，常见形式有以下两种。

➢ 表达式

➢ 变量=表达式

表达式由运算符、函数、变量名和数字组成。它在 MATLAB 中占有很重要的地位，几乎所有的运算都必须借助表达式来进行。

在第一种形式中，表达式运算后产生的结果如果是矩阵或其他的数值类型，系统将会自动赋给名为 ans 的变量，并显示在屏幕上。ans 是系统默认的变量名，它会在以后的类似操作中被自动覆盖掉。所以，对于重要的结果要记录下来，也就是使用第二种形式。

在第二种形式中，等号右边的表达式表示计算后产生的结果，MATLAB 系统将其赋给等号左边的变量，然后放入内存（工作空间）中，并显示在屏幕上。

1. 数值表达式

MATLAB 的数值采用十进制数表示，可以带小数点，也可以使用科学计数法，用 e 表示位数。

以下为 MATLAB 的数值表达式及结果显示

```
>> 1
```

```
ans =
      1
>> 0.12
ans =
     0.1200
>> 1.2e3
ans =
         1200
>> -1.3e-3
ans =
    -0.0013
```

其中数值的相对精度 eps=2^{-52}，数值的表示范围是 10^{-308}～10^{308}。

MATLAB 的数值也可以是复数，MATLAB 使用虚数单位 i 或 j 来定义复数。

以下为创建 MATLAB 复数及结果显示

```
>> 1+i
ans =
     1.0000 + 1.0000i
>> 1-3j
ans =
     1.0000 - 3.0000i
```

注意，以上各命令行中的"＞＞"标志为 MATLAB 的命令提示符，用户可以在其后输入语句。用户在输入语句并按回车键后，命令即会被执行。

在书写表达式时，运算符两侧允许有空格，以增加可读性。表达式的末尾可以加上分号";"，也可以不加。有分号";"时，系统不显示计算的结果，而是直接将数值赋给变量。没有分号";"时，系统将会在语句的下面显示运算的结果。例如：

```
>> 3+5i
ans =
     3.0000 + 5.0000i
>> -2.3;
>>
```

2．MATLAB 算术运算符

MATLAB 中的算术运算符如表 2-1 所示。

MATLAB 算术运算中的乘、除、幂等有数组运算符和矩阵运算符的区别，数组运算在运算符前加"．"，表示元素对元素的运算，而矩阵运算则采用的是线性代数的运算法则。数组运算和矩阵运算的区别在后面举例说明。

表 2-1　MATLAB 中的算术运算符

算术运算符	含　　义	算术运算符	含　　义
＋	相加	－	相减
．＊	数组相乘	＊	矩阵相乘
．＾	数组的幂	＾	矩阵的幂
．／	数组右除	／	矩阵右除
．＼	数组左除	＼	矩阵左除

3．MATLAB 的变量

和表达式紧密相关的是变量，除了 MATLAB 自带的一些保留字，可以用一个字母打头，最后最多可接 19 个字符或数字定义一个变量。MATLAB 区分大小写。MATLAB 中不需要专门定义变量的类型，系统可以自动根据表达式的值或输入的值来确定变量的数据类型。因此，用户可以自由方便地使用变量。但是，如果使用和原来定义的变量一样的名字赋值，原变量将自动被覆盖，系统不会给出错误信息。使用变量时，要自觉地避免重复。

以下创建几个变量

```
>> a=3*27/5
a =
    16.2000
>> b=a^2+3
b =
    265.4400
```

需要注意的是：在 MATLAB 中，允许在同一行输入若干条语句，这时，语句间需要有语句分隔符。MATLAB 中，分号和逗号都可以作为语句分隔符，分号的作用是不显示当前语句的执行结果，而逗号的作用是显示当前语句的执行结果。

例如输入以下语句，定义了 4 个变量，z1、z2、z3 和 z4，但是仅显示 z3 和 z4 的执行结果。

```
>> z1=1+i;z2=1-i;z3=z1*z2,z4=z1/z2
z3 =
    2
z4 =
    0 + 1.0000i
```

这时，如果想查询 z1 和 z2 的结果，可以直接输入变量名，即可调用变量的运行结果。

```
>> z1
z1 =
    1.0000 + 1.0000i
>> z2
z2 =
    1.0000 - 1.0000i
```

MATLAB 变量可以分为一般变量、永久变量和特殊变量。一般变量即为用户定义的变量，永久变量是在每次启动 MATLAB 时，系统自动定义的变量，它们会驻留在内存中，不会被内存清除命令 clear 清除。执行 who 命令，不显示永久变量。MATLAB 提供的永久变量如表 2-2 所示。

表 2-2　MATLAB 的永久变量

变量名	含　义	变量名	含　义
realmin	最小的浮点数	realmax	最大的浮点数
eps	MATLAB 相对精度	pi	圆周率π
i	虚数单位	j	虚数单位
inf 或 Inf	无限大，如 1/0	nan 或 NaN	非数，产生于 0/0，∞/∞

以下是一些使用永久变量的例子。

```
>> realmin
ans =
    2.2251e-308
>> realmax
ans =
```

```
            1.7977e+308
>> i
ans =
            0 + 1.0000i
>> 1/0
ans =
    Inf
>> 0/0
ans =
    NaN
>> eps
ans =
    2.2204e-016
>> pi
ans =
        3.1416
>> pi=0
pi =
        0
>> pi
pi =
        0
>> clear pi
>> pi
ans =
        3.1416
>> who
Your variables are:
ans
```

另外，MATLAB 还有如下一些特殊变量：

| nargin | %调用函数时输入变量的个数 |
| nargout | %调用函数时输出变量的个数 |

这两个变量仅在函数体内有意义，在后续第 5 章介绍函数时另行说明。

2.2　MATLAB 的数据类型

MATLAB 常用的数据类型有数值型、逻辑型、字符型、元胞型和结构型，其中，数值型和逻辑型为基本数据类型，在本节进行介绍，在 2.3 节介绍其基本运算。

2.2.1　数值型数据

MATLAB 的数值型数据包括整数和浮点数。

MATLAB 提供了 4 种有符号整数和无符号整数，MATLAB 的整数类型如表 2-3 所示。

MATLAB 浮点数的数据类型如表 2-4 所示。

表 2-3　MATLAB 的整数类型

表 2-4　MATLAB 浮点数的数据类型

数据类型	取值范围	转换函数
有符号 8 位整数	$[-2^7 \quad 2^7-1]$	int8
有符号 16 位整数	$[-2^{15} \quad 2^{15}-1]$	int16
有符号 32 位整数	$[-2^{31} \quad 2^{31}-1]$	int32
有符号 64 位整数	$[-2^{63} \quad 2^{63}-1]$	int64
无符号 8 位整数	$[0 \quad 2^8-1]$	unit8
无符号 16 位整数	$[0 \quad 2^{16}-1]$	uint16
无符号 32 位整数	$[0 \quad 2^{32}-1]$	uint32
无符号 64 位整数	$[0 \quad 2^{64}-1]$	uint64

数据类型	转换函数
双精度浮点数	double
单精度浮点数	single

MATLAB 在存储数值数据时，默认的数据类型是双精度浮点数。与整数和单精度浮点数相比，双精度浮点数需要更大的存储空间，但精度更高、取值范围更大。MATLAB 可以通过 class 函数查询变量的数据类型。不同数据类型间可以通过类型转换函数转换。例如

```
>> a=5
a =
     5
>> class(a)
ans =
     'double'
>> a=uint8(a)
a =
  uint8
    5
>> class(a)
ans =
     'uint8'
```

2.2.2　逻辑型数据

执行逻辑运算返回的结果是逻辑型数据。MATLAB 逻辑型数据有 1（true）和 0（false）两种。在执行逻辑运算时，满足条件时为逻辑真，否则为逻辑假。数值型数据也可进行逻辑运算，这时将非零数值看作逻辑真，将零看作逻辑假。

MATLAB 提供了 3 个产生逻辑型数据的函数，分别为 logical、true 和 false。

logical 函数将其他类型数据转换成逻辑类型数据，其中非零元素为真，零元素为假；true 函数产生指定维数的逻辑真值数值；false 函数产生指定维数的逻辑假值数值。通过函数 islogical 可判别数据是否是逻辑型的。

```
>> a=3
a =
     3
>> b=a>0
b =
  logical
    1
>> class(b)
```

```
ans =
    'logical'
>> a=logical(a)
a =
  logical
   1
>> class(a)
ans =
    'logical'
>> true(2)
ans =
  2×2 logical 数组
   1   1
   1   1
>> true(2,3)
ans =
  2×3 logical 数组
   1   1   1
   1   1   1
>> false(2)
ans =
  2×2 logical 数组
   0   0
   0   0
>> false(2,3)
ans =
  2×3 logical 数组
   0   0   0
   0   0   0
>> islogical(ans)
ans =
  logical
   1
```

2.3 MATLAB 的数值数组及其运算

MATLAB 的数据类型包括数值型、逻辑型、字符型、元胞型和结构型，对应的数组为数值数组、逻辑数组、字符串数组、元胞数组和结构数组。其中，数值数组是最常用的数组类型，其基本运算包括数组运算、矩阵运算、关系与逻辑运算。本节将介绍数值数组及其运算。

2.3.1 数值数组

1. 一维数值数组的创建

在 MATLAB 中，一维数值数组可以用以下几种方式进行创建。

➢ 直接列出元素

➢ 通过冒号表达式创建

➢ 通过函数创建

（1）创建简单的一维数值数组

对于一些简单的数值数组，可以通过直接输入数组中的元素来创建，方法是两边用"[]"括起来，用逗号或空格作为元素分隔符，依次输入数组中的元素。例如创建一维数值数组 A=[1 2 3 4 5]，可以在 MATLAB 中输入语句

```
>>A=[1,2,3,4,5]
>>A=[1 2 3 4 5]
```

都可以得到同样的结果

```
A =
    1    2    3    4    5
```

（2）利用冒号表达式创建

在 MATLAB 中，常用冒号表达式创建一维数组，使用格式为

$$x=a:d:b$$

其中，a 为初值，d 为增量，b 为终值，x 即为创建的以 a 为初值，d 为增量，b 为终值的一维数值数组。当增量缺省时，默认为 1。

对于一维数值数组 A=[1 2 3 4 5]，可以利用冒号表达式在 MATLAB 中输入语句

```
>>A=1:1:5
>>A=1:5
```

即可得到同样的结果

```
A =
    1    2    3    4    5
```

（3）利用函数创建

利用 linspace 函数也可产生一维数组，该函数的调用格式为

$$x=linspace(a,b,n)$$

其中，参数 a 和 b 分别为行向量中的起始和终止元素值；n 为需要产生一维数组的元素个数。x 即为返回的在 a 和 b 之间均匀取 n 个点的一维数组。

对于一维数值数组 A=[1 2 3 4 5]，可以利用 linspace 函数，在 MATLAB 中输入语句

```
>>x=linspace(1,5,5)
```

即可得到同样的结果

```
A =
    1    2    3    4    5
```

另外，MATLAB 还有 logspace 函数也可产生一维数组，该函数的调用格式为

$$x=logspace(a,b,n)$$

注意：logspace 函数是产生对数分隔量的函数，产生的一维数组 x 是以 10^a 为初值，10^b 为终值，包含 n 个元素的等比数组。

例如，在 MATLAB 中输入语句

```
>>x=logspace(1,5,5)
```

结果为：

```
x =
```

MATLAB 的数组元素可以用表达式来描述，例如

```
>> a=1:3
a =
    1    2    3
>> b=[a 3:5 2*a]
b =
    1    2    3    3    4    5    2    4    6
>> c=[b linspace(1,3,3)]
c =
    1    2    3    3    4    5    2    4    6    1    2    3
```

以上创建的一维数值数组为行向量，若希望创建的一维数值数组为列向量时，可通过将行向量转置的方式实现。在 MATLAB 中，若 x 是数值数组且为实数，则 x'表示 x 的转置。例如

```
>> x=[1 3 2 6]
x =
    1    3    2    6
>> x'
ans =
    1
    3
    2
    6
```

也可通过将元素间分隔符由空格或逗号变为分号实现。例如

```
>> x=[1; 3; 2; 6]
x =
    1
    3
    2
    6
```

需要注意的是，如果 x 是复数，若想得到其转置，则需输入 x.'，而 x' 表示为 x 的共轭转置。例如

```
>> x=[1+i 3-2i]
x =
   1.0000 + 1.0000i   3.0000 - 2.0000i
>> x'
ans =
   1.0000 - 1.0000i
   3.0000 + 2.0000i
>> x.'
ans =
   1.0000 + 1.0000i
   3.0000 - 2.0000i
```

2. 一维数值数组的操作

在 MATLAB 中，对数组的操作通过下标完成。例如，对于数值数组 x 进行如下操作

x(n)	%寻访数组 x 中的第 n 个元素

需要注意的是：这里的 n 仅表示数值数组 x 的下标，它既可以是数值，也可以是数组，可以是任意的产生一维数组合法的表达式。举例如下

x(3)	%寻访数组 x 的第三个元素
x([1 3 5])	%寻访数组 x 的第 1、3、5 个元素组成的子数组
x(1:3)	%寻访数组 x 的前三个元素组成的子数组
x(3:-1:1)	%寻访数组 x 的第 3、2、1 个元素组成的子数组
x(linspace(1,3,3))	%寻访数组 x 的前三个元素组成的子数组

另外，MATLAB 中 end 放到下标的位置，可以表示最后一个元素的下标。例如

x(3: end)	%寻访数组 x 中的第 3 个到最后一个元素组成的子数组

以下为在 MATLAB 中输入的一维数组操作语句及结果显示

```
>> x=[1 3 4 6 7]
x =
     1     3     4     6     7
>> x(2)
ans =
     3
>> x(1:3)
ans =
     1     3     4
>> x([2 4 5])
ans =
     3     6     7
>> x(2:end)
ans =
     3     4     6     7
>> x(linspace(1,2,2))
ans =
     1     3
>> x(1:2:5)
ans =
     1     4     7
```

在实际中，如果需要在数组中找到满足条件的元素及元素所在的下标，可以使用 find 函数，该函数使用格式如下

$$n=find(x)$$
$$[r,c]=find(x)$$

其中，x 为输入变量，当输出变量为 1 个时，输出变量 n 为输入变量 x 中非零元素按列存储的下标；当输出变量为 2 个时，输出变量 r 是 x 中非零元素的行下标，c 是 x 中非零元素的列下标。

例如：要找出数组 x=[3 5 2 8 9]中大于 3 的元素，可输入以下语句

```
>> x=[3 5 2 8 9]
x =
     3     5     2     8     9
>> n=find(x>3)
n =
```

```
               2         4         5
>> x(n)
ans =
               5         8         9
>> [r,c]=find(x>3)
r =
               1         1         1
c =
               2         4         5
>> x(find(x>3))
ans =
               5         8         9
```

以上实现的是对一维数值数组的寻访，也可通过对一维数值数组赋值的方式，修改一维数值数组。

例如，输入以下 MATLAB 语句，可得到对应的结果

```
>> x=[3 5 2 8 9]
x =
        3        5        2        8        9
>> x(1)=0
x =
        0        5        2        8        9
>> x(1:2:5)=1:3
x =
        1        5        2        8        3
>> x(8)=1
x =
        1        5        2        8        3        0        0        1
>> x([1,5])=-1
x =
       -1        5        2        8       -1        0        0        1
>> x([1,5])=[1 3]
x =
        1        5        2        8        3        0        0        1
```

3．二维数值数组的创建与寻访

创建二维数值数组时，两边仍然用"[]"括起来，同一行内元素用逗号或空格分隔，分号表示换行。例如

```
>> a=[1 2 3;4 5 6]
a =
        1        2        3
        4        5        6
```

二维数值数组可以看作一维数值数组的扩展，性质与一维数值数组类似。数组中的元素仍然可以是合法的表达式。例如

```
>> b=[a;3:-1:1;linspace(4,6,3)]
b =
        1        2        3
```

```
           4        5        6
           3        2        1
           4        5        6
```

另外，MATLAB 提供了一些产生特殊矩阵的函数，可以利用这些函数产生特殊矩阵。MATLAB 常用的产生特殊矩阵的函数如表 2-5 所示。

以下是用函数法创建的特殊矩阵及其结果显示

```
>> A=eye(2),B=ones(2),C=zeros(2),D=rand(2)
A =
     1        0
     0        1
B =
     1        1
     1        1
C =
     0        0
     0        0
D =
     0.8147    0.1270
     0.9058    0.9134
```

表 2-5　MATLAB 常用的特殊矩阵函数

函数	语法	说明
eye	eye(n),eye(m,n)	单位矩阵
ones	ones(n),ones(m,n)	全 1 矩阵
zeros	zeros(n),zeros(m,n)	全 0 矩阵
rand	rand(n),rand(m,n)	均匀分布的随机矩阵
randn	randn(n),randn(m,n)	正态分布的随机矩阵
magic	magic(n)	魔方阵
pascal	pascal(n)	pascal 矩阵
hilb	hilb(n)	hilbert 矩阵
invhilb	invhilb(n)	逆 hilbert 矩阵

二维数值数组的寻访可以采用单下标，也可以采用双下标。例如，对于二维数值数组 x 进行如下操作

x(n)	%寻访数组 x 中的第 n 个元素。
x(m,n)	%寻访数组 x 中的第 m 行第 n 列的元素。

这里的 m 和 n 都表示元素的下标。同样，它们既可以是数值，也可以是数组，可以是任意的产生一维数组合法的表达式。x(n)表示用单下标访问数组中的元素，对于数值数组，单下标以列的方式排序。x(m,n)表示用双下标访问数组中的元素，其中，m 为行下标，n 为列下标。举例如下

```
>> A=[1 2 3;4 5 6;7 8 9]
A =
     1        2        3
     4        5        6
     7        8        9
>> A(2,3)
ans =
     6
>> A([2,3])
ans =
     4        7
>> A(1:2,3)
ans =
     3
     6
>> A([1,3],2)
ans =
     2
```

当需要访问数组中整行或整列的元素时，可以在对应的列或行的下标位置输入":"。分别表示整行和整列。例如

```
>> A=[1 2 3;4 5 6;7 8 9];
>> A(1,:)                    %访问矩阵 A 的第 1 行元素
ans =
     1     2     3
>> A(:,2)                    %访问矩阵 A 的第 2 列元素
ans =
     2
     5
     8
>> A(1:2,:)                  %访问矩阵 A 的第 1 行和第 2 行元素
ans =
     1     2     3
     4     5     6
```

当使用单下标时，":"放在单下标的位置，表示以列的方式提取矩阵中的所有元素。例如

```
>> B=[1 2;3 4]
B =
     1     2
     3     4
>> B(:)
ans =
     1
     3
     2
     4
```

4．二维数值数组的操作

二维数值数组的操作与一维数值数组类似，仍然可通过下标实现。另外，MATLAB 提供了一些数组操作函数，可以利用这些函数对数组进行相应操作。MATLAB 的数组操作函数如表 2-6 所示。

表 2-6　MATLAB 的数组操作函数

函数	语法	说明
diag	diag(A)	提取矩阵 A 的对角元素，并返回给列向量
	diag(v)	以向量 v 作对角元素来创建对角矩阵
flipud	flipud(A)	将矩阵 A 上下翻转
fliplr	fliplr(A)	将矩阵 A 左右翻转
rot90	rot90(A)	将矩阵 A 逆时针翻转 90°
reshape	reshape(A,m,n)	返回一个 m×n 矩阵，其元素是以列方式从 A 中获得，A 必须包含 m×n 个元素
tril	tril(A)	提取矩阵 A 的下三角矩阵
triu	triu(A)	提取矩阵 A 的上三角矩阵

在实际中，对数组进行操作，既可以利用 MATLAB 的语法实现，也可直接利用 MATLAB

提供的数组操作函数实现。以下以矩阵 $A = \begin{bmatrix} 1 & 2 & 3 \\ 4 & 5 & 6 \\ 7 & 8 & 9 \end{bmatrix}$ 为例，对该矩阵进行操作。

例 2-1 提取矩阵 A 的第一列和第三列的元素，并赋值给矩阵 B。

解 MATLAB 命令及结果如下

```
>> B=A(:, 1:2:3)
B =
     1     3
     4     6
     7     9
>> B=A(:, [1 3])
B =
     1     3
     4     6
     7     9
```

例 2-2 提取矩阵 A 的右下角两行两列的元素，并赋值给变量 C。

解 MATLAB 命令及结果如下

```
>> C=A(2:3,2:3)
C =
     5     6
     8     9
>> C=A([2,3],[2,3])
C =
     5     6
     8     9
```

例 2-3 将矩阵 A 扩充为 4 行 3 列的矩阵，第 4 行的值全为 1，并赋值给矩阵 D。

解 MATLAB 命令及结果如下

```
>> D=[A;1 1 1]
D =
     1     2     3
     4     5     6
     7     8     9
     1     1     1
>> D=[A;ones(1,3)]
D =
     1     2     3
     4     5     6
     7     8     9
     1     1     1
```

例 2-4 将矩阵 A 的行倒排，并赋值给矩阵 E。

解 MATLAB 命令及结果如下

```
>> E=A(3:-1:1,:)
E =
     7     8     9
```

```
          4      5      6
          1      2      3
>> E=flipud(A)
E =
          7      8      9
          4      5      6
          1      2      3
```

例 2-5　将矩阵 A 的列倒排，并赋值给矩阵 F。

解　MATLAB 命令及结果如下

```
>> F=A(:,3:-1:1)
F =
          3      2      1
          6      5      4
          9      8      7
>> F=fliplr(A)
F =
          3      2      1
          6      5      4
          9      8      7
```

例 2-6　提取矩阵 A 的主对角线的元素，并赋值给变量 a。

解　MATLAB 命令及结果如下

```
>> a=diag(A)
a =
          1
          5
          9
>> a=A(1:4:9)'
a =
          1
          5
          9
```

例 2-7　找出矩阵 A 中所有大于 5 的元素及其下标。

解　MATLAB 命令及结果如下

```
>> A(find(A>5))
ans =
          7
          8
          6
          9
>> find(A>5)
ans =
          3
          6
          8
          9
```

例 2-8　将矩阵 A 逆时针旋转 $90°$，并赋值给矩阵 G。

解 MATLAB 命令及结果如下

```
>> G=rot90(A)
G =
     3     6     9
     2     5     8
     1     4     7
>> B=A',G=B(3:-1:1,:)
B =
     1     4     7
     2     5     8
     3     6     9
G =
     3     6     9
     2     5     8
     1     4     7
```

例 2-9 将矩阵 A 以列的方式维数重组为 1 行 9 列的行向量,并赋值给变量 b。

解 MATLAB 命令及结果如下

```
>> b=reshape(A,1,9)
b =
     1     4     7     2     5     8     3     6     9
>> b=A(:)'
b =
     1     4     7     2     5     8     3     6     9
```

例 2-10 提取矩阵 A 的下三角矩阵,并赋值给矩阵 H。

解 MATLAB 命令及结果如下

```
>> H=tril(A)
H =
     1     0     0
     4     5     0
     7     8     9
```

例 2-11 提取矩阵 A 的上三角矩阵,并赋值给矩阵 I。

解 MATLAB 命令及结果如下

```
>> I=triu(A)
I =
     1     2     3
     0     5     6
     0     0     9
```

例 2-12 将矩阵 A 的第三行元素修改为[3 2 1]。

解 MATLAB 命令及结果如下

```
>> A(3,:)=3:-1:1
A =
     1     2     3
     4     5     6
     3     2     1
```

```
>>A(3,:)=[3 2 1]
A =
     1     2     3
     4     5     6
     3     2     1
```

例 2-13 删除矩阵 A 的第三行元素。

解 MATLAB 命令及结果如下

```
>>A(3,:)=[]
A =
     1     2     3
     4     5     6
```

在对数组进行操作时，经常需要知道数组的维数，MATLAB 提供了两个函数 size 和 length，分别求矩阵和向量的维数。

利用 size 函数可返回矩阵的维数，该函数的调用格式为

$$[n,m]=size(A)$$

其中，A 为输入矩阵；返回的两个参数 n 和 m 分别为矩阵 A 的行数和列数。

当输入变量是向量时，更方便地，可以使用 length 函数求向量大小，该函数的调用格式为

$$n=length(x)$$

其中，x 为输入向量名；返回的 n 为向量 x 的元素个数。

如果对一个矩阵 A 使用 length(A) 函数，则返回该矩阵行列的最大值。例如

```
>>A=[1:3;4:6]
A =
     1     2     3
     4     5     6
>> size(A)
ans =
     2     3
>> length(A)
ans =
     3
>> length(A(:))
ans =
     6
```

5. 多维数值数组

多维数组由若干页同维的二维数组组成，其操作与二维数组类似，仍采用下标来表示数组中的元素。二维数组用行和列表示，多维数组用行、列和页表示。

A(m,n,p) 表示多维数组 A 的第 p 页的第 m 行第 n 列的元素。

创建多维数组时，可以通过对多维数组的每一页赋值实现。例如

```
>>A=magic(3)
A =
     8     1     6
     3     5     7
     4     9     2
```

```
>> A(:,:,2)=2*A
A(:,:,1) =
     8     1     6
     3     5     7
     4     9     2
A(:,:,2) =
    16     2    12
     6    10    14
     8    18     4
>> A(:,:,3)=ones(3)
A(:,:,1) =
     8     1     6
     3     5     7
     4     9     2
A(:,:,2) =
    16     2    12
     6    10    14
     8    18     4
A(:,:,3) =
     1     1     1
     1     1     1
     1     1     1
>> size(A)
ans =
     3     3     3
```

多维数组也可通过函数来创建。例如

```
>> B=reshape(1:18,2,3,3)
B(:,:,1) =
     1     3     5
     2     4     6
B(:,:,2) =
     7     9    11
     8    10    12
B(:,:,3) =
    13    15    17
    14    16    18
>> size(B)
ans =
     2     3     3
```

多维数组的每一页仍然是二维数组，其语法与二维数组相似。

例如，对于一个 3×3×3 的多维数组 A，输入以下语句

```
A(2,3,1)          %寻访多维数组 A 的第 1 页的第 2 行第 3 列的元素
A(:,:,3)          %寻访多维数组 A 的第 3 页的元素
A(1,:,3)          %寻访多维数组 A 的第 3 页的第 1 行元素
A(:,2,1)          %寻访多维数组 A 的第 1 页的第 2 列元素
A(1,2,:)=1:3      %将多维数组 A 的第 1 页到第 3 页的第 1 行第 2 列的元素分别赋值为 1、2、3
A(:,:,1)=[]       %删除多维数组 A 的第 1 页
```

2.3.2　数组运算和矩阵运算

MATLAB 的数值数组可以做数组运算、矩阵运算、关系与逻辑运算。其中，数组运算和矩阵运算是最基本的运算。

MATLAB 的矩阵运算采用的是线性代数的运算法则，而数组运算则是元素对元素的运算，对于加减运算来说是一致的，而对于乘除和幂运算则不一致，对应的运算符也不一致，数组运算的运算符在矩阵运算的运算符前加"."，以做区别。

以下创建矩阵 A 和矩阵 B，分别进行数组运算和矩阵运算，输入语句及结果如下

```
>> A=[1 2;3 4]
A =
     1     2
     3     4
>> B=eye(2)
B =
     1     0
     0     1
>> A*B
ans =
     1     2
     3     4
>> A.*B
ans =
     1     0
     0     4
>> A./B
ans =
     1   Inf
   Inf     4
>> A/B
ans =
     1     2
     3     4
>> B.^2
ans =
     1     0
     0     1
>> B^2
ans =
     1     0
     0     1
>> A.^B
ans =
     1     1
     1     4
>> A^B
??? Error using ==> mpower
Inputs must be a scalar and a square matrix.
```

对于数组运算和矩阵运算，MATLAB 设计了相应的函数，以数组运算法则设计的函数称

作数组函数，以矩阵运算设计的函数称作矩阵函数。MATLAB 的常用数组函数见表 2-7，矩阵函数见表 2-8。

表 2-7　MATLAB 常用数组函数

	三 角 函 数				
函　数	含　　义	函　数	含　　义	函　数	含　　义
sin	正弦函数	tan	正切函数	csc	余割函数
sinh	双曲正弦函数	tanh	双曲正切函数	csch	双曲余割函数
asin	反正弦函数	atan	反正切函数	acsc	反余割函数
asinh	反双曲正弦函数	atanh	反双曲正切函数	acsch	反双曲余割函数
cos	余弦函数	sec	正割函数	cot	余切函数
cosh	双曲余弦函数	sech	双曲正割函数	coth	双曲余切函数
acos	反余弦函数	asec	反正割函数	acot	反余切函数
acosh	反双曲余弦函数	asech	双曲反正割函数	acoth	反双曲余切函数
	指 数 对 数 运 算 函 数				
函　数	含　　义	函　数	含　　义	函　数	含　　义
exp	指数函数	log2	以 2 为底的对数函数	reallog	实数自然对数函数
log	自然对数函数	pow2	2 的幂函数	realsqrt	实数平方根函数
log10	常用对数函数	realpow	实数幂运算函数	sqrt	平方根函数
	复 数 运 算 函 数				
函　数	含　　义	函　数	含　　义	函　数	含　　义
abs	求复数的模，实数绝对值	conj	求复数的共轭复数	unwrap	相位角按照 360° 线调整
angle	求复数的相角	imag	求复数的虚部	isreal	判断输入参数是否为实数
complex	构造复数	real	求复数的实部	cplxpair	复数阵成共轭对形式排列
	圆 整 和 求 余 函 数				
函　数	含　　义	函　数	含　　义	函　数	含　　义
fix	向 0 取整的函数	ceil	数轴上向大的方向取整的函数	mod	求模函数
floor	数轴上向小的方向取整的函数	round	向最近的整数取整的函数	rem	求余数

表 2-8　MATLAB 常用矩阵函数

函数	语法	说明
det	det(A)	方阵 A 的行列式值
inv	inv(A)	方阵 A 的逆矩阵
dot	dot(A,B)	矩阵 A、B 的点积
eig	eig(A)	矩阵 A 的特征值和特征向量
poly	poly(A)	矩阵 A 的特征多项式系数
roots	roots(p)	矩阵 A 的特征根（p 为矩阵 A 特征多项式系数）
norm	norm(A)或 norm(A,2)	矩阵 A 的 2-范数
rank	rank(A)	矩阵 A 的秩
trace	trace(A)	矩阵 A 的迹
sqrtm	sqrtm(A)	矩阵 A 的平方根
logm	logm(A)	矩阵 A 的对数
expm	expm(A)	矩阵 A 的指数

以下为数组函数示例

```
>> sin(1:3)
ans =
     0.8415    0.9093    0.1411
>> exp(1)
ans =
     2.7183
>> log(exp(1:3))
ans =
     1     2     3
>> log10(10)
ans =
     1
>> log2(2)
ans =
     1
>> abs(-3:3)
ans =
     3     2     1     0     1     2     3
>> abs([1+3i, 2+i])
ans =
     3.1623    2.2361
>> real([1+3i, 2+i])
ans =
     1     2
>> imag([1+3i, 2+i])
ans =
     3     1
>> fix([-1.6 1.6])
ans =
    -1     1
>> floor([-1.6 1.6])
ans =
    -2     1
>> ceil([-1.6 1.6])
ans =
    -1     2
>> round([-1.6 1.6])
ans =
    -2     2
>> rem(1:5,2)
ans =
     1     0     1     0     1
>> rem(-5:5,2)
ans =
    -1     0    -1     0    -1     0     1     0     1     0     1
>> mod(-5:5,2)
ans =
     1     0     1     0     1     0     1     0     1     0     1
```

可以看出，数组运算函数是以数组运算法则设计的函数，它对输入数组中的每一个元素进行相应运算。

矩阵函数是以矩阵运算法则设计的函数，由下例可看出矩阵函数与数组函数的区别。

```
>> A=[4 4;4 4]
A =
     4     4
     4     4
>> sqrtm(A)                    %矩阵函数
Warning: Matrix is singular and may not have a square root.
> In sqrtm at 60
ans =
    1.4142    1.4142
    1.4142    1.4142
>> sqrt(A)                     %数组函数
ans =
     2     2
     2     2
```

例 2-14　矩阵 $A = \begin{bmatrix} 1 & 2 \\ 3 & 4 \end{bmatrix}$，求矩阵 A 的行列式值、逆矩阵、特征值、特征向量以及特征多项式系数。

解　MATLAB 命令及结果如下

```
>> A=[1 2 ;3 4]
A =
     1     2
     3     4
>> det(A)
ans =
    -2
>> inv(A)
ans =
   -2.0000    1.0000
    1.5000   -0.5000
>> [e,d]=eig(A)
e =
   -0.8246   -0.4160
    0.5658   -0.9094
d =
   -0.3723         0
         0    5.3723
>> poly(A)
ans =
    1.0000   -5.0000   -2.0000
>> roots(poly(A))
ans =
    5.3723
   -0.3723
```

例 2-15　求方程 $f(x)=x^3 + 1.1\,x^2 + 0.55\,x + 0.125=0$ 的根。

解　MATLAB 命令及结果如下

```
A=[1 ,1.1 ,0.55, 0.125];r=roots(A)
r =
  −0.5000
  −0.3000 + 0.4000i
  −0.3000 − 0.4000i
```

2.3.3 关系与逻辑运算

1. MATLAB 关系运算

关系运算是指两个元素之间数值的比较，数组的关系运算是按元素来比较相同维数的数组或比较数组与标量。MATLAB 的关系运算符及其函数如表 2-9 所示。

关系运算的结果有两种可能，即 0 或 1。

表 2-9　MATLAB 的关系运算符及其函数

表 2-9　MATLAB 的关系运算符及其函数

运算符	函数	说明	运算符	函数	说明
>	gt	大于	>=	ge	大于等于
<	lt	小于	<=	le	小于等于
==	eq	等于	~=	ne	不等于

0 表示关系式为假，即不成立，1 表示该关系式为真，即该关系式成立。MATLAB 中的关系运算符都适用于矩阵，它是对矩阵中的各个元素进行元素群运算，因此两个相比较的矩阵必须有相同的阶数，输出结果也是同阶矩阵。

例 2-16　数组的关系运算。

解　MATLAB 命令及结果如下

```
>> A=[-1 3;4 -6],B=[1 3;-2 5]
A =
    -1     3
     4    -6
B =
     1     3
    -2     5
>> A>B
ans =
  2×2 logical 数组
     0     0
     1     0
>> gt(A,B)
ans =
  2×2 logical 数组
     0     0
     1     0
>> A==B
ans =
  2×2 logical 数组
     0     1
     0     0
>> eq(A,B)
ans =
  2×2 logical 数组
     0     1
     0     0
```

2. MATLAB 逻辑运算

逻辑量只能取 0（假）或 1（真）两个值，MATLAB 的逻辑运算符及其对应函数如表 2-10 所示。

表 2-10 MATLAB 的逻辑运算符及其对应函数

逻辑运算	函数	逻辑运算符	说明
与	and	&：标量和数组逻辑与运算 &&：标量逻辑与运算	数组对应元素或 2 个标量同为非零时返回 1，否则返回 0
或	or	|：标量和数组逻辑或运算 ||：标量逻辑或运算	数组对应元素或 2 个标量同为零时返回 0，否则返回 1
非	not	~：标量和数组逻辑非运算	数组元素或标量为非零时返回 0，否则返回 1
异或	xor	无	数组对应元素或 2 个标量只有一个非零时返回 1，否则返回 0

例 2-17 数组的逻辑运算。

解 MATLAB 命令及结果如下

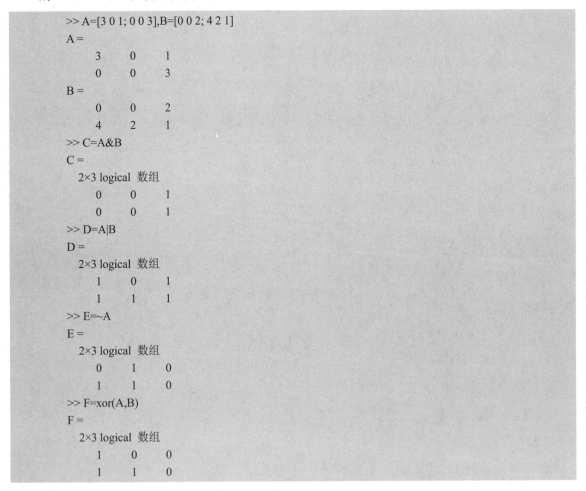

```
>> A=[3 0 1; 0 0 3],B=[0 0 2; 4 2 1]
A =
     3     0     1
     0     0     3
B =
     0     0     2
     4     2     1
>> C=A&B
C =
  2×3 logical 数组
     0     0     1
     0     0     1
>> D=A|B
D =
  2×3 logical 数组
     1     0     1
     1     1     1
>> E=~A
E =
  2×3 logical 数组
     0     1     0
     1     1     0
>> F=xor(A,B)
F =
  2×3 logical 数组
     1     0     0
     1     1     0
```

2.4 MATLAB 的元胞数组和结构数组

MATLAB 的元胞数组和结构数组是两种比较特殊的数组类型。使用元胞和结构数组可以存储不同类型和大小的数据。

2.4.1 元胞数组

元胞数组是 MATLAB 的一种特殊的数据类型，可以将元胞数组看作一种无所不包的通用矩阵，或者叫作广义矩阵。组成元胞数组的元素可以是任何一种数据类型的数据（如整数、双精度浮点数、字符串、元胞数组以及其他 MATLAB 数据类型），每个元素可以具有不同的尺寸和内存占用空间，所以元胞数组的元素叫作元胞（cell）。元胞数组的数据类型为"cell"。与一般的数值矩阵一样，元胞数组的内存空间也是动态分配的。

1. 元胞数组的创建

创建元胞数组的方法有以下两种。

（1）使用"{}"直接赋值生成元胞数组

例 2-18　直接赋值生成元胞数组。

解　MATLAB 命令及结果如下

```
>> a={'matlab',20;magic(3),1:5}
a =
    2×2 cell  数组
      {'matlab' }    {[      20]}
      {3×3 double}   {1×5 double}
>> class(a)
ans =
    'cell'
```

注意：对于内容较多的元胞，只显示其字节数和数据类型。

（2）使用 cell 函数创建元胞数组

cell 函数调用格式为　　　　　　　　　　　cell(m,n)

创建一个 m×n 的空元胞数组。当 m=n 时，输入一个参数，即 cell(m)，即可创建一个 m×m 空元胞数组方阵。

利用 cell 函数创建空元胞数组后，需要对每个元胞分别赋值。

例 2-19　使用 cell 函数创建元胞数组。

解　MATLAB 命令及结果如下

```
>> c=cell(2)
c =
    2×2 cell  数组
      []    []
      []    []
>> c{1,1}='student1';c{1,2}='female';c{2,1}='202201';c{2,2}=[95 90 80]
c =
    2×2 cell  数组
      {'student1'}    {'female' }
      {'202201'  }    {1×3 double}
```

2. 元胞数组的寻访

与一般的数值数组一样，元胞数组的寻访可以采用单下标，也可以采用全下标。不同之处在于，元胞数组的下标可以使用"{ }"或"( )"括起来，"( )"表示指定的元胞，"{ }"表示元胞的具体内容。

例 2-20 对例 2-19 创建的元胞数组进行寻访。

解 MATLAB 命令及结果如下

```
>> c{1,1}='student1';c{1,2}='female';c{2,1}='202201';c{2,2}=[95 90 80]
c =
  2×2 cell 数组
    {'student1'}    {'female' }
    {'202201'  }    {1×3 double}
>> a=c(1)
a =
  1×1 cell 数组
    {'student1'}
>> class(a)
ans =
    'cell'
>> b=c{1}
b =
    'student1'
>> class(b)
ans =
    'char'
>> c(4)
ans =
  1×1 cell 数组
    {1×3 double}
>> c(2,2)
ans =
  1×1 cell 数组
    {1×3 double}
>> c{2,2}
ans =
    95    90    80
>> c{2,2}(1)
ans =
    95
```

3. 元胞数组的操作

对于已经存在的元胞数组，可以对其进行扩充、收缩、重组和修改，方法与数值数组基本相同。

例 2-21 对例 2-19 创建的元胞数组进行操作。

解 MATLAB 命令及结果如下

```
>> c{1,1}='student1';c{1,2}='female';c{2,1}='202201';c{2,2}=[95 90 80]
c =
  2×2 cell 数组
    {'student1'}    {'female' }
    {'202201'  }    {1×3 double}
>> c{4,4}='age 20'
```

```
c =
    4×4 cell 数组
      {'student1'}    {'female' }    {0×0 double}    {0×0 double}
      {'202201' }     {1×3 double}   {0×0 double}    {0×0 double}
      {0×0 double}    {0×0 double}   {0×0 double}    {0×0 double}
      {0×0 double}    {0×0 double}   {0×0 double}    {'age 20' }'
>> c(:,3)=[]
c =
    4×3 cell 数组
      {'student1'}    {'female' }    {0×0 double}
      {'202201' }     {1×3 double}   {0×0 double}
      {0×0 double}    {0×0 double}   {0×0 double}
      {0×0 double}    {0×0 double}   {'age 20' }
>>c1= reshape(c,3,4)
c1 =
    3×4 cell 数组
      {'student1'}    {0×0 double}   {0×0 double}    {0×0 double}
      {'202201' }     {'female' }    {0×0 double}    {0×0 double}
      {0×0 double}    {1×3 double}   {0×0 double}    {'age 20' }
>> c1{2,3}='class1'
c1 =
    3×4 cell 数组
      {'student1'}    {0×0 double}   {0×0 double}    {0×0 double}
      {'202201' }     {'female' }    {'class1' }     {0×0 double}
      {0×0 double}    {1×3 double}   {0×0 double}    {'age 20' }
```

MATLAB 提供了一些用于元胞数组运算的函数，如表 2-11 所示。

表 2-11   MATLAB 元胞数组运算函数

函数	语法	说明
celldisp	celldisp(c)	显示元胞数组 c 的各元胞内容
cellplot	cellplot(c)	显示元胞数组 c 的结构图
iscell	iscell(c)	查询 c 是否是元胞数组
iscellstr	iscellstr(c)	查询 c 是否是字符型元胞数组
cellfun	cellfun	应用于元胞数组的各元胞
cellstr	cellstr(s)	用字符数组 s 的行向量作为元胞构成元胞数组
char	char(c)	元胞数组 c 中的元胞作为行向量构成字符数组
mat2cell	mat2cell(A,m,n)	将数值数组 A 按照指定的 m 和 n 参数转换成元胞数组
cell2mat	cell2mat(c)	将元胞数组 c 转换成数值数组
num2cell	num2cell(A,dim)	将数值数组 A 按指定维方向转换成元胞数组（dim 可以为 1、2 或 3，分别表示行、列、页，3 种方向可以组合，如[1,2]，缺省时，将数值数组 A 中的每一个元素转换成元胞数组中的一个元胞

例 2-22   元胞数组相关运算。

解   MATLAB 命令及结果如下

```
>> c={'example',eye(2),1:3;1+i,magic(3),rand(2)}          %产生元胞数组
c =
    2×3 cell 数组
```

```
         {'example'          }        {2×2 double}       {1×3 double}
         {[1.0000 + 1.0000i]}         {3×3 double}       {2×2 double}
>> celldisp(c)                        %显示元胞数组中的各元胞内容
c{1,1} =
example
c{2,1} =
    1.0000 + 1.0000i
c{1,2} =
    1    0
    0    1
c{2,2} =
    8    1    6
    3    5    7
    4    9    2
c{1,3} =
    1    2    3
c{2,3} =
    0.8147    0.1270
    0.9058    0.9134
```

图 2-1   元胞数组的结构图

```
>> cellplot(c)                        %显示元胞数组的结构图, 如图 2-1 所示。
>> iscell(c)                          %判断是否是元胞
ans =
  logical
    1
>> iscellstr(c)                       %判断是否是字符元胞型
ans =
  logical
    0
>> a=cellfun('length',c)             %求各元胞包含的元素的个数
a =
    7    2    3
    1    3    2
>> c1={'MATLAB','is','a','very','interesting','computer','language'}     %创建新元胞数组
c1 =
  1×7 cell  数组
    {'MATLAB'}    {'is'}    {'a'}    {'very'}    {'interesting'}    {'computer'}    {'language'}
>> b1=char(c1)                        %将元胞数组转换成字符数组
b1 =
  7×11 char  数组
    'MATLAB     '
    'is         '
    'a          '
    'very       '
    'interesting'
    'computer   '
    'language   '
>> class(c1)                          %显示数据类型
ans =
    'cell'
```

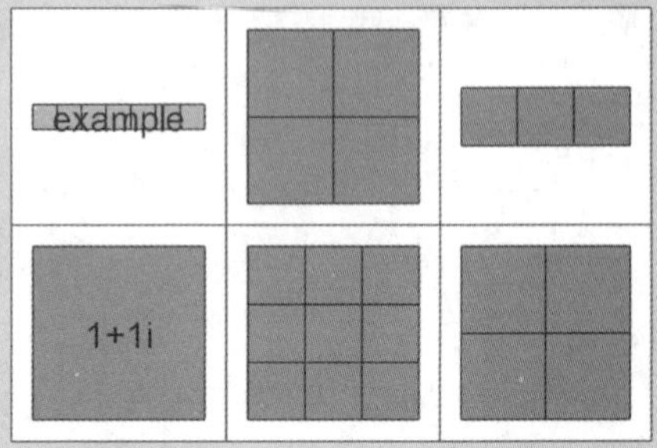

```
>> class(b1)                      %显示数据类型
ans =
    'char'
>> c2=cellstr(b1)                 %将字符数组转换成元胞数组
c2 =
  7×1 cell 数组
    {'MATLAB'    }
    {'is'        }
    {'a'         }
    {'very'      }
    {'interesting'}
    {'computer'  }
    {'language'  }
>> class(c2)                      %显示数据类型
ans =
    'cell'
>> x=[1 2 3 4; 5 6 7 8; 9 10 11 12];   %产生数值数组
>>c3=mat2cell(x,[1 2],[1 3])      %将数值数组转换成元胞数组
c3 =
  2×2 cell 数组
    {[        1]}    {1×3 double}
    {2×1 double}    {2×3 double}
>> celldisp(c3)
c3{1,1} =
     1
c3{2,1} =
     5
     9
c3{1,2} =
     2     3     4
c3{2,2} =
     6     7     8
    10    11    12
>> d=cell2mat(c3(:,2))            %将元胞数组的第 2 列转换为数值数组
d =
     2     3     4
     6     7     8
    10    11    12
>> c4=num2cell(d)                 %将数值数组转换成元胞数组
c4 =
  3×3 cell 数组
    {[ 2]}    {[ 3]}    {[ 4]}
    {[ 6]}    {[ 7]}    {[ 8]}
    {[10]}    {[11]}    {[12]}
```

2.4.2 结构数组

与元胞数组类似，结构数组可以存放各种类型的数据，结构数组的数据类型是 struct（结构）。结构数组可将不同类型、不同维数的数组组合在一起，可以对不同的数据类型进行操作。

MATLAB 的数值数组和元胞数组通过下标访问数组元素，而结构数组中的各元素有命名，称作"域名（字段）"，每个字段可以存储不同类型的元素，利用"结构数组名.域名（字段）"可以访问结构数组的具体元素值，配合下标可访问结构数组中的各成员。

与元胞数组不同之处在于，结构数组中的各元素之间往往是相关的，形式类似于数据库。如学生的基本信息可以用一个结构数组表示，如表 2-12 所示。

表 2-12 中，student 是结构数组名，结构数组的元素 department、class、name、number、age 和 sex 被称为域名，结构数组名与域名间用"."间隔，表中最后一列为各域名（结构数组元素）的具体内容。

表 2-12　学生基本信息组成结构数组

student	.department（系别）	'01'
	.class（班级）	'01'
	.name（姓名）	'王霞'
	.number（学号）	'202201001'
	.age（年龄）	'19'
	.sex（性别）	'女'

1．结构数组的创建

创建结构数组的方法有以下两种。

（1）直接赋值创建结构数组

与其他数组类型一样，对结构数组赋值不需事先声明，且可以进行动态扩充。

直接赋值法创建结构数组时，可直接对结构数组的各元素分别赋值。

例 2-23　创建表 2-12 所示的结构数组 student。

解　MATLAB 命令及结果如下

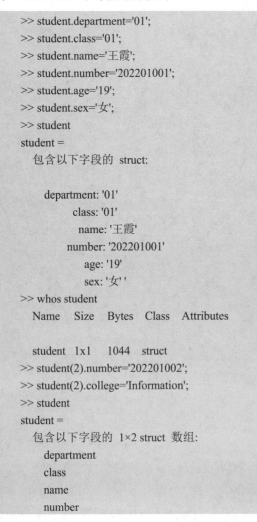

```
>> student.department='01';
>> student.class='01';
>> student.name='王霞';
>> student.number='202201001';
>> student.age='19';
>> student.sex='女';
>> student
student =
    包含以下字段的 struct:

        department: '01'
             class: '01'
              name: '王霞'
            number: '202201001'
               age: '19'
               sex: '女'
>> whos student
    Name    Size    Bytes    Class    Attributes

    student  1x1    1044    struct
>> student(2).number='202201002';
>> student(2).college='Information';
>> student
student =
    包含以下字段的 1×2 struct 数组:
        department
        class
        name
        number
```

```
            age
            sex
            college
>> student(1)
ans =
    包含以下字段的 struct:

        department: '01'
             class: '01'
              name: '王霞'
            number: '202201001'
               age: '19'
               sex: '女'
           college: []
>> student(2)
ans =
    包含以下字段的 struct:

        department: []
             class: []
              name: []
            number: '202201002'
               age: []
               sex: []
           college: 'Information'
>> student(1).college='Information';
>> student(1)
ans =
    包含以下字段的 struct:

        department: '01'
             class: '01'
              name: '王霞'
            number: '202201001'
               age: '19'
               sex: '女'
           college: 'Information'
```

由上例可知，结构数组 student 由结构数组名+字段构成，结构数组下有不同成员 student(1) 和 student(2)，每个成员又可以有不同属性（字段），可以通过对结构数组添加成员和字段的方式扩充结构数组。访问结构数组时，可用结构数组名（下标）.字段对其访问。例如

student(1).class	%访问结构数组 student 的成员 1 的 class 属性
student(2).number	%访问结构数组 student 的成员 2 的 number 属性
student(1)	%查询结构数组 student 的成员 1 的所有属性
student	%查询结构数组 student 的所有成员

注意：当结构数组不是 1×1 时，仅显示结构数组的结构信息。

（2）利用函数 struct 创建结构数组

函数 struct 的基本语法为

$$\text{struct\_name=struct('field1',value1,'field2',value2,\cdots)}$$

其中，'field1'为第一个字段名称，value1 为第一个字段具体内容，'field2'为第二个字段名称，value1 为第二个字段具体内容，……

例 2-24　利用函数 struct 创建表 2-12 所示的结构数组 student。

解　MATLAB 命令及结果如下

```
>> student=struct('department','01','class','01','name','王 霞','number', '202201001','age', '19','sex','女',
'college','Information')
student =
    包含以下字段的 struct:

    department: '01'
         class: '01'
          name: '王霞'
        number: '202201001'
           age: '19'
           sex: '女'
       college: 'Information'
```

注意：如果某个域（字段）没有值，创建时需赋空值；多个元素域值相同时，可以赋值一次。

2．结构数组的访问

例 2-25　创建表 2-13 的结构数组，并访问该结构数组。

解　MATLAB 命令及结果如下

表 2-13　例 2-25 的表

student	.number	'0901001'	'0901002'
	.name	'cherry'	'Tom'
	.sex	'female'	'male'
	.age	'19'	'20'
	.class	'01'	'01'
	.department	'09'	'09'

```
>> student=struct('number',{'0901001','0901002'},'name',{'cherry','Tom'},'sex',{'female','male'},'age',
{'19','20'},'class',{'01','01'},'department',{'09','09'})
student =
    包含以下字段的 1×2 struct 数组:
       number
       name
       sex
       age
       class
       department
>> student(1).score=rand(2,5)*100; student(2).score=rand(2,5)*100;
>> student(1)
ans =
    包含以下字段的 struct:

         number: '0901001'
           name: 'cherry'
            sex: 'female'
            age: '19'
          class: '01'
     department: '09'
          score: [2×5 double]
>> student(1).score
```

```
ans =
    84.0717    81.4285    92.9264    19.6595    61.6045
    25.4282    24.3525    34.9984    25.1084    47.3289
>> student(2).score
ans =
    35.1660    58.5264    91.7194    75.7200    38.0446
    83.0829    54.9724    28.5839    75.3729    56.7822
>> student(1).sex
ans =
    'female'
>> student(1).score=95:99
student =
    包含以下字段的 1×2 struct 数组:
        number
        name
        sex
        age
        class
        department
        score
>> student(1).score
ans =
    95    96    97    98    99
>> student(2).score=[]
student =
    包含以下字段的 1×2 struct 数组:
        number
        name
        sex
        age
        class
        department
        score
>> student(2)
ans =
    包含以下字段的 struct:

           number: '0901002'
             name: 'Tom'
              sex: 'male'
              age: '20'
            class: '01'
       department: '09'
            score: []
>> student(2)=[]
student =
    包含以下字段的 struct:

           number: '0901001'
             name: 'cherry'
```

```
          sex: 'female'
          age: '19'
        class: '01'
   department: '09'
        score: [95 96 97 98 99]
```

2.5 字符与字符串运算

字符与字符串是高级语言必不可少的数据结构，字符串由字符组成，字符可看作特殊的字符串。在 MATLAB 中，字符串按照字符顺序，以字符对应的 ASCII 值存储。可将字符串看作字符数组，字符串中的每个字符可以看作字符数组中的一个元素，访问字符串中的某个字符的方法与数值数组相同。

1. 字符串的定义

在 MATLAB 中，定义字符串需要用单引号' '引起来，由于字符串以字符对应的 ASCII 码值存储，所以区分大小写。字符串可以看作字符数组，可以用生成向量的方法得到一维字符数组。若字符串中有单引号，在输入字符串内容时，连续输入两个单引号。

例 2-26 创建几个字符串数组。

解 MATLAB 命令及结果如下

```
>> str1=' Do you know'
str1 =
     ' Do you know'
>> str2=' Taiyuan University of Technology'
str2 =
     ' Taiyuan University of Technology'
>> str3='?'
str3 =
     '?'
```

2. 字符串的操作

例 2-27 对例 2-26 创建的字符串数组进行操作。

解 MATLAB 命令及结果如下

```
>> str=[str1 str2 str3]
str =
     ' Do you know Taiyuan University of Technology?'
>> str(14:45)
ans =
     'Taiyuan University of Technology'
>> str(end)
ans =
     '?'
>> length(str)
ans =
     46
>> stre=' Yes. I know'
stre =
```

```
' Yes. I know'
>> str=[str,stre]
str =
     ' Do you know Taiyuan University of Technology? Yes. I know'
```

也可以使用字符串操作函数处理字符数组。常见的字符串操作函数如表 2-14 所示。

表 2-14 字符串操作函数

函数	语法	说明
ischar	ischar(str)	判别输入变量是否是字符串
blanks	blanks(n)	返回包含 n 个空格的字符串
deblank	deblank(str)	删除字符串中的空格
findstr	findstr(str1,str2)	在 str1 中查找 str2
lower	lower(str)	转换成小写
upper	upper(str)	转换成大写
strcmp	strcmp(str1,str2)	比较 str1 和 str2,相等返回 1,否则返回 0
strrep	strrep(str1,str2,str3)	用 str3 替代 str1 中的所有 str2
strcmpi	strcmpi(str1,str2)	忽略大小写比较 str1 和 str2
strncmpi	strncmpi(str1,str2,n)	比较 str1 和 str2 的前 n 个字符
strmatch	strmatch(str1,str2)	从 str2 的各行中查询以 str1 开头的行号
strjust	strjust(str,'style')	按 style(left、right 或 center)进行左对齐、右对齐或居中
strtok	strtok(str)	返回 str 中第一个分隔符(空格、回车或 tab 键)前的部分

例 2-28 字符串操作函数。

解 MATLAB 命令如下

```
>> str1='How are you?    ';str2='How are you? Lee ';str3='Hello! ';
>> s1=deblank(str1)
s1 =
     'How are you?'
>> length(str1)
ans =
     14
>> length(s1)
ans =
     12
>> s2=findstr(str1,str2)
s2 =
     []
>> s3=findstr(str1,s1)
s3 =
     1
>> s4=lower(s1)
s4 =
     'how are you?'
>> s5=upper(s1)
s5 =
     'HOW ARE YOU?'
```

```
>> s6=strcmp(str1,s1)
s6 =
    logical
     0
>> s7=strncmpi(str1,s1,10)
s7 =
    logical
     1
>> s8=strrep(str2,s1,str3)
s8 =
     'Hello!   Lee '
>> s9=strmatch(s1,str1)
s9 =
        1
>> s10=strjust(str1,'center')
s10 =
     ' How are you? '
>> s11=strjust(str1,'left')
s11 =
     'How are you?  '
>> s12=strjust(str1,'right')
s12 =
     '  How are you?'
```

3．字符串与数值数组的转换

字符串可以和数值数组相互转换，MATLAB 提供的常用字符串转换函数如表 2-15 所示。
字符串转换函数举例如下

```
>> str1='hello!'
str1 =
hello!
>> a=abs(str1)
a =
    104   101   108   108   111   33
>> b=char(a)
b =
     'hello!'
>> b=setstr(a)
b =
     'hello!'
>> class(a)
ans =
     'double'
>> class(b)
ans =
     'char'
>> c=eye(2);d=int2str(c)
d =
    2×4 char  数组
     '1  0'
```

表 2-15　字符串转换函数

函数	语法	说明
abs	abs(str)	字符串转换成 ASCII 码值
setstr	setstr(x)	通过 ASCII 码值将任意类型数据转换成字符串
char	char(x)	通过 ASCII 码值将任意类型数据转换成字符串
num2str	num2str(x)	将非整数数组转换成字符串
int2str	int2str(x)	将整数数组转换成字符串
mat2str	mat2str(x)	将数值数组转换成字符行向量
str2num	str2num(str)	将字符数组转换成数值数组
dec2hex	dec2hex(x)	十进制数到十六进制字符串转换
hex2dec	hex2dec(str)	十六进制字符串转换成十进制数
hex2num	hex2num(str)	十六进制字符串转换成 IEEE 浮点数
sprintf	sprintf(format, A, …)	用格式控制，数字转换成字符串
sscanf	sscanf(str,format, …)	用格式控制，字符串转换成数字

```
    '0   1'
>> class(d)
ans =
    'char'
>> dec2hex(10)
ans =
    'A'
>> hex2dec('B')
ans =
    11
>>  sprintf('The array is %dx%d.',2,3)
ans =
    'The array is 2x3.'
>>  S = '2.7183   3.1416'; A = sscanf(S,'%f')
A =
    2.7183
    3.1416
>> class(A)
ans =
    'double'
```

2.6 MATLAB 常用标点功能

MATLAB 常用标点功能如表 2-16 所示。

表 2-16 MATLAB 常用标点功能

名　　称	标　　点	功　　能
空格		变量之间的分隔符；数组元素分隔符
逗号	,	语句分隔符；变量之间的分隔符；数组元素分隔符
黑点	.	小数点；结构数组
分号	;	指令结尾表示不显示结果；数组的行间分隔符
冒号	:	冒号表达式产生一维数组；（用于数组参见数值数组部分）
注释号	%	之后的部分被视为注释
单引号	' '	字符串引述符
圆括号	( )	数组援引时使用；函数指令输入变量列表时使用
方括号	[ ]	输入数组时使用；函数指令输出变量列表时使用
花括号	{ }	元胞数组引述符
下连号	_	作为变量、函数或文件名中的连字符

注意：所有的标点必须在英文状态下输入。

小　　结

本章介绍了 MATLAB 的表达式和变量、MATLAB 数值数组及运算、MATLAB 字符串操作和 MATLAB 常用标点功能等。通过本章学习应重点掌握以下内容

（1）MATLAB 的语句构成。

（2）MATLAB 数值数组操作语法。

（3）MATLAB 的基本数值运算方法。

（4）MATLAB 常用标点功能。

习题

2-1 用 MATLAB 计算 C=A*B，D=A.*B，已知 $A = \begin{bmatrix} 1 & 3 \\ 5 & 6 \end{bmatrix}$，$B = \begin{bmatrix} 2 & 3 \\ 7 & 4 \end{bmatrix}$。

2-2 对于 $A = \begin{bmatrix} 4 & 9 \\ 1 & 2 \end{bmatrix}$，MATLAB 以下四个指令：A.^2, A^2, sqrt(A), sqrtm(A)，所得结果是否相同？为什么？

2-3 求函数 $\begin{cases} y_1 = x_1 + 2x_2 + |x_3| \\ y_2 = \sqrt{x_1} + x_2^3 + \pi x_3 \\ y_3 = 3e^2 + \cos x_2 - \sin x_3 \end{cases}$

在 x_1=-1，x_2=2，x_3=-3 时的值。

2-4 定义矩阵 A 为二阶全 1 阵。

（1）访问其第 1 行第 2 列的元素，并将其赋值为 0。

（2）扩充矩阵 A 为 3 行 3 列的矩阵，并令其第 3 行第 3 列的元素为 1。

（3）找出矩阵 A 中所有值为 0 的元素，并将其赋值为 1。

（4）删除矩阵 A 的第 2 列的所有元素。

2-5 生成两个 3×2 的正态分布随机矩阵，将两矩阵分别按行、列的方式进行串接。

2-6 生成两个字符串 str1='hello!' 和 str2='everyone!'，并将这两个字符串拼接成一个字符串。

第 3 章　MATLAB 图形基础

数据的可视化在实际工作和科学试验中具有重要作用，MATLAB 作为一个强大的数学工具，具有丰富的数据可视化功能，它提供了大量的绘图函数和命令，可以将各种数据以图形、图像等形式直观地表现出来，同时可以对生成的图形、图像进行各种修饰与控制，使得图形绘制和处理变得更加简单。

本章将介绍 MATLAB 二维图形、三维曲线、三维曲面，以及对图像的简单处理。

本章要点：

（1）MATLAB 二维图形。

（2）MATLAB 三维图形。

（3）MATLAB 图形修饰。

学习目标：

（1）掌握 MATLAB 基本二维图形绘图函数及其用法。

（2）了解 MATLAB 特殊二维图形绘图函数及其用法。

（3）掌握创建多个图形的方法。

（4）掌握 MATLAB 图形修饰函数和方法。

（5）掌握 MATLAB 三维曲线和三维曲面的绘制方法。

（6）掌握 MATLAB 图像读取函数及用法。

3.1　二　维　图　形

二维图形是绘制复杂图形的基础，绘制复杂图形所用的许多概念，其实就是二维图形的扩展。构成二维图形的数据可以是向量或矩阵，MATLAB 强大的数据计算功能为二维图形提供了应用平台，这也是 MATLAB 区别于其他科学计算软件的地方。

3.1.1　基本二维图形

1．基本二维图形函数

plot 函数是 MATLAB 最基本的二维图形绘图函数，用于绘制平面直角坐标系上的线性坐标曲线图形，MATLAB 其他二维图形绘制函数都是以 plot 函数为基础的，调用格式与 plot 函数类似。

plot 函数的使用方法如下。

① plot(x,y)

当 x 和 y 都为实数同维向量时，绘制以 x 为横坐标，y 为纵坐标的二维图形，各点间直线相连；当 x 和 y 都为实数同维矩阵时，如 x 和 y 均为 m×n 的矩阵，则按照列向量一一对应绘制 n 条曲线；若 x 和 y 中一个为向量，另一个为矩阵，且向量的维数等于矩阵行数或列数，将矩阵按向量的方向分解成几个向量，再与向量配对分别绘制，矩阵可分解为几个向量，就绘制几条曲线。如 x 是一个 m×n 的矩阵，y 是一个长度为 m 的向量，则绘制 x 的列向量对向量 y 的图形，得到 n 条曲线。

以上 x 和 y 均看作实数，若是复数，则虚数部分将不被考虑。

例 3-1　x 和 y 为实数同维向量，用 plot(x,y) 绘制图形。

解　MATLAB 命令如下

```
>> x=0:0.1:2*pi;
>> y=sin(x);
>> plot(x,y)
```

执行程序后，得到如图 3-1 所示图形。

例 3-2　x 和 y 为实数同维矩阵，用 plot(x,y) 绘制图形。

解　MATLAB 命令如下

```
>> x=[1:5;1:5;1:5;1:5;1:5];
>> y=x';
>> plot(x,y)
```

执行程序后，得到如图 3-2 所示图形。

例 3-3　x 和 y 中一个为向量，另一个为矩阵，用 plot(x,y) 绘制图形。

解　MATLAB 命令如下

```
>> x=linspace(0,2*pi,100);
>> y=[sin(x);cos(x)];
>> plot(x,y)
```

执行程序后，得到如图 3-3 所示图形。

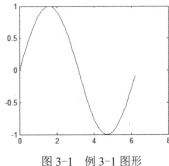 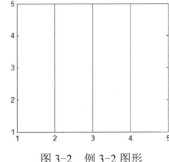 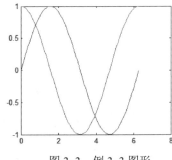

图 3-1　例 3-1 图形　　　图 3-2　例 3-2 图形　　　图 3-3　例 3-3 图形

② plot(y)

若 y 为实数向量，则绘制以 y 的下标为横坐标，y 的值为纵坐标的二维图形；若 y 为实数矩阵，则将 y 分解为几个列向量，以列向量的下标为横坐标，列向量的值为纵坐标绘制几组二维图形；若 y 为复数矩阵，则以列为单位分别以矩阵元素的实部为横坐标，虚部为纵坐标绘制图形。

例 3-4　y 为实数向量，用 plot(y) 绘制图形。

解　MATLAB 命令如下

```
>> y=sinh(0:0.1:2*pi);
>> plot(y)
```

执行程序后，得到如图 3-4 所示图形。

例 3-5 y 为实数矩阵，用 plot(y)绘制图形。

解 MATLAB 命令如下

```
>> y=[sinh(0:0.1:2*pi);50*sin(0:0.1:2*pi)]';
>> plot(y)
```

执行程序后，得到如图 3-5 所示图形。

例 3-6 y 为复数矩阵，用 plot(y)绘制图形。

解 MATLAB 命令如下

```
>> y=[1:100]*(1+2i);
>> plot(y)
```

执行程序后，得到如图 3-6 所示图形。

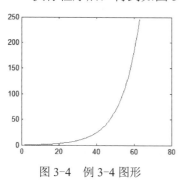
图 3-4　例 3-4 图形

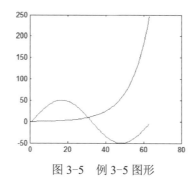
图 3-5　例 3-5 图形

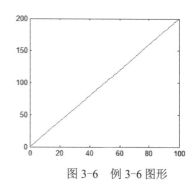
图 3-6　例 3-6 图形

③ plot(x1,y1,x2,y2,···,xn, yn)

其中，x1,y1 和 x2,y2 一一对应，分别以 x1 为横坐标，y1 为纵坐标和以 x2 为横坐标，y2 为纵坐标，···，在同一窗口绘制多组二维图形。

例 3-7 利用 plot 函数绘制多组图形。

解 MATLAB 命令如下

```
>> x=0:pi/100:2*pi;
>> y1=cos(x);
>> y2=2*cos(x);
>> plot(x,y1,x,y2)
```

执行程序后，得到如图 3-7 所示图形。

④ plot(x1,y1,'linespec1',x2,y2,'linespec2',···,xn, yn,'linespecn')

参数 linespec 涉及线条的颜色和线型等修饰，对图形的修饰将在下一节介绍。

例 3-8 利用 plot 函数绘制离散函数 $|n+3|^{-1}$，n 为正整数，且 $n \in [1,10]$。

解 MATLAB 命令如下

```
>> n=1:10;
>> y=1./abs(n+3);
>> plot(n,y,'*')
```

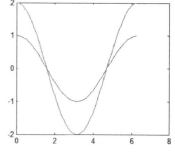
图 3-7　plot 函数绘制多组图形

执行程序后，得到如图 3-8 所示图形。

2．其他二维图形函数

plot 函数绘制的图形其 x 轴和 y 轴均为线性刻度，且各有一个坐标轴。实际应用中经常需要用到对数坐标。MATLAB 提供了绘制对数和半对数坐标函数，如表 3-1 所示。

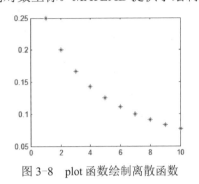

图 3-8　plot 函数绘制离散函数

表 3-1　MATLAB 的其他二维图形函数

函　数	说　明
loglog	x 轴和 y 轴均为对数刻度
semilogy	x 轴为线性刻度，y 轴为对数刻度
semilogx	x 轴为对数刻度，y 轴为线性刻度
plotyy	x 轴和 y 轴既可以为对数刻度，也可为线性刻度

其中，loglog、semilogx 和 semilogy 这三个函数使用方法与 plot 函数完全相同。

plotyy 函数与 plot 函数的不同之处在于，plotyy 函数为双 y 轴函数，且它的坐标轴既可以是对数刻度，也可以是线性刻度。

plotyy 函数用法为　　　　　　　　　　plotyy(x1,y1,x2,y2, 'function')

plotyy 函数可以得到双 y 轴图形。其中，x1 和 y1 为一组图形，对应左边的 y 轴，x2 和 y2 为一组图形，对应右边的 y 轴。function 对应 plot、loglog、semilogx 和 semilogy 中的任意一种，可以得到上述 4 个绘图函数中任意一种坐标刻度方式。缺省时，默认为 plot。

例 3-9　在同一坐标窗口，利用不同坐标轴绘制图形。

解　MATLAB 命令如下

```
>> t=0:0.1:4*pi;
>> y=exp(-0.1*t).*sin(t);
>> y1=5*y.*sin(t);
>> plotyy(t,y,t,y1)
>> figure
>> plotyy(t,y,t,y1,'semilogx')
```

执行程序后，得到如图 3-9 所示图形。

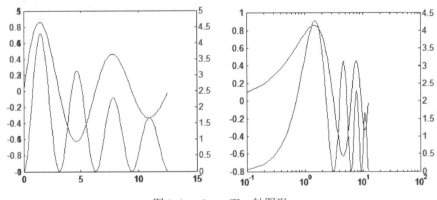

图 3-9　plotyy 双 y 轴图形

3．fplot 函数

在实际应用中，如果不太了解某个函数随自变量变化趋势，而使用 plot 绘制该函数图形时，有可能因为自变量范围选取不当而使函数图形失真。针对这种情况，根据微分思想，将图形的自变量间隔取得足够小以减小误差，但是这种方法会增加 MATLAB 处理数据的负担，降低效率。在 MATLAB 中，可通过 fplot 函数解决以上问题。fplot 函数采用自适应步长控制图形的绘制，在函数变化剧烈的区间，采用小步长，否则采用大步长，使图形尽可能精确。

该函数的调用格式为　　　　　　　　fplot('function',limits,tol,LineSpec)

其中，function 为需要绘制曲线的函数名，它既可以为用户自定义的任意函数，也可以为基本数学函数；limits 为图形的坐标轴范围，可以有两种方式：[Xmin, Xmax]表示 x 轴的取值范围，[Xmin, Xmax, Ymin, Ymax]表示 x, y 轴的取值范围；tol 为函数相对误差值，缺省时为默认值 2e-3；LineSpec 为图形的线型、颜色等。

例如绘制如图 3-1 所示的正弦函数在一个周期内的曲线，也可采用如下命令

```
>>fplot('sin',[0,2*pi])
```

3.1.2　二维图形的修饰

1. 图形线型、颜色及文本标注

利用 plot 函数对于同一图形窗口中的不同图形，可以分别定义其线型和颜色，带有选项的曲线绘制命令的调用格式为

　　　　　　　　plot(x1,y1,'linespec1',x2,y2,'linespec2',…,xn, yn,'linespecn')

参数 linespec 涉及线条的颜色和线型等。MATLAB 绘图命令的颜色和线型选项如表 3-2 所示。

表 3-2　MATLAB 绘图命令的颜色和线型选项

选项	颜色	选项	线型	选项	线型
b	蓝色	–	实线	S	正方形标记
c	青色	--	虚线	D	菱形标记
g	绿色	-.	点画线	^	朝上三角形
r	红色	:	点线	V	朝下三角形
k	黑色	.	用点号绘制各数据点	>	朝右三角形
m	洋红色	×	×线	<	朝左三角形
w	白色	o	圆圈线	P	五角星
y	黄色	*	星号线	H	六角星

表 3-2 中的颜色和线型选项可以同时使用，例如

```
>>x=0:0.1:2*pi; plot(x,sin(x),'k*', x,cos(x),'r:')
```

另外，MATLAB 提供了一些函数，用于对图形进行修饰及文本标注。例如

```
xlabel('input value')          %横轴标注
ylabel('function value')        %纵轴标注
title('一个正弦函数')           %图形标题
legend('y=sin(x)')             %图例标注
text(x,y,'label')              %图形给定坐标位置(x,y)标注
gtext('string')                %利用鼠标给图形加标注
```

grid	%图形加网格
grid off	%取消图形网格
box on	%图形加边框线
box off	%图形取消边框线
box	%图形在加边框线和不加边框线两种状态间切换

例 3-10 绘制图形并修饰。

解 MATLAB 命令如下

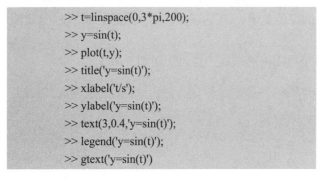

```
>> t=linspace(0,3*pi,200);
>> y=sin(t);
>> plot(t,y);
>> title('y=sin(t)');
>> xlabel('t/s');
>> ylabel('y=sin(t)');
>> text(3,0.4,'y=sin(t)');
>> legend('y=sin(t)');
>> gtext('y=sin(t)')
```

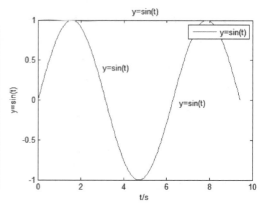

图 3-10 图形标注及文本修饰

执行程序后，得到如图 3-10 所示图形。

2. 坐标轴处理

在制作图形的过程中，有时会对坐标轴的相对尺度、长度及坐标系等有特定要求，例如想改变坐标轴的纵横比、采用极坐标系等，MATLAB 的 axis 函数可以实现对坐标轴的控制。axis 函数常用格式如表 3-3 所示。

表 3-3　axis 函数格式说明

格式	说明
axis([x_{min} x_{max} y_{min} y_{max}])	以 x_{min}, x_{max} 设定横轴的下限及上限 以 y_{min}, y_{max} 设定纵轴的下限及上限
axis auto	横轴及纵轴依照数据大小的上下限来定，横轴及纵轴比例为 4∶3
axis square	横轴、纵轴比例是 1∶1
axis equal	横轴、纵轴尺度比例设成相同值
axis image	横轴、纵轴尺度比例设成相同值，坐标轴紧贴数据范围
axis tight	数据范围设为坐标范围
axis xy	默认情况下使用普通直角坐标系
axis ij	使用矩阵式坐标系，图原点设在左上角，横轴不变，纵轴由上往下递增
axis normal	以默认值设置横轴及纵轴
axis vis3d	保持高度比不变，三维旋转时避免图形大小变化
axis off	取消坐标轴
axis on	恢复坐标轴

3. 图形特殊字符标注

在对图形进行修饰的过程中，有时需要使用如希腊字母、数学符号及箭头等特殊字符，MATLAB 提供了产生这些特殊字符的方法，MATLAB 常用的希腊字母、数学符号以及箭头符号如表 3-4 所示。

表 3-4　MATLAB 常用的希腊字母、数学符号以及箭头符号

类别	命令	符号	命令	符号	命令	符号
希腊字母	\alpha	α	\mu	μ	\psi	ψ
	\beta	β	\nu	ν	\omega	ω
	\gamma	γ	\xi	ξ	\Gamma	Γ
	\delta	δ	\pi	π	\Delta	Δ
	\epsilon	ε	\rho	ρ	\Theta	Θ
	\zeta	ζ	\sigma	σ	\Lambda	Λ
	\eta	η	\tau	τ	\Xi	Ξ
	\theta	θ	\equiv	≡	\Pi	Π
	\vartheta	ϑ	\Im	ℑ	\Sigma	Σ
	\iota	ι	\upsilon	υ	\Upsilon	Υ
	\kappa	κ	\phi	φ	\Phi	Φ
	\lambda	λ	\chi	χ	\Psi	Ψ
	\Omega	Ω				
数学符号	\times	×	\leq	≤	\bullet	·
	\div	÷	\infty	∞	\neq	≠
	\otimes	⊗	\pm	±	\aleph	ℵ
	\cap	∩	\geq	≥	\wp	℘
	\supset	⊃	\propto	∝	\oslash	∅
	\int	∫	\Re	ℜ	\supseteq	⊇
	\rfloor	⌋	\oplus	⊕	\subset	⊂
	\lfloor	⌊	\cup	∪	\nabla	∇
	\forall	∀	\subseteq	⊆	\lceil	⌈
	\exists	∃	\in	∈	\ldots	…
	\cong	≅	\approx	≈	\cdot	·
	\sim	~	\partial	∂		
箭头	\leftarrow	←	\uparrow	↑	\leftrightarrow	↔
	\rightarrow	→	\downarrow	↓	\updownarrow	↕

3.1.3　创建多个图形

在 MATLAB 中使用绘图函数创建图形时，后面的图形将覆盖前面的图形，默认情况下只保留一个图形窗口。绘制多个图形的方法有以下几种。

1．利用 plot 函数

例 3-11　在 $[0, 2\pi]$ 区间内绘制 $y = 2\mathrm{e}^{-x}\cos(2\pi x)$ 及其包络，包络用虚线描述。

解　MATLAB 命令如下

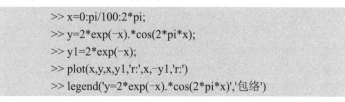

```
>> x=0:pi/100:2*pi;
>> y=2*exp(-x).*cos(2*pi*x);
>> y1=2*exp(-x);
>> plot(x,y,x,y1,'r:',x,-y1,'r:')
>> legend('y=2*exp(-x).*cos(2*pi*x)','包络')
```

执行程序后，得到如图 3-11 所示图形。

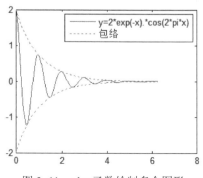

图 3-11　plot 函数绘制多个图形

2．利用 hold on 命令

在已经存在图形的窗口内使用 hold on 命令，再输入新的绘图命令，并不取消原有的图形，而是在已存在的图形中添加新的图形，这样就在同一窗口中绘制了多个图形，后来绘制的图形坐标若与原坐标不同，系统将自动调整坐标轴。hold off 与 hold on 命令相反，使用该命令将释放当前窗口。

例 3-12　利用 hold on 命令绘制多个图形。

解　MATLAB 命令如下

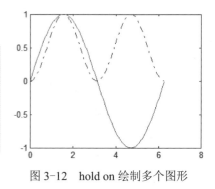

```
>> x=0:pi/100:2*pi;
>> y=sin(x);
>> plot(x,y)
>> hold on
>> plot(x,sin(x).^2,'k-.')
>> hold off
```

执行程序后，得到如图 3-12 所示图形。

图 3-12　hold on 绘制多个图形

3．利用 subplot 命令建立子图

以上两种方法虽然可在同一窗口中绘制多条曲线，但必须使用同一坐标系，subplot 函数可在同一窗口中使用不同坐标系绘出几组数据，即创建子图。函数调用格式为

$$subplot(m,n,p)$$

该命令将当前图形窗口分为 m×n 个绘图区域，并选择第 p 个区域为当前活动区域。此时，只有该活动窗口响应绘图命令，如果需要改变激活的窗口，只改变 p 的值即可。p 以行的方式排序。

例 3-13　利用 suplot 命令绘制多个图形。

解　MATLAB 命令如下

```
>> x=linspace(0,2*pi,30);
>> subplot(2,2,1);plot(x,sin(x));
>> subplot(2,2,2);plot(x,cos(x));
>> subplot(2,2,3);plot(x,sinh(x));
>> subplot(2,2,4);plot(x,cosh(x));
```

执行程序后，得到如图 3-13 所示图形。

4．利用 figure 命令建立多个图形窗口

以上方法都是在同一个窗口中绘图，此时该窗口中图形对象的某些属性有相同的取值，有时在应用中不希望出现这种情况，而是需要把每个图形分别绘制在不同的窗口中，以方便修改某一图形的属性，这时就需要使用创建图形窗口的命令 figure，每执行一次没有参数的 figure 命令可以创建一个图形窗口。这时，figure(n)命令可以将已有的窗口设为当前窗口，表示激活第 n 个图形窗口，此时的操作在当前窗口中进行。

例 3-14　利用 figure 命令创建多个图形窗口。

解　MATLAB 命令如下

```
>> x=linspace(0,10,100);
>> loglog(x,10*exp(x)) ,title('对数刻度')
>> figure, plot(x,10*exp(x)) ,title('线性刻度')
```

执行程序后，得到如图 3-14 所示图形。

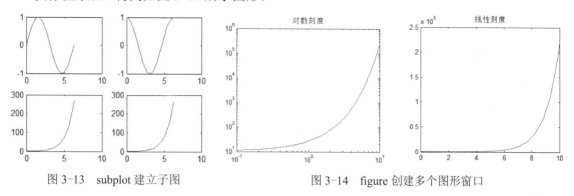

图 3-13 subplot 建立子图　　　　　图 3-14 figure 创建多个图形窗口

3.1.4 特殊二维图形函数

除了基本的绘图函数，MATLAB 还提供了一些特殊的二维图形函数，用于绘制直方图、极坐标图、柄图和阶梯图等。常用的特殊二维图形函数如表 3-5 所示。

表 3-5 特殊二维图形函数

函数	意义	常用调用格式	函数	意义	常用调用格式
bar	直方图	bar(x,y)，bar(y)	barh	水平条形图	barh(x,y)
errorbar	带有误差的直方图	errorbar(x,y,e)	quiver	向量场图	quiver(x,y)
stem	柄图	stem(x,y)	feather	羽毛图	feather(x,y)
polar	极坐标图	polar(x,y)	rose	极坐标累计图	rose(x,n)
stairs	阶梯图	stairs(x,y)	comet	彗星状轨迹图	comet(x,y)
area	面积图	area(x)或 area(x,y)	hist	频数累计柱状图	hist(y,n)
contour	等高线图	contour(y,n)	pie	饼图	pie(x)
fill	填充图或实心图	fill(x,y,c)	compass	向量图或罗盘图	compass(x,y)

表 3-5 中参数 x, y 分别表示横、纵坐标绘图数据；e 表示误差；c 表示颜色选项；n 表示直方图中的直条数，默认值为 10。

1．直方图

在实际生活中，常会遇到离散数据，当需要比较数据、分析数据在总量中的比重时，直方图是一种理想的选择，直方图一般适用于数据较少的情况。

直方图的绘图函数一般有以下两种基本形式。

➢ bar(x,y)　　% y 可以为矩阵或向量，x 单向递增。

➢ bar(y)　　　%绘制向量 y 的直方图。

此外还可以给 bar 函数加 width、stacked 和 grouped 等参数，width 用于设置方条的宽度，默认值是 0.8，当 width>1 时，图形中的方条会互相覆盖，stacked 参数设置图形为堆积形式，此时直方图的方条数与矩阵的列数相同，相应每个方条画出条形码的每行，grouped 参数设置直方图为组合形式。

直方图函数还有 barh 和 errorbar 两种形式，barh 函数用来绘制水平方向的直方图，其参数与 bar 相同，当已知数据的误差值时，可用 errorbar 函数绘制出误差范围，其一般语法形式为：errorbar(x,y,l,u)，其中 x、y 是绘制曲线的坐标，l、u 是曲线误差的最小值和最大值，绘制图形中，l 向量在曲线下方，u 向量在曲线上方；或用 errorbar(x,y,e)绘制误差范围为[y-e,y+e]的误差直方图。

例 3-15 产生一组随机数据，绘制直方图。

解 MATLAB 命令如下

```
>> x=1:10;
>> y=rand(size(x));
>> subplot(1,2,1),bar(x,y)
>> subplot(1,2,2),barh(x,y)
```

执行程序后，得到如图 3-15 所示图形。

例 3-16 假定误差限为 10%，产生一组数据，并生成该数据的误差直方图。

解 MATLAB 命令如下

```
>> x=linspace(0,2*pi,50);
>> y=10*cos(x);
>> e=0.1*y;
>> errorbar(x,y,e)
```

执行程序后，得到如图 3-16 所示图形。

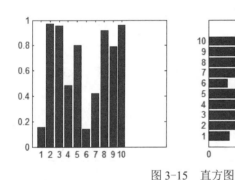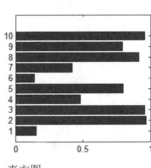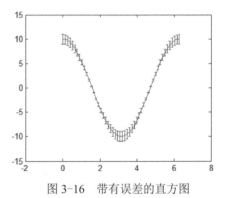

图 3-15　直方图　　　　　　　　　　　　　　　　　图 3-16　带有误差的直方图

例 3-17 利用直方图函数参数 stacked 和 grouped 绘制累计式和分组式直方图。

解 MATLAB 命令如下

```
>> x=-2:2;y=[3 5 2 4 1; 3 4 5 2 1; 5 4 3 2 5];
>> subplot(1,2,1), bar(x',y','stacked')          % "累计式"直方图
>> xlabel('x'), ylabel('\Sigma y'), colormap(cool)
>> legend('因素 A', '因素 B', '因素 C')
>> subplot(1,2,2), barh(x',y','grouped')         % "分组式"直方图
>> xlabel('x'), ylabel('y')
```

执行程序后，得到如图 3-17 所示图形。

2. 饼图

饼图与直方图的功能类似，可以显示数据中某个分量在总量中所占的比例。

解 MATLAB 命令如下

例 3-18 某工厂四个季度的生产量为[11.4,23.5,35.4,15.6]，用饼图绘制图形。

```
>> x=[11.4,23.5,35.4,15.6];
>> ex=x==min(x);
>> subplot(1,2,1),pie(x)
>> subplot(1,2,2),pie(x,ex)
```

执行程序后，得到如图 3-18 所示图形。

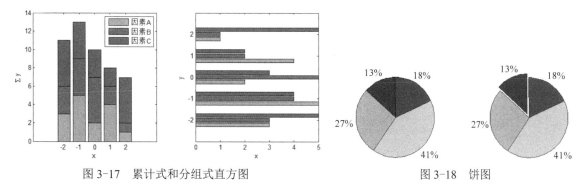

图 3-17　累计式和分组式直方图　　　　　　图 3-18　饼图

上例中用到的 pie 函数有以下两种使用格式

➢ pie(x)　　　% x 为输入数据，显示 x 中数据每个分量在总量中所占百分比。
➢ pie(x,ex)　% x 为输入数据，ex 为与 x 同型的向量或矩阵，其元素为零值或非零值，非
　　零值对应部分将从饼图中分离出来。

3．柄图

柄图主要用来绘制数位信号。柄图每个数据点对应绘制一条直线，在直线末端用点表示数
据，所以又形象地将其称作火柴杆图或针状图（大头针）。绘制此图形的函数为 stem，常用格
式如下

➢ stem(y)　　　　　　%当 y 为向量时，y 的值作为柄的长度从 x 轴延伸，x 值自动产
　　生，当 y 为矩阵时，每一行的值在同一个柄上生成。
➢ stem(x,y)　　　　　%绘制 x 对 y 的列向量的柄图。x 和 y 是同样大小的向量或矩阵，
　　当 x 为行或列向量时，y 的行数必须与 x 的长度相同。
➢ stem(…,'filled')　　%filled 参数表示填充柄的头部。
➢ stem(…,'linespec')　%linespec 确定柄图线的属性，如线型、颜色及标记等。

4．阶梯图

和柄图类似，stairs 函数也常用来绘制横坐标是时间序列的数位信号，又称阶梯图。不同
之处在于 stairs 函数绘制的阶梯图其相邻数据点间不用直线连接，而是相邻两点间的值取起点
数据的值，该函数的常用语法格式与 stem 函数类似。

例 3-19　用柄图和阶梯图表述离散数位信号 $x = 3^n$，n 为整数，取值范围为[-5,5]。

解　MATLAB 命令如下

```
>> n=-5:5;x=3.^n;
>> subplot(121),stem(n,x,'filled')
>> subplot(122),stairs(n,x)
```

执行程序后，得到如图 3-19 所示图形。

5．频数累计柱状图

频数累计柱状图主要用于在笛卡儿坐标系中统计在一定范围内数据的频数，并用柱状图表

示，通过大量的数据显示其分布情况和统计特性。

函数 hist 的常用语法格式为

➢ hist(y)　　%y 为统计数据。当 y 为向量时，将数据划分为 10 个相等的区间进行统计，最后画出 10 个柱形。如果 y 为矩阵，则按列计算。

➢ hist(y,x)　　%y 为统计数据。当 x 为标量时，x 指定了统计的区间数；当 x 为向量时，以该向量中各元素为中心进行统计，区间数等于 x 向量的长度。

➢ hist(y,n)　　%y 为统计数据，n 为要绘出的柱形数。

例 3-20　利用 randn 函数产生 5000 个正态分布数据，绘制图形查看其数据分布情况。

解　MATLAB 命令如下

```
>> x=randn(5000,1);
>> hist(x,20)
```

执行程序后，得到如图 3-20 所示图形。

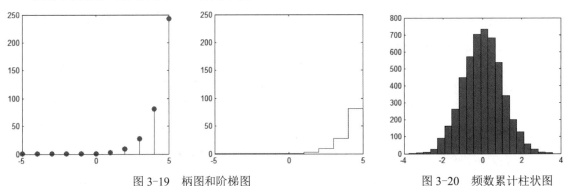

图 3-19　柄图和阶梯图　　　　　　　　图 3-20　频数累计柱状图

6. 极坐标图

极坐标图在工程计算中应用十分广泛，MATLAB 中使用 polar 函数绘制极坐标图。

polar 函数的常用语法格式为

➢ polar(theta,rho)　　　　%theta 表示角度，用弧度表示；rho 表示极半径。采用角度对极半径作图。

➢ polar(theta,rho,'linespec')　%theta 与 rho 同前。linespec 用于确定曲线的属性，如线型、颜色及标记等，同 plot 函数相同。

另外，还可以用 rose 函数在极坐标系中绘制角度直方图（又称玫瑰图）。rose 和 hist 类似，不同之处在于 rose 将数据大小视为角度，数据个数视为距离，并用极坐标系绘制。该函数的常用语法格式为

➢ rose(theta)　　%theta 表示相角，绘制角度直方图。

➢ rose(theta,n)　%n 为整数，将极坐标图 0～2π 分成 n 等份，默认值为 20。

➢ rosr(theta,x)　　%x 是向量，用 theta 对向量 x 作图。

例 3-21　利用 polar 和 rose 函数绘制极坐标图形。

解　MATLAB 命令如下

```
>> th=linspace(0,2*pi,100);
>> rh=cos(4*th);
>> subplot(1,2,1),polar(th,rh)
>> subplot(1,2,2),rose(th,20)
```

执行程序后，得到如图 3-21 所示图形。

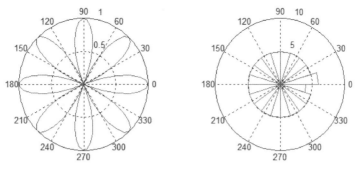

图 3-21　极坐标图及其累计图

3.2　三　维　图　形

MATLAB 不仅提供了卓越的二维图形功能，其三维绘图功能也很强大。MATLAB 提供了绘制三维曲线和三维曲面的函数，包括一系列的图形修饰和色彩设置函数，例如设置图形的视角、光影效果、颜色配置、消隐和透视等，使绘制的图形更具有真实感和立体感。本节将介绍三维图形的绘制方法。

3.2.1　三维曲线

1. 基本的三维曲线函数

与二维曲线相对应，MATLAB 最基本的三维曲线绘制函数为 plot3 函数，在三维空间内绘制三维曲线，该函数的调用格式为

$$\text{plot3(x, y, z,'linespec')}$$

其中，x、y、z 为同维的向量或矩阵，分别存储曲线的三个坐标的值，若为向量，则绘制一条三维曲线；若是矩阵，则按矩阵 x、y、z 的对应列元素绘制多条三维曲线，曲线条数等于矩阵列数。参数 linespec 涉及线条的颜色和线型等，其意义同二维函数 plot 一致。

二维图形中对图形进行修饰的函数，在三维图形中仍然适用。

例 3-22　绘制三维曲线，并对曲线进行修饰。

解　MATLAB 命令如下

```
>> t=0:pi/30:10*pi;
>> plot3(sin(t),cos(t),t)
>> grid,axis square
>> xlabel('sin(t)'),ylabel('cos(t)'),zlabel('angle')
>> title('plot3 figure')
```

执行程序后，得到如图 3-22 所示三维曲线。

2. 特殊三维曲线函数

除了基本的三维曲线绘图函数，MATLAB 还提供了一些特殊的三维曲线绘图函数。用于绘制直方图、柄图等，如表 3-6 所示。

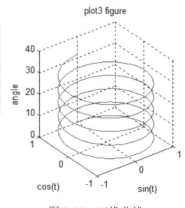

图 3-22　三维曲线

表 3-6　特殊三维曲线绘图函数

函数	意　义	常用调用格式	函数	意　义	常用调用格式
bar3	直方图	bar3(y,z)，bar3(z)	bar3h	水平方向直方图	bar3h(y,z)，bar3h(z)
stem3	柄图	stem3(x,y,z),stem3(z)	contour3	等高线图	contour3(x,y,z)
fill3	填充图或实心图	fill3(x,y,z,c)	pie3	饼图	pie3(x)

其中，参数 x、y、z 分别表示 x 轴、y 轴和 z 轴绘图数据；c 表示颜色选项。

这些特殊三维曲线函数的使用方法与对应二维特殊图形函数的使用方法类似，不再赘述。

3.2.2　三维曲面

1．基本的三维曲面函数

MATLAB 提供了 mesh 函数和 surf 函数，用于绘制三维曲面图。mesh 函数用于绘制三维曲面的网线图，当不需要绘制非常精细的三维曲面时，mesh 函数将相邻的数据点连接起来而形成网状曲面，称为网格图；surf 函数用于绘制三维曲面的网面图，各线条之间的曲面用颜色填充。

mesh 函数调用格式为

① mesh(X,Y,Z,c)

在 XY 确定的区域绘制 Z 的网格图。一般 X、Y、Z 是维数相同的矩阵。X 和 Y 是网格坐标矩阵，Z 是网格点上的坐标矩阵，c 用于指定不同高度下的颜色范围。c 省略时，默认 c=Z，即颜色正比于图形的高度。

当输入 X、Y、Z 为矩阵时，可绘制彩色的三维风格曲面图。首先通过语句[X,Y]=meshgrid(x,y)，在 XY 平面建立网格坐标，利用 X 和 Y 计算每个网格点上 Z 坐标的值，该坐标定义了曲面上的点，最后由 mesh 函数完成三维网线图的绘制。

当 X、Y 缺省时，将矩阵 Z 的列下标当作 x 轴坐标，矩阵 Z 的行下标当作 y 轴坐标，绘制三维曲面图。

当 X、Y 是向量时，要求 X 的长度必须等于矩阵 Z 的列数，Y 的长度等于矩阵 Z 的行数，X、Y 向量元素的组合构成 x、y 网格点的坐标，坐标 z 取自矩阵 Z。

② mesh(…,'PropertyName',PropertyValue,…)

对指定的属性 PropertyName 设置属性值 PropertyValue，可以在同一语句中对多个属性进行设置。

surf 函数用于绘制三维曲面网面图，各线条之间的补面用颜色填充，其调用格式与 mesh 函数相同。

在绘制三维曲面时，用到 meshgrid 函数，其功能是用来生成二元函数 z=f(x,y)在 XY 平面上的矩形定义域中的数据点阵 X 和 Y；或者是三元函数 z=f(x,y,z)在立方体定义域中的数据点阵 X、Y 和 Z，其调用格式如下

➤ [X,Y]=meshgrid(x,y)　　%基于向量 x 和 y 包含的坐标返回二维网格坐标。X 和 Y 均是矩阵，X 的每一行是向量 x 的一个副本；Y 的每一列是向量 y 的一个副本。坐标 X 和 Y 表示的网格有 length(y)行和 length(x)列。

➤ [X,Y]=meshgrid(x)　　　% 与[X,Y]=meshgrid(x,x)相同，返回网格大小为 length(x)×length(x)的方形网格坐标。

➢ [X,Y,Z]=meshgrid(x,y,z) %返回由向量 x、y 和 z 定义的三维网格坐标，X、Y 和 Z 表示的网格大小为 length(y) ×length(x) ×length(z)。

➢ [X,Y,Z]=meshgrid(x)   %与[X,Y,Z]=meshgrid(x,x,x)相同，返回网格大小为 length(x)×length(x)×length(x)的三维网格坐标。

例 3-23 绘制三维曲面图 $z=\sin(x+\sin y)-x/10$。

解 MATLAB 命令如下

```
>> [x,y]=meshgrid(0:0.25:4*pi);
>> z=sin(x+sin(y))-x/10;
>> subplot(121),mesh(x,y,z)
>> axis([0 4*pi 0 4*pi -2.5 1]);
>> title('mesh figure')
>> subplot(122),surf(x,y,z)
>> axis([0 4*pi 0 4*pi -2.5 1]);
>> title('surf figure')
```

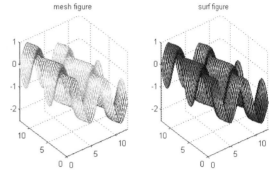

执行程序后，得到如图 3-23 所示图形。

图 3-23 三维曲面

2．特殊的三维曲面函数

在 MATLAB 中，三维曲面函数还有：

➢ meshc   %同时绘出曲面的网格线图和等高线
➢ meshz   %同时绘出曲面和零平面
➢ surfc   %同时绘出表面图和等高线
➢ surfl   %带光照效果的彩色表面图
➢ waterfall   %使图形产生水流效果

以上函数使用方法类似 mesh 函数和 surf 函数，详细的变量说明请参看相应的函数说明及帮助。

例 3-24 利用不同三维曲面函数绘制三维曲面图 $z=\dfrac{\sin(\sqrt{x^2+y^2})}{\sqrt{x^2+y^2}}$。

解 MATLAB 命令如下

```
>> [x,y]=meshgrid(-8:0.5:8);
>> z=sin(sqrt(x.^2+y.^2))./sqrt(x.^2+y.^2+eps);
>> subplot(1,4,1);mesh(x,y,z);title('mesh(x,y,z)')
>> subplot(1,4,2);meshc(x,y,z);title('meshc(x,y,z)')
>> subplot(1,4,3);meshz(x,y,z);title('meshz(x,y,z)')
>> subplot(1,4,4);surf(x,y,z);title('surf(x,y,z)')
```

执行程序后，得到如图 3-24 所示图形。

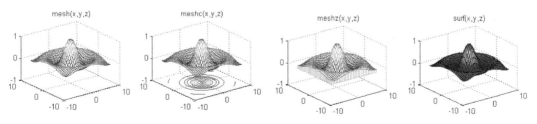

图 3-24 各种三维曲面图

3.2.3 三维图形的特殊处理

三维图形的特殊处理包括设置视角、光照效果、图形消隐与透视等内容，掌握这些方法对于提升数据的表达效果具有重要作用。下面分别介绍这些处理方法。

1. 设置视角

在生活中我们可以发现，对于三维物体来说，在不同的角度观察物体，所看到的物体形态可能是不一样的。同样地，从不同视点观察绘制的三维图形也是不一样的。

MATLAB 提供了 view 函数，可以改变图形的视角，view 函数使用格式如下

➢ view([az,el])　%设置三维图形的视角，其中 az 为方位角，el 为仰视角。方位角是 y 轴的负半轴与视线在 XY 平面的投影的夹角，仰视角是视线与 XY 平面的夹角。

➢ view(x,y,z)　% (x,y,z)为观察点笛卡儿坐标。

例 3-25 在不同视角下观察三维图形 $\begin{cases} x = \sin(t) \\ y = \cos(t), & t \in [0, 2\pi] \\ z = \cos(2t) \end{cases}$。

解　MATLAB 命令如下

```
>> t=0:0.02*pi:2*pi;
>> x=sin(t);y=cos(t);z=cos(2*t);
>> subplot(121),plot3(x,y,z,'b-',x,y,z,'bd');
>> subplot(122),plot3(x,y,z,'b-',x,y,z,'bd');view([-82,58]);legend('链','宝石');
```

执行程序后，得到如图 3-25 所示图形。

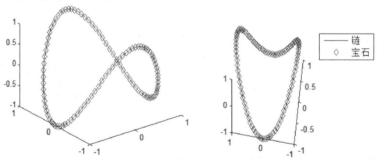

图 3-25　不同视角下的三维图形

2. 设置光照效果

MATLAB 提供了 shading 函数以产生不同的光照效果。函数使用格式如下

➢ shading flat　　　%去除各小片区域连接处的线条，平滑当前图形颜色。

➢ shading interp　　%去除连接线条，在各小区域之间使用颜色插值。

➢ shading faceted　%默认值，带有连接线条的颜色。

例 3-26 产生不同光照效果的峰形图。

解　MATLAB 命令如下

```
>> figure(1);surf(peaks),axis equal,shading faceted,title('shading faceted')
>> figure(2);surf(peaks),axis equal,shading flat,title('shading flat')
>> figure(3);surf(peaks),axis equal,shading interp,title('shading interp')
```

执行程序后，得到如图 3-26 所示图形。

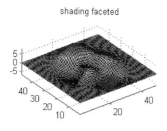
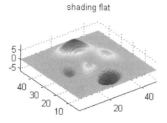
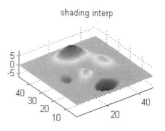

图 3-26　不同光照效果下的峰形图

程序中用到的 peaks 为 MATLAB 提供的常用于演示产生峰形图的函数。peaks 是两个变量的样本函数，该函数的常用格式如下

- ➤ Z=peaks　　　　%返回 Z 为 49×49 的矩阵。
- ➤ Z=peaks(n)　　　%返回 Z 为 n×n 的矩阵。
- ➤ peaks　　　　　%使用 surf 绘制 peaks，默认 n 为 49。
- ➤ peaks(n)　　　　%使用 surf(Z)绘制 peaks，Z 为 n×n 的矩阵。
- ➤ [X,Y,Z]=peaks　 %返回产生峰形图的三维坐标。

与 peaks 函数相类似的还有 sphere 函数，用于产生三维直角坐标系中的单位球面函数，其用法与 peaks 函数相似。

3. 图形消隐与透视

在三维空间中绘制多个图形时，由于图形之间可能会相互覆盖，这就涉及到图形消隐与透视的问题，图形消隐是指图形间相互重叠的部分不再显示，图形透视是指相互重叠的部分互不妨碍，全面显示。MATLAB 提供了 hidden 函数，可以实现图形消隐与透视。函数用法如下

- ➤ hidden on　%图形间消隐，为默认值。
- ➤ hidden off　%图形间透视。

例 3-27　利用图形消隐与透视，在同一窗口使用同一坐标系绘制半径为 1 和半径为 2 的球面。

解　MATLAB 命令如下

```
>> [x0,y0,z0]=sphere;
>> x=2*x0;y=2*y0;z=2*z0;
>> surf(x0,y0,z0),hold on,mesh(x,y,z),axis equal,title('消隐')
>> figure,surf(x0,y0,z0),hold on,mesh(x,y,z),hidden off,axis equal,title('透视')
```

执行程序后，得到如图 3-27 所示图形。

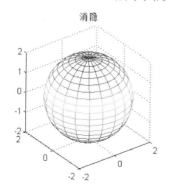
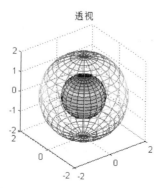

图 3-27　图形的消隐与透视

4. 色彩控制

色彩是图形的主要表现因素，丰富的色彩变化使图形更具有表现力。MATLAB 提供了多种色彩控制函数，可以对图形进行颜色控制。

MATLAB 采用颜色映像来处理图形颜色，即 RGB 色系。每种颜色都由三个基色的数组表示。数组元素 R、G 和 B 在[0, 1]区间取值，分别表示颜色中的红、绿、蓝三种基色的相对亮度。通过对 R、G 和 B 大小的设置，可以调制出不同的颜色。

当调制好相应的颜色后，可以使用 colormap 函数控制当前图像的色图，该函数的调用格式为

➢ colormap(map)　　　　%map 是一个三列矩阵，表示用矩阵 map 映射当前图形的色图。

➢ colormap('default')　　%默认的设置是 JET

➢ map=colormap　　　　%获得当前色图矩阵

MATLAB 中每一个图形只能有一个色图，色图是 m×3 的数值矩阵，它的每一行是 RGB 三元组。色图可以通过矩阵元素直接赋值定义，也可以利用 MATLAB 提供的函数定义色图矩阵，表 3-7 列出了定义色图矩阵的函数，色图矩阵的维度由函数调用格式决定。例如

表 3-7　常见色图矩阵函数及意义

函　数	意　义	函　数	意　义	函　数	意　义
autumn	红、黄浓淡色图	spring	青、黄浓淡色图	winter	蓝、绿浓淡色图
summer	绿、黄浓淡色图	pink	淡粉红色图	copper	纯铜色调线性浓淡色图
gray	灰色调线性浓淡色图	flag	红、白、蓝、黑交错色	hot	黑、红、黄、白浓淡色图
hsv	两端为红的饱和色图	bone	蓝色调浓淡色图	jet	蓝头红尾饱和色图
white	全白色图	cool	青、品红浓淡色图	prism	光谱交错色图

➢ map=hot　　　　　　%生成 64×3 色图矩阵 map，表示的颜色是从黑色、红色、黄色到白色的由浓到淡的颜色。

➢ map=gray(100)　　　　%生成 100×3 色图矩阵 map，表示的颜色是由浓到淡的灰色。

除了 colormap 函数外，MATLAB 还提供了用于设置图形中颜色标尺的函数 colorbar，该函数的主要功能是显示指定颜色刻度的颜色标尺。该函数常用的调用格式为

➢ colorbar　　　　　　%在图形右侧显示一个垂直的颜色标尺

➢ colorbar('vert')　　　%添加一个垂直的颜色标尺到当前的坐标系中

➢ colorbar('horiz')　　　%添加一个水平的颜色标尺到当前的坐标系中

另外，函数 brighten 可以实现对图片明暗的控制。该函数常用的调用格式为

➢ brighten(beta)　　　　%beta 是一个定义于[-1,1]区间内的数值，其中 beta 在[0,1]范围内的色图较亮。

例 3-28　利用 MATLAB 颜色控制函数实现图形的明暗控制，并添加颜色标尺。

解　MATLAB 命令如下

```
>> figure,peaks,colormap bone;brighten(-0.6),colorbar
>> figure,peaks,colormap bone;brighten(0.6),colorbar
```

执行程序后，得到如图 3-28 所示图形。

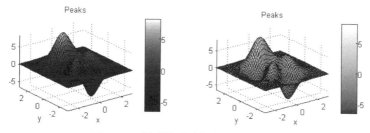

图 3-28　图形的明暗控制及颜色标尺

3.3　隐函数绘图

如果已知函数的表达式，可以先设置自变量，然后根据表达式计算出函数值，利用 plot 等函数绘制出图形。而在实际中，函数也会以隐函数的形式给出，隐函数即满足 $f(x, y)=0$ 方程的 x, y 之间的关系式。很多隐函数无法求出 x, y 之间的关系，从而不能采用 plot 函数绘制其曲线。MATLAB 提供的函数 ezplot 可以直接绘制隐函数曲线。

函数 ezplot 不需要用户对图形准备任何数据，可以直接绘制字符串函数的图形。该函数的调用格式为

$$\text{ezplot('function',[min,max])}$$

其中，function 为需要绘制曲线的函数名，它既可以为用户自定义的符号函数，也可以为基本数学函数；[min, max]为自变量范围，对于隐函数 $f=f(x)$，自变量范围[min, max]可以为[xmin, xmax]，表示在自变量范围 xmin<x<xmax 内绘制 $f=f(x)$图形；对于隐函数 $f=f(x,y)$，自变量范围[min, max]可以为[xmin, xmax，ymin, ymax]，表示在自变量范围 xmin<x<xmax 和 ymin<y<ymax 内绘制 $f=f(x,y)$图形；或[min, max]，表示在自变量范围 min<x<max 和 min<y<max 内绘制 $f=f(x,y)$图形，[min, max]默认值为[-2π, 2π]。

对于参数方程 $x=x(t)$和 $y=y(t)$，ezplot 函数的调用格式为

$$\text{ezplot(x,y,[min,max])}$$

例 3-29　绘制下列隐函数图形。

$$\begin{cases} x^2 + y^2 = 9 \\ x^3 + y^3 - 8xy + 3 = 0 \\ \cos(\tan(\pi x)) \\ x = \cos t, \; y = 2\sin t \end{cases}$$

解　MATLAB 命令如下

```
>> subplot(221),ezplot('x^2+y^2-9'),axis equal,title('x^2+y^2=9')
>> subplot(222),ezplot('x^3+y^3-8*x*y+3'),title('x^3+y^3-8*x*y+3=0')
>> subplot(223),ezplot('cos(tan(pi*x))',[0,1]),title('cos(tan(pi*x))')
>> subplot(224),ezplot('cos(t)','2*sin(t)'),title('x=cos(t),y=2*sin(t)')
```

执行程序后，得到如图 3-29 所示图形。

其他隐函数绘图函数还有 ezpolar、ezcontour、ezplot3、ezmesh、ezmeshc、ezsurf、ezsurfc 等。

例 3-30　绘制下列隐函数图形。

$$\begin{cases} x = e^{-a}\sin t \\ y = e^{-a}\cos t \quad a \in [0,6], t \in [0,2\pi] \\ z = 2t \end{cases}$$

解 MATLAB 命令如下

```
>> ezmesh('exp(-a)*sin(t)','exp(-a)*cos(t)','t',[0,6,0,2*pi])
```

执行程序后，得到如图 3-30 所示图形。

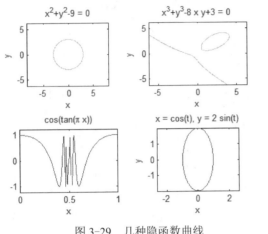

图 3-29　几种隐函数曲线　　　　图 3-30　隐函数曲面图形

3.4　图像的读写

MATLAB 提供了强大的图像与动画处理函数，本节仅介绍 MATLAB 用于图像读写的函数和简单的动画制作实例。MATLAB 图像处理应用将在后面的应用篇章节中详细介绍。

3.4.1　图像的读写函数

MATLAB 提供了图像的读取、显示和存储命令。

（1）读图像文件

图像文件读取函数为 imread，其调用格式如下

➤ A=imread('filename.fmt')　　　　　%filename 为图像文件名和路径，fmt 为图像类型，可以为 JPEG、TIFF、BMP、PNG、HDF 等。A 为返回的由图像文件中读出并转化为 MATLAB 可识别的图像格式数据矩阵。

➤ [A,map]=imread('filename.fmt')　　　%返回存放图像的数据矩阵 A 和颜色矩阵 map。

（2）图像显示

MATLAB 及其图像处理工具箱中提供了多个图像显示函数，如 imshow、imview、image 和 imtool。

① 函数 imshow 常见调用格式为

➤ imshow(A)　　　　　　%显示图像数据矩阵 A 表示的图像，可以是灰度图像，也可以是 RGB 真彩色图像或二值图像。对于二值图像，imshow 将值为 0 的像素显示为黑色，将值为 1 的像素显示为白色。对于灰度图像和 RGB 图像，按 0～255 的灰度级显示。

➤ imshow(A,[low high])　　　　%根据向量[low high]范围的值显示灰度图像 A，将小于等于 low 的值显示为黑色，将大于等于 high 的值显示为白色，介于 low 和 high 之间的值显示为不同程度的灰色。如果不指定 low 和 high 的值，则退变为 imshow(A,[ ])，此时

low 的值为图像 A 中的最小值，high 为图像 A 中的最大值。

- ➤ imshow('filename.fmt')　　　　　%filename 为图像文件的路径和文件名。

② 函数 image 常见调用格式为

- ➤ image(A)　　　　　　　　%显示图像数据矩阵 A 表示的图像。生成图像是一个 m× n 像素网格，其中 m 和 n 分别是矩阵 A 的行数和列数。这些元素的行索引和列索引确定了对应像素的中心。
- ➤ image(x,y,A)　　　　　　　　%显示由数据矩阵 A 表示的图像，并通过 x 和 y 指定图像边界位置，x 和 y 可以是标量或向量。

（3）写图像到文件

函数 imwrite 用于将图像输出到文件，将数值矩阵代表的图像数据写成标准格式的图像文件，其调用格式为

- ➤ imwrite(A, 'filename.fmt')　　　　%将图像数据 A 以 fmt 格式存为 filename 文件
- ➤ imwrite(…, 'filename')　　　　　%将当前图像以文件名 filename 储存
- ➤ imwrite(…, 'ProName', 'ProVal')　　%根据属性名 ProName 的值 ProVal 另存图像数据

例 3-31　图像读写实例。

解　MATLAB 命令如下

```
>> I=imread('cameraman.tif');
>> I=double(I);
>> Ia=fliplr(I);              %图像左右翻转
>> Ib=70+I*0.6;              %演示提高亮度，减小对比度
>> Ic=255*(I>128);          %演示门限为 128 的二值化
>> I=uint8(I);Ia=uint8(Ia); Ib=uint8(Ib);Ic=uint8(Ic);
>> subplot(1,4,1);imshow(I);
>> subplot(1,4,2);imshow(Ia);
>> subplot(1,4,3);imshow(Ib);
>> subplot(1,4,4);imshow(Ic);
>> imwrite(Ic,'cameraman.jpg','jpg');
```

执行程序后，得到如图 3-31 所示图像，并在当前目录下生成 cameraman.jpg 文件。

图 3-31　图像的简单操作

3.4.2　动画制作

MATLAB 可以读入 avi 视频文件，得到 MATLAB 视频数据，并将其写至文件或进行播放；也可以将图像转换为视频帧数据，进而播放由视频帧数据形成的画面，产生动画效果。

MATLAB 视频操作函数如表 3-8 所示。

表 3-8   视频操作函数

函数名	意　义	函数名	意　义
aviread	读取 avi 视频文件至数据文件	im2frame	将 MATLAB 图像转换为 MATLAB 视频帧
getframe	获取 MATLAB 视频帧形成列向量	moviein	建立一个足够大的列矩阵
movie	播放 MATLAB 视频帧数据	avifile	创建 avi 视频文件
addframe	向 avi 视频文件中添加 MATLAB 视频帧	aviinfo	获取 avi 视频文件信息
frame2im	将 MATLAB 视频帧转换为 MATLAB 图像	mmfileinfo	获取多媒体文件信息
mov2avi	将 MATLAB 视频帧转换为 avi 视频文件	close	关闭 avi 视频文件

一般情况下，用户可以通过 aviread 函数读取 avi 视频文件，得到 MATLAB 视频帧数据，或者通过 im2frame、getframe 等函数获取 MATLAB 视频帧数据，再以这些视频帧数据作为输入参数，通过 movie 函数播放由视频帧数据形成的画面。用户也可以通过 avifile 函数创建 avi 视频文件，然后通过 addframe 函数把前述方法得到的 MATLAB 视频帧数据添加到 avi 视频文件，添加修改完成后通过 close 命令关闭 avi 文件，也可以通过函数 mov2avi 直接将视频帧数据转换为 avi 视频文件。

例 3-32   产生一个不断变化的图形。

解   MATLAB 命令如下

```
>> x =linspace(0,1,50);
>> m=moviein(3);
>> y1=x.^2;plot(x,y1);m(1)=getframe;
>> y2 =x.^3;plot(x,y2);m(2) = getframe;
>> y3 =exp(x);plot(x,y3);m(3) = getframe;
>> movie(m,10);                          %将矩阵 m 中的帧播放 10 次
```

其中，moviein(n)用来建立一个足够大的 n 列矩阵，该矩阵用来存放 n 幅画面的数据；getframe 函数可截取每一幅画面的信息而形成一个很大的列向量；movie(m, n)播放由矩阵 m 形成的画面帧 n 次。

小　　结

本章主要内容为 MATLAB 图形和图像操作，主要介绍了如何利用 MATLAB 绘制二维图形和三维图形，以及对图形的修饰。另外，还简单介绍了 MATLAB 对图像的基本操作。通过本章学习应重点掌握以下内容。

（1）掌握 MATLAB 基本二维图形绘图方法。

（2）了解 MATLAB 特殊二维图形函数及用法。

（3）掌握 MATLAB 图形修饰函数及用法。

（4）掌握 MATLAB 三维曲线和三维曲面的绘图方法。

（5）掌握 MATLAB 图像读取函数及用法，了解利用 MATLAB 进行图像操作基本方法。

习题

3-1   在同一坐标轴内使用不同刻度绘制以下两组图形

$$\begin{cases} y_1 = \mathrm{e}^{-0.5x_1}\sin(2\pi x_1), & x_1 \in [0,2\pi] \\ y_2 = 1.5\mathrm{e}^{-0.1x_2}\sin(x_2), & x_2 \in [0,3\pi] \end{cases}$$

3-2 某班级 35 名学生 MATLAB 结业考试成绩分布如表题 3-2 所示,建立 2 行 2 列子图,分别表示各个分数段人数所占的比重,第一行采用二维和三维的饼图,第二行采用二维和三维的直方图。对图形添加合适的标题加以区分。

表题 3-2

成绩	100～90	89～80	79～70	69～60	59～0
人数	3	16	10	4	2

3-3 画出衰减振荡曲线 $y = \mathrm{e}^{-t/3}\sin 3t$,$t \in [0,4\pi]$ 及其包络线,使用不同线型和图例区分图形,并标注坐标轴。

3-4 绘制三维曲线 $\begin{cases} x = z\sin 2z \\ y = z\cos 3z \end{cases}$,$z \in [-10,10]$。

3-5 绘制 $z = \dfrac{\sin(\sqrt{x^2+y^2})}{\sqrt{x^2+y^2}}$,$x,y \in [-5,5]$ 所表示的三维曲面。

3-6 利用隐函数绘图绘制 $x^2\sin(x+y^2) + y^2 e^x + 6\cos(x^2+y) = 0$ 的图形。

第 4 章　MATLAB 科学计算

在解决实际应用问题时，经常会遇到各种各样的数学计算，如方程求解、微积分、插值和拟合等，这些计算往往难以通过手工运算获得精确的结果，需要借助计算机实现。MATLAB 具有丰富的数据运算功能，为解决这些问题提供了很好的计算平台，使得科学计算变得更加方便、有效。

本章要点：

（1）MATLAB 数据读写。
（2）MATLAB 数据统计分析。

学习目标：

（1）了解 MATLAB 数据读写函数，掌握常用数据读写方法。
（2）掌握常用数据统计分析函数及用法。
（3）了解数据插值及曲线拟合常用方法。
（4）了解符号运算，能够利用符号对象求解常见数学问题。
（5）了解 MATLAB 方程组求解常用方法。

4.1　数据的读写

MATLAB 可以读取外部数据和文件，或将运算结果写入到外部文件中，如 TXT、XLS、CSV 等格式化数据文件或低级文件（如二进制文件）。下面分别介绍 MATLAB 对各类文件的读写方法。

4.1.1　格式化数据文件读写

MATLAB 文本文件的读取和写入函数如表 4-1 所示。文本文件中的数据是以 ASCII 码存储的字符或数字，它们可以显示在任何文本编辑器中。

表 4-1　文本文件读写函数

函　　数	说　　明
textread	将文本文件数据按指定格式读入 MATLAB 工作空间变量中
textscan	将已打开的文本文件中的数据读取到元胞数组中
xlsread	读取 Excel 表格中的数据到 MATLAB 工作空间变量中
xlswrite	将 MATLAB 工作空间变量写入 Excel 表格中
csvread	读取逗号分隔符格式化 CSV 文本文件数据到 MATLAB 工作空间变量中
csvwrite	将 MATLAB 工作空间变量写入以逗号为分隔符的 CSV 文本文件中
dlmread	将文本文件数据以指定的 ASCII 码为分隔符，读取到 MATLAB 工作空间变量中
dlmwrite	将 MATLAB 工作空间变量以指定的 ASCII 码为分隔符，写入到文本文件中

1. 文本文件的读取

在 MATLAB 中，提供了多个函数用来读取不同格式的文本文件数据，其中比较常见的函数有 textread、xlsread、csvread 和 dlmread，这些函数有各自的使用范围和特点。它们的常见调用格式分别为

➢ [A,B,C,…] =textread('filename.format',N)

将文本文件数据读取至工作空间变量 A、B、C、…中。filename.format 为文件的路径、文件名和后缀；N 表示读取数据的次数；A、B、C 表示存放数据的向量或矩阵。

➢ C = textscan(fileID,formatSpec)

将已打开的文本文件中的数据读取到元胞数组 C 中。该文本文件由文件标识符 fileID 指示，使用 fopen 可打开文件并获取 fileID 值，完成文件读取后，调用 fclose(fileID) 关闭文件。

➢ [num,txt,raw]=xlsread('filename.format',sheet,range)

将 Excel 表格中数据导入到 MATLAB 工作空间变量中。filename.format 为文件的路径、文件名和后缀；sheet 为读取的指定工作表，例如 sheet2；range 为读取指定工作表的范围，例如 A2:J5；xlsread 函数在 num 返回数值数据，在元胞数组 txt 中返回文本字段，在元胞数组 raw 中返回数值和文本数据。

➢ A=csvread('filename.format',row,col)

从 CSV 文件中读取逗号分隔数据至 MATLAB 工作空间变量 A 中。filename.format 为文件的路径、文件名和后缀；row 和 col 分别为需要读取的数据行和列；A 表示存放数据的向量或矩阵。

➢ A=dlmread('filename.format',delimiter)

使用指定的分隔符读取文件中的数据到 MATLAB 工作空间变量 A 中，并将重复的分隔符视为单独的分隔符。filename.format 为文件的路径、文件名和后缀；delimiter 为用户自定义的分隔符；A 表示存放数据的向量或矩阵。

2. 文本文件的写入

利用函数 xlswrite、csvwrite 和 dlmwrite 可将数据写入文本文件，它们的常见调用格式如下

➢ [status,message]=xlswrite('filename.format',A,sheet,range)

将 MATLAB 工作空间中的变量 A 数据写入到 Excel 表格中。filename.format 为文件的路径、文件名和后缀；A 表示写入数据存放的向量或矩阵；sheet 为写入的工作表；range 为写入工作表指定的范围；status 为逻辑标题，返回写入操作的状态，当操作成功时，status 为 1，否则为 0；message 为返回的结构数组，返回写入操作生成的任何警告或错误信息。

➢ csvwrite('filename.format',A,row,col)

将 MATLAB 工作空间中变量 A 数据写入逗号分隔的 CSV 文件中。filename.format 为文件的路径、文件名和后缀；A 表示写入数据存放的向量或矩阵；row 和 col 分别表示在原始数据基础上添加的数据行和列数。

➢ dlmwrite('filename',A,'-append',delimiter)

将 MATLAB 工作空间中变量 A 数据按一定的选项写到文件中。filename 为数据写入的文本文件名；A 表示写入数据存放的向量或矩阵；-append 表示添加；delimiter 为用户自定义的分隔符。

例 4-1　在 MATLAB 中读写 Excel 数据。

解　MATLAB 命令如下

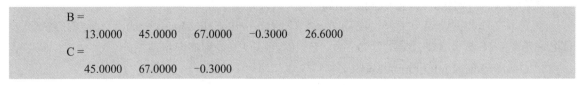

```
>> A=[13, 45, 67, -0.3, 26.6];
>> xlswrite('ex4_1.xlsx',A)
>> B=xlsread('ex4_1.xlsx')
>> C=xlsread('ex4_1.xlsx','B1:D1')
```

结果显示

```
B =
    13.0000    45.0000    67.0000    -0.3000    26.6000
C =
    45.0000    67.0000    -0.3000
```

4.1.2 低级文件读写

除了常规的标准格式化文件，MATLAB 还提供了一些用于低级文件，如二进制文件的读写函数。这些函数可以对多种类型的数据文件进行操作，MATLAB 提供的低级文件读取操作函数如表 4-2 所示。

表 4-2 MATLAB 低级文件读取操作函数

函　数	说　　明	函　数	说　　明
fopen	打开文件或获取已打开文件的信息	fread	以二进制方式读入文件中数据
fwrite	以二进制方式将数据写回文件	fgets	返回包括行尾终止符的字符串
fgetl	返回不包括行尾终止符的字符串	fscanf	按指定格式读入文件中数据
fprintf	按指定格式将数据写回文件	fseek	设置文件中光标位置
ftell	返回文件中光标位置	frewind	将文件中光标位置移动到文件头
ferror	查询文件操作错误	feof	测试光标是否到达文件末尾
fclose	关闭文件		

MATLAB 提供的低级文件读写操作函数，其使用方法与 C 语言基本类似，操作顺序如下。

① 使用 fopen 函数打开文件。

② 在打开的文件上执行以下操作

➤ 使用 fread/fwrite 函数读写二进制数据；

➤ 使用 fgets/fgetl 函数从文本文件中逐行读字符串；

➤ 使用 fscanf/fprintf 函数读写格式化的 ASCII 数据；

➤ 使用 fseek/ftell/frewind 函数设置、获取和重置文件指针；

➤ 使用 ferror 函数获取数据读写过程中的错误信息；

➤ 使用 feof 函数判断指针是否到达文件尾。

③ 使用 fclose 函数关闭文件。

1. 文件的打开和关闭

文件的打开和关闭是文件处理最基础的工作。MATLAB 利用函数 fopen 打开或获取低层次文件信息，该函数的调用格式为

$$[fid,message]=fopen('filename','mode')$$

其中，filename 表示打开的文件名；mode 表示打开文件的方式，可以选择的方式包括："r"表示以只读方式打开，"w"表示以只写方式打开，并覆盖原来的内容，"a"表示以追加数据方式打开文件，在文件的尾部追加数据，"r+"表示以读写方式打开，"w+"表示创建一个新文件或

删除已有的文件内容，并进行读写操作，"a+"表示以读取和增补方式打开；返回 message 为打开文件的信息；fid 为文件句柄(或文件标识)，如果该文件不存在，则返回的句柄值为-1，表示无法打开文件，返回其他句柄值则可以对该句柄指向的文件进行直接操作。

在默认的情况下，函数 fopen 使用二进制方式打开文件，在该方式下，字符串不会被特殊处理。如果要用文本形式打开文件，则需要在上面的 mode 字符串后面填加"t"，例如，"rt"、"rt+"等。

打开文件后，如果完成了对应的读写操作，需要利用 fclose 函数关闭该文件，否则打开过多的文件，会造成系统资源的浪费。该函数的调用格式为

$$status=fclose(fid)$$

其中，fid 为使用 fopen 函数得到的文件句柄(或文件标识)；status 为使用 fclose 函数得到的结果状态，status=0 表示关闭文件操作成功，否则返回 status=-1。

2．文件的操作

使用函数 fopen 打开文件后，可以对其进行读写等操作。

（1）读数据

MATLAB 针对不同数据提供了相应的低级读数据函数，用于读取数据。

① 二进制数据

函数 fread 可以读取二进制文件的全部或部分数据，并将数据存储在矩阵中。该函数的调用格式为

$$[A,count] =fread(fid,size,'precision')$$

其中，fid 为打开文件的句柄；size 表示读取二进制文件的大小，当 size 为 n 时表示读取文件前面的 n 个整数并写入到向量中，size 为 inf 时表示读取文件直到结尾，size 为[m,n]时表示以列排序方式读取数据到 m×n 矩阵中，n 可以为 inf；precision 表示二进制数据转换为 MATLAB 矩阵时的精度，可以选择的 precision 为 uchar、schar、int8、int16、int32、int64、uint8、uint16、uint32、uint64、single、float32、double 或 float64；A 为返回存放数据的向量或矩阵；count 表示 A 中存放数据的数目。

② 文本数据

fgetl 和 fgets 函数用于实现从文本文件读字符串行，并将结果存储在字符串向量中。fgetl 函数的调用格式为

$$tline =fgetl(fid)$$

返回指定文件的下一行，并删除换行符。如果文件非空，fgetl 以字符向量形式返回 tline；如果文件为空且仅包含文件末尾标记，则以数值-1 返回 tline。

fgets 与 fgetl 函数的功能几乎相同，区别主要在于 fgets 将行结束符也存储在字符串变量中，fgetl 忽略行结束符。fgets 函数的调用格式为

$$[tline,itout] =fgets(fid)$$

返回指定文件的下一行。如果文件非空，fgets 以字符向量形式返回 tline；如果文件为空且仅包含文件末尾标记，则以数值-1 返回 tline；在 itout 中返回行终止符。

③ ASCII 数据

fscanf 函数可以从 ASCII 文件中读数据，并将结果返回给一个或多个变量，其调用格式为

$$[A,count]=fscanf(fid,formatSpec,size)$$

其中，fid 为打开文件的句柄；formatSpec 为读取文件的数据格式；size 表示读取文件的大小，当 size 为 n 时表示读取文件前面的 n 个整数并写入到向量中，size 为 inf 时表示读取文件直到结尾，size 为[m,n]时表示以列排序方式读取数据到 m×n 矩阵中，n 可以为 inf；A 为返回存放

数据的向量或矩阵；count 表示 A 中存放数据的数目。

（2）写数据

与低级读数据函数类似，MATLAB 提供了相应的写数据函数。

① 二进制数据

与 fread 对应，MATLAB 提供了 fwrite 函数按指定格式将矩阵元素写到文件中，并返回已写的元素个数。函数调用格式如下

count=fwrite(fid,A,'precision',skip,machinefmt)

其中，fid 为打开文件的句柄；A 表示写入数据的向量或矩阵；precision 表示将二进制数据转换为 MATLAB 矩阵时的精度；skip 为可选参数，表示在写入每个值之前跳过 skip 指定的字节数或位数；machinefmt 表示待读取数据字节的排列方式；count 返回已写的元素个数。

② 格式化文本数据

与 fscanf 函数对应，fprintf 函数按指定格式将数据输出到文件或屏幕上，其调用格式如下

fprintf(fid,format,A)

其中，fid 为打开文件的句柄，若缺省，则输出到屏幕；format 用来指定数据输出时采用的格式；A 表示写入数据的向量或矩阵。

（3）文件指针

用户通过 fopen 函数打开文件，MATLAB 会分配一个文件位置指针，用于指定文件的特定位置。利用文件指针确定下一个读或写操作开始的地方。ftell 函数获取文件指针的位置，fseek 函数重新设置文件指针的位置，ferror 函数获取数据读写过程中的错误信息；feof 函数判断指针是否到达文件尾；frewind 函数将文件位置指示符移至打开文件的开头。各函数调用格式如下：

● position=ftell(fid)

返回文件标识符 fid 指定文件位置指针的当前位置。如果查询成功，position 是从 0 开始的整数，表示从文件开头到当前位置的字节数；如果查询不成功，position 返回-1。

● status=fseek(fid,offset,origin)

在文件标识符 fid 指定文件中设置文件位置指示符相对于 origin 的 offset 字节数。操作成功后，status 返回 0，否则返回-1。

● [message,errnum]=ferror(fid)

将文件标识符 fid 指定文件的错误信息返回给 message 变量，返回与错误消息关联的错误编号给 errnum 变量。

● status=feof(fid)

返回文件末尾指示符的状态，如果为指定文件设置了文件末尾指示符，返回 status 为 1，否则返回 0。

● frewind(fid)

将文件位置指针设置到文件的开头。

例 4-2　新建一个名为 ex4_2.txt 的文件，对其进行读写操作。

解　MATLAB 命令如下

```
>> x=0:0.1:1;y=[x;sin(x)];
>> [fid,message]=fopen('ex4_2.txt', 'w');
>> fprintf(fid,'sin function\n\n');
>> fprintf(fid,'%6.2f    %10.4f\n',y);
>> fclose(fid);
>> type 'ex4_2.txt'
```

```
sin function

0.00        0.0000
0.10        0.0998
0.20        0.1987
0.30        0.2955
0.40        0.3894
0.50        0.4794
0.60        0.5646
0.70        0.6442
0.80        0.7174
0.90        0.7833
1.00        0.8415
```

4.2   MATLAB 数据处理

MATLAB 可以很方便地对数据进行处理，包括数据分析、数据插值和曲线拟合等。本节介绍这些数据处理方法。

4.2.1   数据分析

MATLAB 常用的数据分析函数如表 4-3 所示。

表 4-3   MATLAB 数据分析函数

函数	意　义	常用调用格式	函数	意　义	常用调用格式
min	求向量或矩阵的最小值	min(x,dim)	median	求向量或矩阵的中值	median(x,dim)
max	求向量或矩阵的最大值	max(x,dim)	std	求向量或矩阵的标准差	std(x,dim)
sum	求向量或矩阵的元素和	sum(x,dim)	corrcoef	求向量或矩阵的相关系数	corrcoef(x,dim)
prod	求向量或矩阵的元素累积	prod(x,dim)	cov	求向量或矩阵的协方差矩阵	cov(x,y)
mean	求向量或矩阵的平均值	mean(x,dim)	sort	向量或矩阵按升序或降序排列	sort(x,dim,direction)

表中，x、y 为输入的向量或矩阵。当输入为向量时，函数对向量进行统计分析；当输入为矩阵时，dim=1，按列对矩阵进行统计，dim=2，按行对矩阵进行统计；direction 表示顺序，'ascend'表示升序（默认值），'descend'表示降序。

例 4-3   创建一个矩阵，求矩阵整体及每一列的最大值、最小值、均值和中值。

解   MATLAB 命令及结果如下

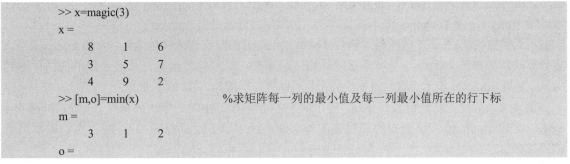

```
>> x=magic(3)
x =
      8      1      6
      3      5      7
      4      9      2
>> [m,o]=min(x)              %求矩阵每一列的最小值及每一列最小值所在的行下标
m =
      3      1      2
o =
```

```
              2      1       3
>> m=min(x(:))                      %求矩阵整体最小值
m =
       1
>> sum(x)                           %对矩阵每一列求和
ans =
      15      15      15
>> sum(x(:))                        %矩阵整体求和
ans =
      45
>> mean(x)                          %矩阵每一列求均值
ans =
       5       5       5
>> mean(x(:))                       %矩阵整体求均值
ans =
       5
>> median(x)                        %矩阵每一列求中值
ans =
       4       5       6
>> median(x(:))                     %矩阵整体求中值
ans =
       5
```

4.2.2 数据插值与曲线拟合

在大量的应用领域中，人们能够实际测量得到的数据点往往有限，而工作中又需要获得一些不能实际测量得到的数据，这时可以采用数据插值和曲线拟合的方法获取未知数据，或用一个解析函数描述数据（通常是测量值）。本节介绍利用 MATLAB 进行数据插值和曲线拟合的方法。

1．数据插值

数据插值是在若干个已知数据点间通过一定的方法插入一些新的未知数据点。MATLAB 数值插值方法包括一维线性插值、二维线性插值、三维线性插值和三次样条插值方法等。

（1）一维线性插值

函数 interp1 用于实现一维线性插值，其调用格式为

      yi=interp1(x, y, xi, 'method', 'extrap')　或　yi=interp1(x,y,xi,'method',extrapval)

其中，x 和 y 为已知数据点，x 是向量，y 可以是向量或矩阵；xi 和 yi 为向量，是需要插值的数据点；返回值 yi 为根据输入数据 x 与 y 插值向量 xi 处得到的函数值向量。如果 y 是矩阵，对 y 的每一列进行插值，返回的矩阵 yi 的大小为 length(xi)×length(y, 2)。如果 xi 中有元素不在 x 的范围内，则与之相对应的 yi 返回 NaN。如果 x 省略，表示 x=1:n，此处 n 为向量 y 的长度或为矩阵 y 的行数，即 size(y,1)；参数'method'表示插值方法，可采用最近邻插值('nearest')、线性插值('linear')、三次多项式插值('cubic')和三次样条插值('spline')。'method'的默认值为线性插值。参数'extrap'指明该插值算法用于外插值运算，当没有指定外插值运算时，对已知数据集外部点函数值的估计返回 NaN；参数 extrapval 表示直接对数据集外函数点赋值，一般为 NaN 或者 0。

例 4-4　某观测站测得某日 6:00 至 18:00 之间每隔 2 小时的室内外温度（℃），如表 4-4 所示。比较不同插值方法求得的该日室内外 6:30 至 17:30 之间每隔 2 小时各点的近似温度（℃）结果。

表 4-4　某日 **6:00** 至 **18:00** 之间每隔 **2** 小时的室内外温度（℃）

室内/外温度	6:00	8:00	10:00	12:00	14:00	16:00	18:00
室内温度	18	20	22	25	30	28	24
室外温度	15	19	24	28	34	32	30

解　MATLAB 命令如下

```
>> h =[6:2:18]';
>> T=[18,20,22,25,30,28,24;15,19,24,28,34,32,30]';
>> XI =[6.5:2:17.5]';
>> Y1=interp1(h,T,XI);
>> figure(1),plot(h,T,'kp',XI,Y1,'k*'),title('线性插值')
>> Y2=interp1(h,T,XI,'nearest');
>> figure(2),plot(h,T,'kp',XI,Y2,'k*'),title('最近邻插值')
>> Y3=interp1(h,T,XI,'cubic');
>> figure(3),plot(h,T,'kp',XI,Y3,'k*'),title('三次多项式插值')
>> Y4=interp1(h,T,XI,'spline');
>> figure(4),plot(h,T,'kp',XI,Y4,'k*'),title('三次样条插值')
```

执行程序后，得到如图 4-1 所示图形。

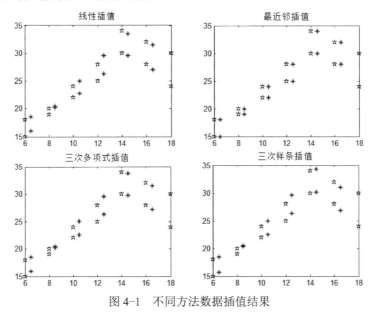

图 4-1　不同方法数据插值结果

除了 interp1 函数，spline 和 csape 函数可用于实现三次样条插值。interp1 函数在进行三次样条插值时，无法设置边界条件。spline 和 csape 函数可以设置边界条件。

spline 函数常见使用格式如下

$$yy=spline(x,y,xx)$$

其中，(x,y)为输入向量，xx 为插值点，yy 为根据 x 和 y 的三次样条插值计算得到的函数值。

另外，也可通过 spline 函数得到三次样条插值函数，常见使用格式如下

$$pp=spline(x,y)$$

其中，(x,y)为输入向量，pp 为根据 x 和 y 的三次样条插值计算得到的插值函数，可配合 ppval 计算各插值点的函数值。函数 ppval 的常见使用格式如下

$$v = ppval(pp,xx)$$

其中，pp 为分段多项式，xx 为插值点，v 为求得的函数值。

函数 csape 的使用格式如下

$$pp = csape(x,y,conds,valconds)$$

其中，(x,y) 为输入数据向量，conds 表示边界类型，valconds 表示边界值。pp 为根据 x 和 y 的三次样条插值计算得到的插值函数。可选边界类型为：'complete' 表示给定边界一阶导数；'not-a-knot' 表示非扭结条件，不用给边界值；'periodic' 表示周期性边界条件，不用给边界值；'second' 表示给定边界二阶导数；'variational' 表示自然样条（边界二阶导数为 0）；默认为拉格朗日边界条件。

例 4-5 利用函数 spline 和 csape 实现三次样条插值，预测 2010 年至 2015 年全年降水量。

解 MATLAB 命令如下

```
>> x=2010:2015;y=[1.48,0.92,2.3,1.2,0.89,1.78];
>> xx=2010:0.1:2015;
>> yy=spline(x,y,xx);
>> pp=csape(x,y,'second');
>> yy1=ppval(pp,xx);
>> subplot(1,2,1),plot(x,y,'o',xx,yy,'k--'),title('spline')
>> subplot(1,2,2),plot(x,y,'o',xx,yy1,'k--'),title('csape')
```

执行程序后，得到如图 4-2 所示图形。

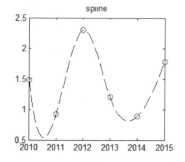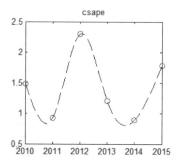

图 4-2 spline 和 csape 数据插值结果

（2）二维线性插值

二维线性插值可以描述为：已知二元函数在矩形区域内系列点的函数值，计算该区域内任意点的插值近似函数。根据数据点分布情况，二维线性插值常可分为两种情况：二维网络数据插值，一般用于数据点比较有规则的情况，用 interp2 函数实现；二维散点数据插值，常用于数据点没有规律的情况，用 griddata 函数实现。

函数 interp2 的调用格式为 zi=interp2(x,y,z,xi,yi,'method')

其中，x、y、z 为已知数据点，可以是向量或矩阵；xi、yi 为插值数据点；返回值 zi 为插值数据点 xi、yi 的函数值。如果 xi、yi 中有元素不在 x、y 的范围内，则与之相对应的 zi 返回 NaN。如果 x、y 省略，表示 x=1:m，y=1:n，此处 n 与 m 为矩阵 z 的行数和列数，即 [n,m]=size(z)。参数'method'的定义和 interp1 函数相同。

例 4-6 某实验对一根长 10 米的钢轨进行热源温度传播测试，测得数据见表 4-5。x 表示测量点 0:2.5:10(米)，h 表示测量时间 0:30:60(秒)，T 表示测试所得各点的温度(℃)，试用线性插值求出在 1 分钟内每隔 20 秒、钢轨每隔 1 米处的温度 TI。

解 MATLAB 命令如下

表 4-5 热源温度传播测量数据

```
>> x=0:2.5:10;
>> h=[0:30:60]';
>> T=[95,14,6,0,0;88,48,32,12,6;67,64,54,48,40];
>> xi=[0:10]
>> hi=[0:20:60]'
>> TI=interp2(x,h,T,xi,hi)
```

测量点	0	2.5	5	7.5	10
测量时间 0 秒温度	95	14	6	0	0
测量时间 30 秒温度	88	48	32	12	6
测量时间 60 秒温度	67	64	54	48	40

程序执行结果如下

```
xi =
      0     1     2     3     4     5     6     7     8     9    10
hi =
      0
     20
     40
     60
TI =
   95.0000   62.6000   30.2000   12.4000    9.2000    6.0000    3.6000    1.2000        0        0        0
   90.3333   68.8667   47.4000   34.0000   28.6667   23.3333   17.2000   11.0667    7.2000    5.6000    4.0000
   81.0000   69.9333   58.8667   50.5333   44.9333   39.3333   33.2000   27.0667   22.6667   20.0000   17.3333
   67.0000   65.8000   64.6000   62.0000   58.0000   54.0000   51.6000   49.2000   46.4000   43.2000   40.0000
```

在实际应用中，数据经常是以(x,y,z)的形式给出的，针对没有规律的散点数据，可用 griddata 函数实现二维插值。该函数的常见调用格式如下

$$zz=griddata(x,y,z,xx,yy)$$

griddata 函数使用二元函数 $z=f(x,y)$ 的曲面拟合不规则的数据向量 x,y,z，曲面 $z=f(x,y)$ 经过数据点(x,y,z)，返回曲面 z 在点(XI,YI)处的插值。

例 4-7 用 griddata 函数实现二维插值。

解 MATLAB 命令如下

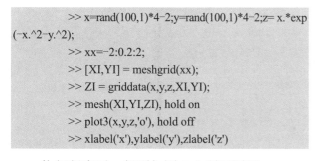

```
>> x=rand(100,1)*4-2;y=rand(100,1)*4-2;z= x.*exp
(-x.^2-y.^2);
>> xx=-2:0.2:2;
>> [XI,YI] = meshgrid(xx);
>> ZI = griddata(x,y,z,XI,YI);
>> mesh(XI,YI,ZI), hold on
>> plot3(x,y,z,'o'), hold off
>> xlabel('x'),ylabel('y'),zlabel('z')
```

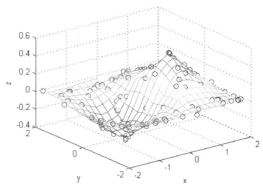

图 4-3 griddata 函数数据插值结果

执行程序后，得到如图 4-3 所示图形。

2. 曲线拟合

数据插值必须通过所有样本点，然而在某些情况下样本点的获取本身就包含一定的测量误差，通过数据插值会保留这些误差带来的影响。在工程实际中，可以使用曲线拟合进行函数逼近，使预测结果更接近真实值。曲线拟合的主要功能是寻求平滑的曲线来更好地表征数据，并找出数据间关系，得到曲线拟合函数 $y=f(x)$。

根据拟合数据的不同，MATLAB 提供了多线性回归以及非线性回归等数据拟合方法。线性回归模型可以表示为

$$y = a_0 + a_1 f_1(x) + a_2 f_2(x) + \cdots + a_n f_n(x)$$

其中，$f_1(x), f_2(x), \cdots, f_n(x)$可以通过自变量 x 计算得到；$a_0, a_1, a_2, \cdots, a_n$ 是待拟合的系数。

最常用的线性回归是多形式函数回归，即 $f_1(x), f_2(x), \cdots, f_n(x)$是 x 的幂函数。多项式函数的拟合可用函数 polyfit 实现，其调用格式为

$$[p,s,mu]=polyfit(x,y,n)$$

其中，x,y 为利用最小二乘法进行拟合的数据；n 为要拟合的多项式的阶次；p 为要拟合的多项式的系数向量；s 为结构数组，可用于 polyval 函数的输入以获得误差估计值；mu 为二元素向量，包含中心化值和缩放值。

与 polyfit 配合使用的是 polyval 函数，该函数可以根据拟合的多项式系数 p 计算给定输入数据的函数值。函数使用格式如下

$$y=polyval(p,x,s,mu)$$

其中，p、s、mu 为 polyfit 函数的输出，x 为拟合曲线的输入数据；s、mu 可缺省；y 为根据拟合的多项式系数 p 计算给定输入数据 x 的函数值。

例 4-8 对数据 x=[0 .1 .2 .3 .4 .5 .6 .7 .8 .9 1]和 y=[-.447 1.978 3.28 6.16 7.08 7.34 7.66 9.56 9.48 9.30 11.2]进行曲线拟合，给出最佳拟合曲线。

解 MATLAB 命令如下

```
>> x=0:0.1:1;
>> y=[-.447,1.978,3.28,6.16,7.08,7.34,7.66,9.56,9.48,9.30,11.2];
>> subplot(2,3,1),plot(x,y,'o');title('原始数据点');
>> a1=polyfit(x,y,1);xi=linspace(0,1);y1=polyval(a1,xi);
>> subplot(2,3,2),plot(x,y,'o',xi,y1,'r'); title('线性拟合');
>> a2=polyfit(x,y,2);y2=polyval(a2,xi);
>> subplot(2,3,3),plot(x,y,'o',xi,y2,'r');title('二次拟合');
>> a3=polyfit(x,y,3);y3=polyval(a3,xi);
>> subplot(2,3,4),plot(x,y,'o',xi,y3,'r'); title('三次拟合');
>> a9=polyfit(x,y,9);y9=polyval(a9,xi);
>> subplot(2,3,5),plot(x,y,'o',xi,y9,'r'); title('九次拟合');
>> a10=polyfit(x,y,10);y10=polyval(a10,xi);
>> subplot(2,3,6),plot(x,y,'o',xi,y10,'r') ;title('十次拟合');
```

执行程序后，得到如图 4-4 所示图形。

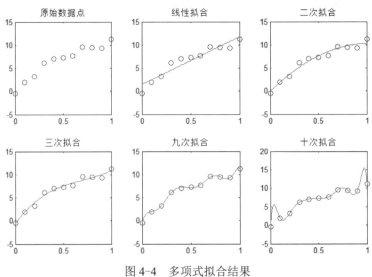

图 4-4 多项式拟合结果

4.3 符 号 运 算

在科学研究和工程应用中，除了数值计算，经常需要对符号对象进行运算。MATLAB中，实现符号计算的工具箱为 Symbolic Math Toolbox，通过该工具箱可以实现 MATLAB 符号运算。

4.3.1 符号对象

1. 符号变量和符号表达式

在数值计算过程中，所使用的变量是被赋了值的数值变量，而在符号计算的整个过程中，所使用的是符号变量。含有符号对象的表达式即为符号表达式。

可通过 sym 或 syms 函数建立符号变量。

在命令行窗口输入

```
>> x=sym('x')              %定义符号变量 x
>> syms x y z              %定义符号变量 x、y、z
>> class(x)
>> class(y)
```

结果显示

```
x =
x
ans =
    'sym'
ans =
    'sym'
```

2. 符号表达式

含有符号变量的表达式即为符号表达式，它是由数字、函数、运算符和变量组成的MATLAB 字符串和字符串数组。

符号表达式最简单的创建方法是直接赋值法。

在命令行窗口输入

```
>> f='1/(2*x^n)'
```

结果显示

```
f =
    '1/(2*x^n)'
```

也可通过先定义符号变量，通过符号变量创建符号表达式。

在命令行窗口输入

```
>> x=sym('x')
>> f1=2*x
```

结果显示

```
f1 =
```

```
2*x
```

创建的表达式 f 和 f1 为符号表达式。

4.3.2 符号表达式基本运算

MATLAB 中用于构成符号表达式的运算符和基本函数，与数值计算中的运算符和基本函数几乎完全相同。

表 4-6 是符号运算常用函数及功能。

表 4-6 符号运算常用函数及功能

函　数	功　　能	函　数	功　　能
symadd	符号表达式加法运算	symsub	符号表达式减法运算
symmul	符号表达式乘法运算	symdiv	符号表达式除法运算
sympow	符号表达式幂运算	numden	提取符号表达式分子或分母
factor	对符号表达式因式分解	expand	对符号表达式展开操作
collect	对符号表达式合并同幂项	simplify	利用函数规则对符号表达式化简
simple	对符号表达式化简	horner	将多项式分解成嵌套形式
pretty	以直观方式显示符号表达式	eval	将符号表达式变换成数值表达式
compose	求复合函数	finverse	符号函数的逆运算

例 4-9 对 $x^4-5x^3+5x^2+5x-6$ 进行因式分解。

解 MATLAB 命令如下

```
>> syms x
>> f=x^4-5*x^3+5*x^2+5*x-6;
>> factor(f)
```

结果显示

```
ans =
[ x - 1, x - 2, x - 3, x + 1]
```

例 4-10 化简 $\sqrt[3]{\dfrac{1}{x^3}+\dfrac{6}{x^2}+\dfrac{1}{x}+8}$ 。

解 MATLAB 命令如下

```
>> syms x
>> f=(1/x^3+6/x^2+12/x+8)^(1/3);
>> simplify (f)
```

结果显示

```
ans =
((2*x + 1)^3/x^3)^(1/3)
```

例 4-11 对 $f=(x^2+xe^{-t}+1)(x+e^{-t})$ 分别按 x 和 t 合并同幂项。

解 MATLAB 命令如下

```
>> syms x t
>> f=(x^2+x*exp(-t)+1)*(x+exp(-t));
```

```
>> collect(f,x),collect(f,t)
```

结果显示

```
ans =
x^3 + 2*exp(−t)*x^2 + (exp(−2*t) + 1)*x + exp(−t)
ans =
(x + exp(−t))*(x^2 + exp(−t)*x + 1)
```

例 4-12　展开$(x+1)^3$。

解　MATLAB 命令如下

```
>> syms x
>> f=(x+1)^3;
>> expand(f)
```

结果显示

```
ans =
    x^3+3*x^2+3*x+1
```

4.3.3　符号微积分

微分和积分是微积分学研究和应用的核心，并广泛应用于工程实际，MATLAB 符号工具能帮助解决微分和积分问题。

1. 符号序列求和

利用函数 symsum 实现符号序列求和，其调用格式为

$$symsum(f,v,a,b)$$

求符号表达式 f 在指定变量 v 遍历[a,b]中所有整数求和。

例 4-13　求和$0+1^2+2^2+3^2+\cdots\cdots+n^2$。

解　MATLAB 命令如下

```
>> syms k n
>> symsum(k^2,k,0,n)
```

运行结果显示

```
ans =
    (n*(2*n + 1)*(n + 1))/6
```

例 4-14　求和$1+\dfrac{1}{2^2}+\dfrac{1}{3^2}+\cdots$。

解　MATLAB 命令如下

```
>> syms k n
>> symsum(1/k^2,k,1,inf)
```

运行结果显示

```
ans =
    pi^2/6
```

2．符号极限

可通过函数 limit 求符号极限，函数调用格式为

➢ limit(f,v'a)　　　　　%求符号表达式 f 对变量 v 在点 a 处的极限

➢ limit(f,v,a,'left')　　　%求符号表达式 f 对变量 v 在点 a 处的左极限

➢ limit(f,v,a,'right')　　　%求符号表达式 f 对变量 v 在点 a 处的右极限

例 4-15　求 $\lim\limits_{x \to 0} \dfrac{\sin x}{x}$。

解　MATLAB 命令如下

```
>> syms x
>> limit(sin(x)/x,x,0), limit(sin(x)/x,x,0,'left'), limit(sin(x)/x,x,0,'right')
```

运行结果显示

```
ans =
    1
ans =
    1
ans =
    1
```

3．符号微分

函数 diff 用于对符号表达式求微分，也可对数组求微分。函数调用格式如下

➢ diff(f,v)　　%求符号表达式 f 对变量 v 的微分

➢ diff(f,v,n)　%求符号表达式 f 对变量 x 的 n 次微分

例 4-16　求 $\dfrac{\mathrm{d}}{\mathrm{d}x}\begin{bmatrix} a & t^3 \\ t\cos x & \ln x \end{bmatrix}$、$\dfrac{\mathrm{d}^2}{\mathrm{d}t^2}\begin{bmatrix} a & t^3 \\ t\cos x & \ln x \end{bmatrix}$ 和 $\dfrac{\mathrm{d}^2}{\mathrm{d}x\mathrm{d}t}\begin{bmatrix} a & t^3 \\ t\cos x & \ln x \end{bmatrix}$。

解　MATLAB 命令如下

```
>> syms a t x;
>> f=[a,t^3;t*cos(x),log(x)];
>> df=diff(f)              %求矩阵对 t 的一阶微分
>> dfdt2=diff(f,t,2)       %求矩阵对 t 的二阶微分
>> dfdxdt=diff(diff(f,x),t)  %求二阶混合微分
```

结果显示

```
df=[0,            0]
   [-t*sin(x),  1/x]
dfdt2=[0,   6*t]
      [0,     0]
dfdxdt=[0,        0]
       [-sin(x),  0]
```

例 4-17　已知表达式 $f=ax^3+bx^2-c$，求 $\partial f / \partial x$、$\partial^2 f / \partial x^2$、$\partial^2 f / \partial x \partial a$。

解　MATLAB 命令如下

```
>> syms a b c x
>> f=a*x^3+b*x-c;
>> diff(f), diff(f,2), diff(diff((f),a))
```

结果显示

```
ans =
    3*a*x^2+b
ans =
    6*a*x
ans =
    3*x^2
```

4．符号积分

MATLAB 中，求积分函数为 int。函数调用格式为

➤ int(f,v)　　　　%求符号表达式 f 对变量 v 的不定积分

➤ int(f,v,a,b)　　　%求符号表达式 f 对变量 v 从 a 到 b 的定积分

例 4-18　求 $\int_0^x \sin t \mathrm{d}t$ 。

解　MATLAB 命令如下

```
>> syms x t
>> int(sin(t),t,0,x)
```

运行结果

```
ans =
    1 - cos(x)
```

例 4-19　求三重积分 $\int_1^2 \int_{\sqrt{x}}^{x^2} \int_{\sqrt{xy}}^{x^2 y} (x^2 + y^2 + z^2) \mathrm{d}z \mathrm{d}y \mathrm{d}x$ 。

解　MATLAB 命令如下

```
>> syms x y z
>> f=x^2+y^2+z^2;
>> int(int(int(f,z,sqrt(x*y),x^2*y),y,sqrt(x),x^2),1,2)
```

运行结果

```
ans =
    (14912*2^(1/4))/4641 - (6072064*2^(1/2))/348075 + (64*2^(3/4))/225 + 1610027357/6563700
```

4.4　方　程　求　解

　　方程求解是实际工作中经常遇到的问题。根据方程性质，可分为线性方程组求解、非线性方程组求解和代数方程求解。MATLAB 提供了一些函数，用于线性和非线性方程的求解。

4.4.1　线性方程组求解

　　线性方程组的一般形式为
$$\begin{cases} a_{11}x_1 + a_{12}x_2 + \cdots a_{1n}x_n = b_{11} \\ a_{21}x_1 + a_{22}x_2 + \cdots a_{2n}x_n = b_{21} \\ \vdots \\ a_{m1}x_1 + a_{m2}x_2 + \cdots a_{mn}x_n = b_{m1} \end{cases}$$

将其改写成矩阵形式　　　　　　　　　　　　　　$AX=B$

其中，**A** 为方程组未知数的系数，**B** 为常数项。

MATLAB 中，求解线性方程组可以采取以下两种方法

- ➤ X=A\B   %利用左除求解线性方程组
- ➤ X=linsolve(A,B)   %利用 linsolve 函数求解线性方程组

例 4-20 求解线性方程组

$$\begin{cases} 2x_1 + 2x_2 - x_3 + x_4 = 4 \\ 4x_1 + 3x_2 - x_3 + 2x_4 = 6 \\ 8x_1 + 3x_2 - 3x_3 + 4x_4 = 12 \\ 3x_1 + 3x_2 - 2x_3 - 2x_4 = 6 \end{cases}$$

```
>> A=[2 2 -1 1;4 3 -1 2;8 3 -3 4; 3 3 -2 -2];
>> B=[4 6 12 6]';
>> X=A\B
>> X=linsolve(A,B)
```

可求得线性方程组的解为

```
X =
    0.6429
    0.5000
   -1.5000
    0.2143
```

4.4.2 非线性方程组求解

fsolve 函数用于非线性方程组的求解，其调用格式为

$$[x,fval]=fsolve(fun,x_0,options)$$

其中，fun 表示函数名，即求解 fun(x)=0；x_0 表示函数初值，为求解过程的起始点，当 x_0 为标量时，该命令将在它两侧寻找一个与之最靠近的解，当 x_0 为二元向量[a,b]时，将在区间[a,b]内寻找一个解；options 指定优化选项求解方程；x 为所求的零点；fval 为所求零点对应的函数值，可缺省。

例 4-21 求解非线性方程组 $\begin{cases} x_1^2 + x_2^2 = 1 \\ x_1 = 2x_2 \end{cases}$，初值为[1 1]。

```
>> f=@(x)([x(1).^2+x(2).^2-1;x(1)-2*x(2)])
>> x=fsolve(f,[1 1])
```

可求得非线性方程组的解为

```
x =
    0.8944    0.4472
```

4.4.3 微分方程求解

可利用函数 dsolve 实现微分方程求解。函数的调用格式为

$$[y_1,y_2,\cdots]=dsolve('eq_1','eq_2',\cdots,'cond_1','cond_2',\cdots,'x')$$

$$[y_1,y_2,\cdots]=dsolve('eq_1,eq_2,\cdots','cond_1,cond_2,\cdots', 'x')$$

其中，eq_1，eq_2，…表示微分方程，或不含"等号"的微分表达式(此时函数是对 $eq_1=0$,

eq$_2$=0, …求解）；exp$_1$, exp$_2$, …表示微分表达式；cond$_1$, cond$_2$, …表示初始条件或边界条件；x表示独立变量，当 x 省略时，表示独立变量为 t；y$_1$, y$_2$, …表示输出量。

例 4-22　求解 $xy'' + 3y' = x^2$，边界条件：y(1)=0,y(5)=0。

解　MATLAB 命令如下

```
>> y=dsolve('x*D2y+3*Dy=x^2','y(1)=0,y(5)=0','x')
```

运行结果显示

```
y =
155/(18*x^2) + x^3/15 - 781/90
```

注意：微分方程的表示中，用"Dny"表示 y 对 x 的 n 阶导数，例如：Dny 表示 $d^n y / dx^n$。

小　　结

本章介绍了 MATLAB 的数据读写、数据统计分析、符号运算及 MATLAB 方程求解等。通过本章学习应重点掌握以下内容

（1）MATLAB 常用数据读写方法。

（2）MATLAB 常用数据统计分析函数及用法。

（3）了解数据插值和曲线拟合常用方法。

习题

4-1　产生一个班级 30 位学生 5 门课程成绩 score=30+round((100-30)*rand(30,5))，进行以下统计处理。

（1）分别求出每门课程的最高分、最低分和对应学生学号，存入到变量 A、B、C 和 D 中。

（2）分别求每门课程的平均分，存入变量 V 中。

（3）求 5 门课程总分的最高分、最低分及相应学生学号，存入到变量 A1、B1、C1 和 D1 中。

（4）按 5 门课程总分从高到低排序，成绩存入变量 sc 中，相应学生序号存入变量 number 中。

（5）将变量 sc 中数据写入到文件 ex5_1.xlsx 中。

4-2　某电子元件，测试两端电压 U 与电流 I 的关系，测量数据如表题 4-2 所示。请使用不同插值方法（最近邻方法、线性法、三次样条法和三次多项式法），对表中数据范围内没有测量的数据进行预测。

表题 4-2

电流 I	0	2	4	6	8	10	12	14	16
电压 U	0	0	5	8	12	16	22	29	37

4-3　用两种方法求解以下线性方程组。

$$\begin{cases} 3x_1 + 11x_2 - 2x_3 = 8 \\ x_1 + x_2 - 2x_3 = -4 \\ x_1 - x_2 + x_3 = 3 \end{cases}$$

第 5 章　MATLAB 程序设计基础

MATLAB 语言为解释性程序设计语言，语法简单，简洁有效，MathWorks 公司将 MATLAB 语言称为第四代编程语言，它的编程效率比常用的 C 和 FORTRAN 等语言高得多，而且易维护。

MATLAB 有两种常见的工作方式，一种是直接交互的命令行操作方式，MATLAB 被当作一种高级"数学演算和图示器"；另一种是 M 文件的编程工作方式，本章着重介绍第二种工作方式。

M 文件的创建方法可以在命令行窗口输入 edit 命令，也可以在"主页"选项卡下单击"新建"下拉按钮，选择"🖾脚本"，或按"Ctrl+N"组合键，在打开的 M 文件编辑器中输入 MATLAB 语句并保存为扩展名为.m 的 M 文件。

本章要点：

（1）MATLAB 程序结构。

（2）MATLAB 程序流控制。

（3）MATLAB 的命令文件和函数文件。

学习目标：

（1）掌握 MATLAB 的程序结构。

（2）了解 M 文件的两种形式，掌握两种形式对应的命令文件和函数文件的不同。

（3）掌握 MATLAB 用于程序流控制的函数及用法。

（4）掌握命令文件和函数文件的编写及调用方法。

（5）能够实现命令文件到函数文件的转换。

5.1　MATLAB 程序结构

MATLAB 程序结构既有高级语言的特征，又有自己独特的特点。MATLAB 不像 C 语言那样具有丰富的控制结构，但 MATLAB 自身的强大的功能弥补了不足，在程序设计中，可以充分利用 MATLAB 数据结构的特点，使程序结构更加简单，编程效率更高。

与大多数计算机语言一样，MATLAB 具有设计程序所必须的程序结构，即顺序结构、循环结构及分支结构，在 MATLAB 语言中，循环结构由 while 和 for 语句实现，分支结构由 if 语句和 switch 语句实现。

5.1.1　顺序结构

顺序结构是指按照程序中语句的前后顺序依次执行，直到执行完最后一条语句。顺序结构一般包括数据输入、数据处理和数据输出。

1．数据输入

数据输入可以直接定义输入变量，也可以利用 input 命令在键盘给定输入，input 命令的调用格式为

$$x=input(提示信息，选项)$$

其中，提示信息可以为一个字符串，用来提示用户输入什么样的数据，用户在键盘输入的值将返回赋给等号左边的变量 x。

例如，用户想输入 x 的值，则可以采用下面的命令来完成

>>x=input('Enter x=')

执行该命令，显示提示信息

Enter x=

等待用户从键盘输入 MATLAB 合法表达式，表达式的值将会赋值给 x。

如果在命令中使用's'选项，则允许用户输入一个字符串。例如，输入一个人的姓名，可输入命令

>> name=input('Please input your name:','s')

执行该命令，显示提示信息

Please input your name:

等待用户从键盘输入，用户输入

Please input your name:王小明

显示结果

name =
王小明

2．数据输出

与 input 命令相对应，数据输出命令为 disp，其调用格式为

$$disp(输出项)$$

其中，输出项既可以为字符串，也可以为变量矩阵。例如

>> s='你好！小明'

结果显示：

s =
你好！小明

输入命令

>> disp(s)

结果显示：

你好！小明

这里需要注意的是：利用 disp 显示的方式与矩阵显示方式不同，它将不显示变量名字而其格式更紧密，且不留任何没有意义的空行。

以下为 MATLAB 数据输入和输出命令及结果

>> x=input('x=');
x=0
>> disp([x sin(x) cos(x)   tan(x)])

5.1.2　循环结构

MATLAB 语言提供了两种循环方式：for-end 循环和 while-end 循环。

1．for 循环

for 循环允许一组命令以固定的或预定的次数重复执行语句。

for 循环的一般形式为　　　　　　　　　for　循环变量=表达式

　　　　　　　　　　　　　　　　　　　　　循环体语句组

　　　　　　　　　　　　　　　　　　　　　　　　end

其中，表达式的运行结果可以是向量，也可以是矩阵。如果是向量，则循环变量遍历向量中的每一个元素，直到所有元素遍历完，循环结束；如果是矩阵，则循环变量每执行一次循环，遍历矩阵中的每一列，直到所有列遍历完，循环结束。

表达式的常见形式为表达式 1:表达式 2:表达式 3

其中，表达式 1 的值为循环变量的初值，表达式 2 的值为步长，表达式 3 的值为循环变量的终值。步长为 1 时，表达式 2 可以省略。

例如，输入以下语句

```
for x=1:3
    x
end
```

运行结果显示

```
x =
    1
x =
    2
x =
    3
```

输入以下语句

```
for x=[1 2;3 4;5 6]
    x
end
```

运行结果显示

```
x =
    1
    3
    5
x =
    2
    4
    6
```

注意：

① 在 for 和 end 语句之间的循环体语句组按表达式中的每一列执行一次。

② for 循环不能用循环内重新赋值循环变量的方法来终止。

③ 循环变量定义的表达式是一个标准的 MATLAB 数组创建语句，在循环体内接受任何有效的 MATLAB 数值数组。

④ for 循环可按需要嵌套。

例 5-1　读以下两段程序，写出程序执行结果。

解　MATLAB 程序 ex5_1_1.m 如下

```
%ex5_1_1.m
for i=1:5
    y=i;
end;
y
```

MATLAB 程序 ex5_1_2.m 如下

```
%ex5_1_2.m
for i=1:5
    y(i)=i;
end;
y
```

根据以上方法编写 MATLAB 程序文件 ex5_1_1.m，运行结果显示

```
y =
     5
```

根据以上方法编写 MATLAB 程序文件 ex5_1_2.m，运行结果显示

```
y =
     1     2     3     4     5
```

2．while 循环

while 循环为带条件的循环，当循环过程不满足某个指定条件时循环终止，事先不知道循环的次数。

while 循环的一般形式为　　　　　　　　while　逻辑表达式

循环体条件组

end

若逻辑表达式中的条件成立，则执行循环体的内容，执行后再判断条件是否仍然成立，如果条件成立，继续执行循环；若条件不成立，则跳出循环。

注意：

① 逻辑表达式中应包含有循环变量。

② 执行 while 循环之前，循环变量应赋初值。

③ 循环体条件组应以某种方式改变循环变量的值。

④ while 循环可按需要嵌套。

例 5-2　求 $\displaystyle\sum_{n=1}^{100} n$。

解　MATLAB 程序 ex5_2_1.m 如下

```
%ex5_2_1.m
```

```
mysum=0;n=1;
while n<=100
    mysum=mysum+n;
    n=n+1;
end
mysum
```

根据以上方法编写 MATLAB 程序文件 ex5_2_1.m，运行结果显示

```
mysum =
        5050
```

该例也可通过 for 循环实现。MATLAB 程序 ex5_2_2.m 如下

```
%ex5_2_2.m
mysum=0;
for n=1:100
    mysum=mysum+n;
end
mysum
```

根据以上方法编写 MATLAB 程序文件 ex5_2_2.m，运行结果显示

```
mysum =
        5050
```

实际编程中，使用循环语句会降低其执行速度，所以上面的程序可以由下面的命令来代替，以提高运行速度。

```
>>n=1:100; mysum=sum(n)
```

其中，sum 函数为求和函数，可以求得输入向量 n=1:100 的所有元素之和。

5.1.3　分支结构

很多情况下，命令序列必须根据关系检验有条件地执行。MATLAB 语言提供了三种分支结构：if-elseif-else-end、switch-case-otherwise-end 和 try-catch-end 语句。

1．if 分支

MATLAB 的 if 分支有三种格式。
（1）单分支 if 语句
单分支 if 语句为最简单的 if 分支，语句格式为

$$
\text{if 条件式}
$$
$$
\text{语句组}
$$
$$
\text{end}
$$

当给出的条件式成立时，则执行该条件块结构中的语句组内容，执行完之后继续向下执行 if 分支后的语句，若条件不成立，则跳出 if 分支，直接执行 if 分支后的语句。
（2）双分支 if 语句
双分支 if 语句格式为　　if 条件式
语句组 1
else

语句组 2

                end

当给出的条件式成立时，则执行语句组 1，否则执行语句组 2。if 分支执行完之后，继续向下执行 if 分支后的语句。

（3）多分支 if 语句

多分支 if 语句格式为   if 条件式 1
语句组 1
elseif 条件式 2
    语句组 2
      …
else
    语句组 n
end

判断条件式 1 是否成立，若成立，则执行语句组 1，if 语句结束；若条件不成立，则判断条件式 2 是否成立，若成立，则执行语句组 2，if 语句结束；若条件不成立，继续判断下面的条件式，若所有条件式均不成立，则执行 else 后的语句组 n，if 语句结束，继续向下执行 if 分支后的语句。

注意：

① if 分支最后一条语句总是以 end 结束。

② elseif 不需要单独的 end 对应。

③ 如果 if 语句结构中有 else，则 else 放在 if 和 elseif 最后，用于处理未说明的所有条件。

④ if 分支只会执行其中的一个条件，一旦条件满足执行语句，后面的条件语句将不会被执行。

例 5-3   在邮局发一个包裹，不超过两英磅收款为 10 美元。超过两英磅每英磅按 3.75 美元计费，如果包裹重量超过 70 英磅，超过 70 英磅部分，每英磅价格为 1.0 美元。如果超过 100 英磅则拒绝邮递。编写一个程序，输入包裹重量，输出包裹邮费。

解   MATLAB 程序 ex5_3.m 如下

```
%ex5_3.m
weight=input('Input the weight of the package:');
if weight <=0
    disp('You have input a wrong weight ! Please check !');
elseif   weight > 0 & weight <= 2
     disp('The cost of sending the package is 10 dollars.');
elseif   weight > 2 & weight <= 70
    cost=((weight-2)*3.75)+10;
    fprintf(1,'The cost of sending the package is %d',cost);
elseif   weight > 70 & weight <= 100
    cost=((weight-70)*1.0)+265;
    fprintf(1,'The cost of sending the package is %d',cost);
else
    disp('The package will not be accepted !!');
end
```

根据以上方法编写 MATLAB 程序文件 ex5_3.m，输入包裹重量，运行结果显示

```
Input the weight of the package:100
The cost of sending the package is 295
Input the weight of the package:−10
You have input a wrong weight ! Please check !
Input the weight of the package:110
The package will not be accepted !!
```

2．switch 分支

switch 语句根据表达式取值的不同，分别执行不同的语句。其调用格式为

```
switch  表达式
case  表达式 1
      语句组 1
case  表达式 2
      语句组 2
…
otherwise
      语句组 n

end
```

switch 语句像开关一样，判断表达式的值是否等于表达式 1 的值，若相等，则执行语句组 1，switch 语句结束；若不相等，则判断表达式的值是否等于表达式 2 的值，若相等则执行语句组 2，switch 语句结束；若不相等，则继续判断……若 case 后的表达式的值与 switch 后的表达式的值都不相等，则执行 otherwise 后的语句组 n，switch 语句结束。

注意：switch 分支和 if 分支一样，只会执行其中的一个分支，一旦条件满足执行语句，后面的语句将不会被执行。

例 5-4   编写程序判断输入数的奇偶性。

解   MATLAB 程序 ex5_4.m 如下

```
%ex5_4.m
n=input('n=');
switch mod(n,2)
    case 1
    a='odd'
    case 0
    a='even'
    otherwise
    a='kong'
end
```

根据以上方法编写 MATLAB 程序文件 ex5_4.m，运行结果显示

```
n=1
a =
odd
n=2
a =
oven
n=0.5
```

```
a =
kong
```

3. try 分支

错误控制在程序设计中也是不可缺少的。try 语句允许改写一组程序语句的错误行为，如果 try 语句中的任何语句出现错误，程序控制将立即转至包含错误处理语句的 catch 语句，执行语句并捕获产生的错误。其调用格式为

```
try
    语句组 1
catch
    语句组 2
end
```

try 语句先试探性地执行语句组 1，如果语句组 1 在执行过程中出现错误，则将错误信息赋给保留的 lasterr 变量，并转去执行语句组 2，若在执行语句时，程序又出现错误，程序将自动终止，除非相应的错误信息被另一个 try-catch-end 结构捕获。

例 5-5 try 语句实例。

解 MATLAB 程序 ex5_5.m 如下

```
%ex5_5.m
A=[1 2 3;4 5 6];B=ones(2,3);
try
    C=A*B
catch
    C=A.*B
end
```

根据以上方法编写 MATLAB 程序文件 ex5_5.m，运行结果显示

```
C =
    1    2    3
    4    5    6
```

上例中，首先执行 try 语句，程序出现错误，将错误信息赋给保留的 lasterr 变量，输入

```
>> lasterr
```

运行结果显示

```
ans =
    '错误使用    *
    用于矩阵乘法的维度不正确。请检查并确保第一个矩阵中的列数与第二个矩阵中的行数匹
配。要执行按元素相乘，请使用 '.*'。'
```

5.1.4 程序流控制命令

在程序设计中，经常会遇到提前终止循环、暂停程序执行、跳出子程序、显示执行过程等操作，MATLAB 提供了程序流命令，可以完成相应操作。

1. echo 命令

通常执行 M 文件时，文件的命令不会显示在窗口中，用 echo 命令可以使文件命令在执行

时可见，这对程序的调试和演示极为有用，对应于命令文件和函数文件，echo 作用稍有不同。echo 命令格式如表 5-1 所示。

表 5-1　echo 命令格式

格　式	功　能	
echo on	显示其后的所有被执行命令文件的命令	
echo off	不显示其后的所有被执行命令文件的命令	仅用于命令文件
echo	在上面两种状态中切换	
echo filename on	使 filename 指定文件的命令在执行中被显示出来	
echo filename off	终止显示 filename 文件的执行过程	适用于命令文件和函数文件
echo on all	显示文件的执行过程	
echo off all	不显示文件的执行过程	

2．input 命令

input 命令提示用户在键盘上输入数据、字符串或表达式。input 命令使用格式见 5.1.1 节。

3．keyboard 命令

keyboard 命令使 MATLAB 暂停程序运行，并调用机器键盘命令来处理。通过提示符 K 显示一种特殊状态，只有当使用 return 命令结束输入后，控制权才交还给程序。keyboard 命令便于在 M 文件中修改变量。

与 input 命令不同，keyboard 命令可以通过键盘输入多次修改变量，直至 return 命令结束输入后，控制权才交还给程序；而 input 命令每调用一次 input 命令，只能在键盘上进行一次输入赋值。

4．pause 命令

pause 命令使程序运行暂停，等待用户按任意键继续，pause 命令在程序调试以及需要查看中间结果时特别有用。其调用格式为

➢ pause　　　　　　%暂停程序执行，按任意键继续
➢ pause(n)　　　　　%在继续执行程序前，暂停 n 秒

5．break 命令和 continue 命令

break 命令和 continue 命令与循环结构相关。它们一般与 if 语句配合使用。

break 命令可以导致包含 break 命令的最内层 while/for 循环终止，通过使用 break 语句，可以不必等待循环的自然结束，而是根据循环内部设定条件，决定是否退出循环。

continue 命令用于跳过循环体内的某些语句，其作用是结束本次循环，即跳过循环体下面尚未执行的命令，进行下一次是否执行循环的判断。

例 5-6　依次绘制以下极坐标图形，利用 pause 语句，观察每个图形的不同。

$$\begin{cases} \rho = 2\sin^2 3\theta \\ \rho = \cos^3 6\theta \\ \rho = \sin^2 2\theta \\ \rho = 3\cos^3 4\theta \end{cases}$$

解　MATLAB 程序 ex5_6.m 如下

```
%ex5_6.m
t=0:pi/100:2*pi;
```

```
pet(1,:)=2*sin(3*t).^2;
pet(2,:)=cos(6*t).^3;
pet(3,:)=sin(2*t).^2;
pet(4,:)=3*cos(4*t).^3;
for i=4:-1:1
    polar(t,pet(i,:))
    hold on
    pause
end
```

根据以上方法编写 MATLAB 程序文件 ex5_6.m，程序运行遇到 pause，暂停程序执行，按任意键后继续执行，在原有图形基础上添加新的图形，直到图形全部添加完毕。每次循环产生的图形分别如图 5-1（a）、（b）、（c）、（d）所示。

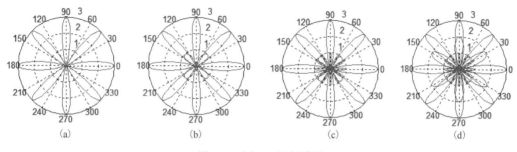

(a)　　　　　　(b)　　　　　　(c)　　　　　　(d)

图 5-1　例 5-6 运行结果

例 5-7　求满足 $\sum\limits_{n=1}^{m} n > 10000$ 的 m 的最小值。

解　MATLAB 程序 ex5_7_1.m 如下

```
%ex5_7_1.m
mysum=0;
for m=1:1000
  mysum=mysum+m;
  if   (mysum>10000)
      break
  end
end
m
```

以上程序通过 for 循环嵌套 if-break，可以不必等到循环自然结束，一旦满足条件，即可跳出循环，其作用相当于 while 循环，可用以下程序实现。

MATLAB 程序 ex5_7_2.m 如下

```
%ex5_7_2.m
mysum=0;
m=0;
while mysum<=10000
  m=m+1;
  mysum=mysum+m;
end
m
```

根据以上方法编写 MATLAB 程序文件，其运行结果显示：

```
m =
    141
```

例 5-8　求[200,300]区间内第一个能被 32 整除的整数。

解　MATLAB 程序 ex5_8_1.m 如下

```
%ex5_8_1.m
for n=200:300
    if rem(n,32)==0
        break
    end
end
n
```

以上程序也可通过下面的程序实现。

MATLAB 程序 ex5_8_2.m 如下

```
%ex5_8_1.m
for n=200:300
    if rem(n,32)~=0
        continue
    end
    break
end
n
```

根据以上方法编写 MATLAB 程序文件，运行结果显示

```
n =
    224
```

例 5-9　读以下两段程序，写出程序执行结果。

解　MATLAB 程序 ex5_9_1.m 如下

```
%ex5_9_1.m
j=0;
for i=1:100
    if i==10
        break;
    end
    j=j+1;
end
disp(j)
```

MATLAB 程序 ex5_9_2.m 如下

```
%ex5_9_2.m
j=0;
for i=1:100
    if i==10
        continue;
    end
```

```
        j=j+1;
    end
    disp(j)
```

根据以上方法编写 MATLAB 程序文件 ex5_9_1.m，运行结果显示

```
9
```

根据以上方法编写 MATLAB 程序文件 ex5_9_2.m，运行结果显示

```
99
```

5.2　MATLAB 的 M 文件

MATLAB 命令行的工作方式是，在 MATLAB 主窗口逐行输入命令，每行可包含若干条语句，用逗号或分号作为语句分隔符，回车之后，即可逐条运行并显示结果。命令行工作方式常用于编辑简单的程序，在入门时通常可采用这种方式。MATLAB 更常见的工作方式是将这些语句编辑存储在一个文件中（称为 M 文件），当运行该文件后，MATLAB 依次执行该文件中的语句，直到所有的语句执行完毕。当程序代码较多时，使用 M 文件非常方便。

5.2.1　M 文件的两种形式

M 文件有两种形式：命令文件（或称脚本文件）和函数文件，扩展名相同，都是.m。

命令文件也称为脚本文件，是将一组相关命令编辑在同一个 ASCII 码文件中，用于运行命令较多时，运行时只需输入文件名，MATLAB 会自动按顺序执行文件中的命令。

函数文件是另一种形式的 M 文件，它的第一句可执行语句是以 function 引导的定义语句，它既可以接受参数，也可返回参数，在一般情况下，不能通过输入文件名直接运行函数文件，而必须通过调用函数文件的形式运行，函数文件中产生的中间变量除非特别定义，都是局部变量，只存在于函数体内。

命令文件和函数文件有三点不同：

（1）命令文件是一串命令的集合，它等效于 DOS 下的批处理文件，即等效于在命令窗口一行一行地输入命令文件中的每一条语句；而函数文件是以 function 打头的文件，它的作用是建立一个函数。

（2）命令文件可以直接调用 MATLAB 工作空间中的变量，运行完命令文件后，所产生的中间变量将会驻留在 MATLAB 工作空间；而函数文件中的变量为局部变量，除非特别声明，它不可以调用工作空间中的变量，同时它所产生的中间变量也是局部变量，一旦运行完函数文件后，这些中间变量将会被自动清除。

（3）命令文件可以直接运行，在命令窗口输入文件名或在编辑状态下单击"▷"按钮，可顺序执行命令文件中的语句；函数文件不能直接运行，要以函数调用的方式运行。命令文件的文件名的保存以字母打头，后面可以接字母、数字或下画线等作为文件名，而函数文件的文件名一般要与函数文件第一行 function 后定义的函数名同名。

5.2.2　函数文件

函数文件的作用是建立一个函数。事实上，MATLAB 提供的函数大多是以函数文件定义的。

1. 函数文件格式

在 MATLAB 中，函数文件是由 function 开头的 M 文件，其基本格式为

function [输出形参列表]=函数名（输入形参列表）

%注释说明部分

函数体语句

其中，函数文件的第一行是以 function 开头的引导行，function 打头表示该文件是函数文件，function 后面是该函数文件的调用格式。函数文件的命名与变量名相同，要求以字母打头，后面可以跟字母、数字和下画线等作为函数文件名；输入形参为函数的输入参数，用小括号括起来，当输入参数多于一个时，用逗号分隔；输出形参为函数的输出参数，当输出参数多于一个时，需要用方括号括起来，并用逗号分隔。注释说明部分作为函数文件的解释说明，执行程序时不起作用，可以为 help 在线帮助提供信息。例如，用户输入

```
help 函数名
```

将显示函数文件中加%的注释内容。

例 5-10 编写函数实现两个输入变量的互换。

解 MATLAB 程序 ex5_10.m 如下

```
%ex5_10.m
function [a,b]=ex5_10(a,b)
c=a;a=b;b=c;
```

在 MATLAB 命令窗口调用该函数文件，输入以下命令

```
A=1:5;B=2*A;
[A,B]=ex5_10(A,B)
```

输出结果显示

```
A =
    2    4    6    8    10
B =
    1    2    3    4    5
```

例 5-11 给定两个实数 a 和 b，一个正整数 n，编写函数求 $k=1$, $2\cdots$, n 时所有的 $(a+b)^k$ 和 $(a-b)^k$。

解 MATLAB 程序 ex5_11_1.m 如下

```
function [y1,y2]=ex5_11_1(a,b,n)
%ex5_11_1.m (a+b)^n (a-b)^n
y1=(a+b)^n;
y2=(a-b)^n;
```

编写调用该函数文件的命令文件 ex5_11_2.m，程序如下

```
%ex5_11_2.m
a=2;b=4;
addpower=zeros(1,5);
subpower=zeros(1,5);
for k=1:5
    [addpower(k),subpower(k)]=ex5_11_1(a,b,k);
```

```
    end
    addpower,subpower
```

输出结果显示

```
    addpower =
            6          36          216          1296          7776
    subpower =
            -2      4      -8      16      -32
```

在命令窗口输入

```
    >> help ex5_11_1
```

输出结果显示

```
    ex5_11_1.m (a+b)^n (a-b)^n
```

在命令窗口输入

```
    >> who
```

输出结果显示

```
    您的变量为:
    a          addpower    b          k              subpower
```

通过以上程序运行，可以得知

① 函数文件的作用是编写一个函数，与命令文件的区别在于其以 function 打头，其后是函数的调用格式。

② 函数文件不可以直接运行，需要通过命令文件调用或直接在命令行窗口输入语句调用。

③ 函数文件注释不参与程序运行，其作用可看作提供 help 在线帮助信息。

④ 函数文件所产生的中间变量为局部变量，只存在于函数体内，运行完函数文件后，这些变量将会被自动清除。

如果想在函数体外利用函数文件中产生的中间变量，可以通过设置全局变量的方式，下面将会详细介绍。

2．全局变量和局部变量

全局变量的作用范围是全局的，它可以在不同的函数和 MATLAB 的工作空间中共享。而局部变量是存在于函数空间内部的中间变量，局部变量与 MATLAB 的工作空间相互独立，它产生于函数的运行过程中，其作用范围仅限于函数体内，函数运行完毕，这些变量将会消失。

MATLAB 可通过 global 命令定义全局变量，其调用格式为

$$\text{global} \quad \text{变量或变量列表}$$

其中，变量多于一个，中间用空格分隔。

通过设置全局变量的方式，可以将函数体内的局部变量定义为全局变量，如果在不同的函数体内定义了同一变量为全局变量，这些函数将可以共用这一变量，这些函数都可以对这个变量进行利用和修改。因此，定义全局变量是函数间实现变量传递的一种方式。

例 5-12 全局变量应用。

解 MATLAB 程序 ex5_12.m 如下

```
    %ex5_12.m
```

```
function f=ex5_12(x,y)
global ALPHA BETA
f=ALPHA*x+BETA*y;
```

在命令窗口调用该函数文件，输入 MATLAB 命令如下

```
>> global ALPHA BETA;
>> ALPHA=2;
>> BETA=3;
>> s=ex5_12(3,6)
```

输出结果显示

```
s =
    24
```

例 5-13　MATLAB 自建函数 tic 和 toc 示例。

MATLAB 自建函数 tic 示例如下

```
function tic
% TIC Start a stopwatch timer.
…
global TICTOC
```

MATLAB 自建函数 toc 示例如下

```
function t = toc
%    TOC Read the stopwatch timer.
%    TOC uses ETIME and the value of CLOCK saved by TIC.
global TICTOC
if nargout < 1
    elapsed_time = etime(clock,TICTOC)
else
    t = etime(clock,TICTOC);
end
```

在命令窗口调用这两个函数，命令如下

```
>> tic;
>> y=inv(rand(1000,1000));
>> toc
```

结果显示

历时 0.415936 秒.

上例中，tic 函数启动定时器，toc 函数终止定时器并报告定时器计时时间，tic 和 toc 组合起来的作用可以看作一个跑表。通过同时定义一个全局变量 TICTOC，实现了该变量在两个函数体内的调用。

需要注意的是：如果变量被定义为全局变量，则函数可以与其他函数、MATLAB 工作空间和递归调用本身共享变量。为了在函数内或 MATLAB 工作空间中访问全局变量，在每一个所希望的工作空间，变量必须说明是全局的。

例如，上例中的全局变量 TICTOC，如果想在 MATLAB 的工作空间共享该变量，则需要

在命令窗口输入

```
>> global TICTOC
```

这样，可以实现函数与工作空间之间变量的共享。

3. 函数调用与参数传递

（1）函数调用

在 MATLAB 中，调用函数的常用形式为

　　　　　　[输出参数 1，输出参数 2，…]=函数名（输入参数 1，输入参数 2，…）

其中，输入参数和输出参数均为形参，调用函数时的输入参数和输出参数为实参。

函数调用可以嵌套，一个函数可以调用别的函数，甚至调用它自己（递归调用）。

例 5-14　利用函数的递归调用，求 $n!$。

解　MATLAB 程序 ex5_14.m 如下

```
%ex5_14.m
function y = ex5_14(n)
if n<=1
    y=1;
else
    y= ex5_14 (n-1)*n;
end
```

在命令窗口调用该函数文件，输入 MATLAB 命令如下

```
>> ex5_14(100)
>> ex5_14(-5)
```

结果显示

```
ans =
   9.3326e+157
ans =
     1
```

例 5-15　编写函数文件，求向量的平均值，并调用此函数文件求 1～100 的平均值。

解　MATLAB 程序 ex5_15.m 如下

```
%ex5_15.m
function y=ex5_15(a)
%向量元素的平均值
%语法：其中 a 为输入变量，当输入 a 非向量时，给出错误信息。
[m,n]=size(a);
if ~((m==1|n==1)|(m==1&n==1))
    error ('input must be a vector')
end
y=sum(a)/length(a);
```

在命令窗口调用该函数文件，输入 MATLAB 命令如下

```
>> ex5_15(1:100)
```

结果显示

```
ans =
    50.5000a
```

在命令窗口输入 MATLAB 命令如下

```
>> ex5_15(rand(2,3))
```

结果会用红色给出错误提示

```
错误使用 ex5_15 (line 6)
input must be a vector
```

（2）参数传递

MATLAB 函数所传递的参数具有可调性，凭借这种特性，一个函数可以完成多种功能，MATLAB 通过两个特殊变量 nargin 和 nargout 分别记录在调用函数文件时，输入实参和输出实参的个数。在函数文件中包含这两个变量，可以获取该函数文件在调用时输入和输出参数的个数，决定函数如何进行处理。

nargin 和 nargout 定义如下

➢ nargin   %函数体内给出调用该函数时的输入参数数目
➢ nargout   %函数体内给出调用该函数时的输出参数数目

例 5-16　nargin 和 nargout 示例。

解　MATLAB 程序 ex5_16.m 如下

```
%ex5_16.m
function y=ex5_16(a,b,c)
if nargin==1
    y=a;
elseif nargin==2
    y=a+b;
elseif nargin==3
    y=(a*b*c)/2;
end
```

在命令窗口调用该函数文件，输入 MATLAB 命令如下

```
>> x=[1:3];y=[1;2;3];
>> ex5_16(x),ex5_16(x,y'),ex5_16(1,2,3)
```

结果显示

```
ans =
    1    2    3
ans =
    2    4    6
ans =
    3
```

例 5-17　输入三角形的三条边长，求面积。

解　MATLAB 程序 ex5_17.m 如下

```
%ex5_17.m
function y=ex5_17(a,b,c)
if nargin==1
```

```
        if a(1)+a(2)>a(3)&a(1)+a(3)>a(2)&a(2)+a(3)>a(1)
            p=(a(1)+a(2)+a(3))/2;
            y=sqrt(p*(p-a(1))*(p-a(2))*(p-a(3)));
        else
            disp('不能构成一个三角形')
        end
    else
        if a+b>c&a+c>b&b+c>a
            p=(a+b+c)/2;
            y=sqrt(p*(p-a)*(p-b)*(p-c));
        else
            disp('不能构成一个三角形')
        end
    end
```

在命令窗口调用该函数文件，输入 MATLAB 命令如下

```
>> ex5_17(3:5)
```

结果显示

```
ans =
     6
```

在命令窗口输入 MATLAB 命令如下

```
>> ex5_17(3,4,5)
```

结果显示

```
ans =
     6
```

在命令窗口输入 MATLAB 命令如下

```
>> ex5_17(1:3)
```

结果显示

```
不能构成一个三角形
```

5.3 MATLAB 程序优化与调试

MATLAB 的语法与 C 语言非常相似，但 MATLAB 是解释型程序设计语言，所以执行效率比 C 语言要低。在实际中可以利用 MATLAB 的特点，提高编程效率。

1. 程序优化方法

（1）向量化操作

向量化操作将循环程序等价为向量或矩阵操作。MATLAB 以矩阵为基本运算单元，向量化操作可以加速程序的运行。

例 5-18 用图形表述以下连续时间信号，信号采样频率为 1kHz。比较采用循环结构和向量化方法程序执行时间。

$$y = \begin{cases} 6e^t \sin(t), & t \leqslant 10 \\ 3e^{t/3} \sin(2\pi t), & t > 10 \end{cases} \quad t \in [0,100]$$

解 MATLAB 程序 ex5_18_1.m 如下

```
%ex5_18_1.m
clear
tic
t=0:1/1000:100;
for i=1:length(t);
    if t(i)<=10
        y(i)=6*exp(t(i)).*sin(t(i));
    else
        y(i)=3*exp(t(i)/3).*sin(2*pi*t(i));
    end
end
toc
plot(t,y)
```

程序运行结果显示

历时 0.054238 秒。

MATLAB 程序 ex5_18_2.m 如下

```
%ex5_18_2.m
clear
tic
t=0:1/1000:100;
y=6*exp(t).*sin(t).*(t<=10)+3*exp(t/3).*sin(2*pi*t).*(t>10);
toc
plot(t,y)
```

运行结果显示

历时 0.018132 秒。

程序运行后生成图 5-2。

由上例可以看出，使用向量化计算后，可以大大节约程序运算时间。因此，在使用 MATLAB 编程时，使用向量化操作替换循环，可以优化程序。

（2）预分配内存空间

与 C 语言不同，MATLAB 允许用户预先定义一个变量，而不必定义变量的维数，当赋值语句超出矩阵维数时，需要为矩阵扩充一次数据，多次扩充数据将造成不必要的内存碎片，影响内存使用率。相比在循环结构中不断增加矩阵的维数，预先定义变量可以预分配变量空间，提高程序的执行效率和内存使用率。

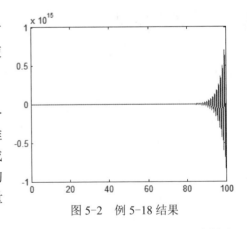

图 5-2 例 5-18 结果

MATLAB 可以通过 zeros 或 cell 函数为变量预留内存空间。zeros 函数可为需要赋值的变量预先分配一个内存块，并初始化内存块中的矩阵元素初值为 0。cell 函数可创建空矩阵，矩阵的每个元素均为空。通过预留内存空间，可以显著提高程序执行效率。

（3）使用 MEX 文件

在必须使用循环结构时，为了提高程序执行效率，可以将循环部分的代码转化为 MEX 文件。MEX 是可执行文件，它与 MATLAB 之间的数据传递是通过指针来完成的，而不涉及对文件的读写，且其调用格式和 MATLAB 本身的函数调用格式完全一致，在 MATLAB 环境下可以直接运行，不必每次执行前解释，因此比转化前执行速度要快。

MATLAB 提供了将 M 文件或 C 文件转化为 MEX 文件的工具，利用 MATLAB 编辑器 mex 或 mcc 可将 C 源代码文件（扩展名为.c）或 M 文件（扩展名为.m）编译成 MEX 文件。

例 5-19　将 MATLAB 的自带文件 yprime.c 编译成 MEX 文件。

解　首先将子目录 extern\examples\mex 中的 explore.c 文件复制到 MATLAB 的当前工作目录中，并更名为 ex5_19.c，然后在 MATLAB 命令窗口中输入以下命令。

```
>>mex ex5_19.c
```

编译成功后，在 MATLAB 当前路径下生成一个 MEX 文件 ex5_19.mex。此时在 MATLAB 命令窗口输入以下命令。

```
>>y=ex5_19(1,-21)
```

结果显示

```
yp =
    -1.0000    0.2513    1.0000    2.0000
```

例 5-20　将以下函数文件 ex5_20.m 生成 MEX 文件。

```
%ex5_20.m
function y=ex5_20(x)
y=2*x;
```

解　在 MATLAB 命令窗口中，输入以下命令

```
>>mcc -x ex5_20.m
```

编译成功后，同样在 MATLAB 的当前路径生成一个 MEX 文件 ex5_15.mex。在 MATLAB 命令窗口输入以下命令

```
>>x=5;y=ex5_20(x)
```

结果显示：

```
y=
   10
```

（4）尽量使用函数文件

MATLAB 函数文件的执行效率要比命令文件高，这是由于函数文件有自己的工作空间，执行一次后仅保存程序运行必须的变量，并将函数编译成伪代码，下次调用时可提高效率。

2．程序运行错误调试

编辑完成 M 文件后，程序运行过程可能会出现错误，根据错误提示排除语法错误和运行错误后，程序仍存在问题，这时可以采用以下程序调试方法。

（1）将函数中选定行的分号去掉，运行中间结果，发现问题。

（2）在选定位置键入命令 keyboard，将控制权交给键盘，查询函数工作区，根据需要改变变量的值，最后通过 return 命令返回，将控制权交还给程序。

（3）对于函数文件，在 function 语句前加入%，将函数文件变为命令文件，直接运行程序，便于查找错误。

（4）利用 echo on 和 echo off 显示执行的语句，判断程序流是否正确。

5.4　程序设计应用

例 5-21　编写一个学生成绩评定函数。若该学生成绩为 90～100 分，评定为"优秀"，若该学生成绩为 80～90 分，评定为"良好"，若该学生成绩为 70～80 分，评定为"中等"，若该学生成绩为 60～70 分，评定为"及格"，若该学生成绩在 60 分以下，评定为"不及格"。

解　MATLAB 程序 ex5_21.m 如下

```
%ex5_21.m
function ex5_21(name,score)
%根据学生成绩统计成绩等级，若该学生成绩为 90～100 分，评定为"优秀"，若该学生成绩为
80～90 分，评定为"良好"，若该学生成绩为 70～80 分，评定为"中等"，若该学生成绩为 60～70 分，评定
为"及格"，若该学生成绩在 60 分以下，评定为"不及格"
n=length(name);
for i=1:10
    A_level{i}=89+i;
    B_level{i}=79+i;
    C_level{i}=69+i;
    D_level{i}=59+i;
end
A_level{11}=100;
fout=struct('name',name,'score',score);
for i=1:n
    fout(i).name=name(i);
    fout(i).score=score(i);
end
for i=1:n
    switch fout(i).score
        case A_level
            fout(i).level='优秀';
        case B_level
            fout(i).level='良好';
        case C_level
            fout(i).level='中等';
        case D_level
            fout(i).level='及格';
        otherwise
            fout(i).level='不及格';
    end
end
disp(['姓名',blanks(6),'成绩',blanks(6),'等级',blanks(6)])
for i=1:n
    disp([fout(i).name,fout(i).score,fout(i).level])
end
```

在命令窗口调用该函数文件，输入 MATLAB 命令如下

```
>> name= {'赵同学','钱同学','孙同学','李同学', '王同学'};
>> score=[85 73 51 92 100];
>> ex5_21(name,score)
```

结果显示

姓名	成绩	等级
{'赵同学'}	{[85]}	{'良好'}
{'钱同学'}	{[73]}	{'中等'}
{'孙同学'}	{[51]}	{'不及格'}
{'李同学'}	{[92]}	{'优秀'}
{'王同学'}	{[100]}	{'优秀'}

例 5-22 找出一段输入数据的极值点，并标出这些极值点。

解 MATLAB 程序 ex5_22.m 如下

```
%ex5_22.m
function[ymax,ymin,xmax,xmin]=ex5_22(y)
m=1;n=1;
for i=2:99
    if y(i)>y(i+1)&y(i)>y(i-1)
        xmax(m)=i;m=m+1;
    elseif y(i)<y(i+1)&y(i)<y(i-1)
        xmin(n)=i;n=n+1;
    end
end
plot(y);hold on
ymax=y(xmax);ymin=y(xmin);
plot(xmax,ymax,'r*'),plot(xmin,ymin,'gp')
```

在命令窗口调用该函数文件，输入 MATLAB 命令如下

```
>> x=rand(1,100);
>> [a,b,c,d]=ex5_22(x);
```

得到如图 5-3 所示结果。

例 5-23 建立分段函数，并调用此分段函数，给出当输入向量 $-10 \leqslant x \leqslant 20$ 时的输出图形。

$$y = \begin{cases} x^2 + 3, & x \geqslant 10 \\ x^3 + 4x, & 0 \leqslant x < 10 \\ x + x^5, & x < 0 \end{cases}$$

解 MATLAB 程序 ex5_23_1.m 如下

```
%ex5_23_1.m
function y=ex5_23_1(x)
if x>=10
    y=x^2+3;
elseif x>=0&x<10
    y=x^3+4*x;
else
```

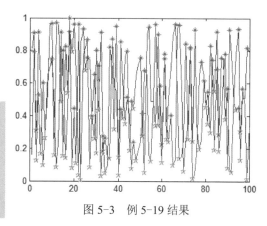

图 5-3 例 5-19 结果

```
            y=x^5+x;
        end
```

调用此函数文件的命令文件程序 ex5_23_2.m 如下

```
%ex5_23_2.m
clear
x=-10:0.1:20;
for i=1:length(x)
    y(i)=ex5_23_1(x(i));
end
plot(x,y)
```

得到如图 5-4 所示结果。

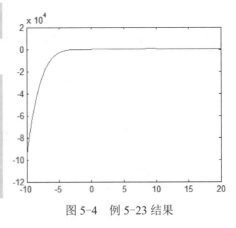

图 5-4　例 5-23 结果

小　　结

本章主要介绍 MATLAB 程序设计的基础内容，主要包括 MATLAB 的程序结构和 MATLAB 的 M 文件两种形式：命令文件和函数文件。通过本章学习应重点掌握以下内容

（1）MATLAB 的程序结构。

（2）MATLAB 的命令文件与函数文件的区别与特点。

（3）MATLAB 函数文件的调用和参数传递。

习题

5-1　编写分段函数 $f(x)=\begin{cases}2x^2+1, & x<-1 \\ x+2, & -1\leqslant x\leqslant 1 \\ 5x-6, & x>1\end{cases}$，并调用此分段函数，求 $f(1:5)$ 的值。

5-2　已知 $s=1+\dfrac{1}{3}+\cdots+\dfrac{1}{2n-1}$，编写程序求：（1）$n=100$ 时，s 的值；（2）$s>2$ 时的最小 n 值。

5-3　数组 $a_{k+2}=a_k+a_{k+1}$，$k=1,2,\cdots$，且 $a_1=a_2=1$。分别用 for 和 while 循环求该数组中第一个大于 10000 的元素。

5-4　编写程序求 1～100 中所有素数。

第6章 Simulink 动态仿真集成环境

Simulink 是 MATLAB 软件的扩展，它是一个用来对动态系统进行建模、仿真、分析的软件包，它支持连续系统、离散系统或者两者相混合的线性和非线性系统，同时它也支持具有不同采样率、多种采样速度的系统仿真。

一般工具箱是将面向某一类的程序包集中起来，其中的程序由 MATLAB 语言编写。Simulink 是 MATLAB 特殊的工具箱，是一个完整的仿真环境和图形界面，在这个环境中，只需要利用鼠标和键盘，就可以完成面向系统仿真的全部过程，并且能够更加直观、快速、准确地达到仿真的目标。Simulink 可以将图形窗口扩展为用框图方式来编程，极大地扩展了MATLAB 功能。

本章要点：

（1）Simulink 基本模块库。
（2）Simulink 建模与仿真。

学习目标：

（1）了解 Simulink 基本模块库。
（2）掌握利用 Simulink 进行建模、仿真分析方法。

6.1　Simulink 编辑环境

● 在 MATLAB 9.8（R2020a）中，启动 Simulink 有如下三种方法。
（1）在"主页"选项卡下单击 Simulink 快捷启动按钮"🔳"。
（2）在 MATLAB 命令行窗口输入 simulink 命令。
（3）在"主页"选项卡下选择"新建"下拉按钮"Simulink Model"。
以上三种方法均可打开"Simulink Start Page"窗口，如图 6-1 所示。

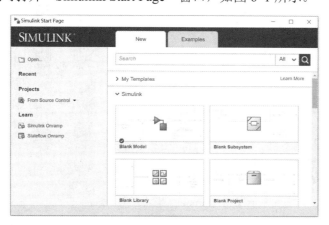

图 6-1　"Simulink Start Page"窗口

该窗口包含 Simulink 所有模块。单击"Blank Model"，弹出如图 6-2 所示的新建模型编辑窗口，用户可以在该窗口搭建 Simulink 模型。

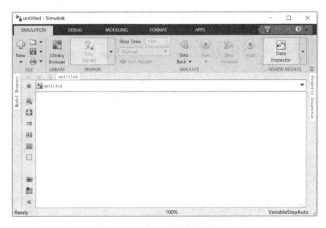

图 6-2　新建模型编辑窗口

● 在 MATLAB 7.11（R2010b）中，有三种方法启动 Simulink。

（1）在 MATLAB 命令窗口，直接键入 simulink 命令。

（2）在 MATLAB 主窗口工具栏中，单击 Simulink 的快捷启动按钮"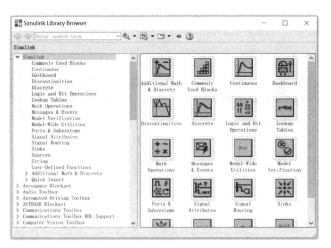"。

（3）在 MATLAB 主窗口选择菜单命令 File→New→Model。

以上三种方法均可打开"Simulink Library Browser"（Simulink 库浏览器）窗口，用户可自行查看。

6.2　Simulink 模块库

在图 6-2 所示的新建模型编辑窗口 SIMULATION 菜单下，单击"　　　"按钮，选择 Library Browser，弹出如图 6-3 所示的"Simulink Library Browser"（Simulink 模块库浏览器）窗口。

图 6-3　Simulink 模块库浏览器窗口

Simulink 模块库包括基本模块库和专业应用模块工具箱。本书主要介绍基本模块库，基本模块库按应用领域及功能划分为若干子库。

1. Sources 库

单击 Simulink 模块库浏览器窗口的 "Sources"，打开如图 6-4 所示的 Sources（信号源模块库）。信号源模块库为模型提供信号源模块，各子模块功能如表 6-1 所示。

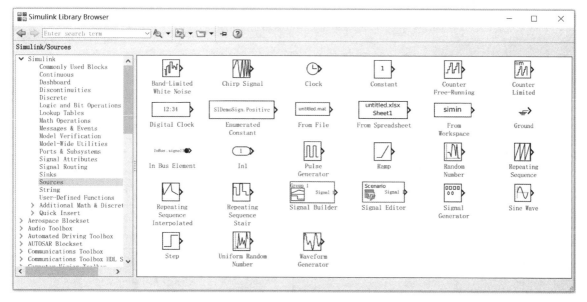

图 6-4　Sources 子库

表 6-1　Sources 子库模块功能

模　块　名	功　能	模　块　名	功　能
Band-Limited White Noise	带限白噪声	Pulse Generator	脉冲信号发生器
Chirp Signal	线性调频信号	Ramp	倾斜函数
Clock	时钟	Random Number	正态分布的随机数
Constant	常数	Repeating Sequence	重复序列
Counter Free-Running	无限计算器	Repeating Sequence Interpolated	内插式重复序列发生器
Counter Limited	有限计算器	Repeating Sequence Stair	阶梯状重复序列发生器
Digital Clock	数字时钟	Signal Builder	信号编译器
Enumerated Constant	枚举常数	Signal Editor	信号编辑器
From File	从文件读数据	Signal Generator	信号发生器
From Workspace	从工作空间读数据	Sine Wave	正弦函数
Ground	接地	Step	阶跃函数
In Bus Element	创建输入端口	Uniform Random Number	均匀分布的随机数
In1	输入接口	Waveform Generator	波形发生器

2. Commonly Used Blocks 库

单击 Simulink 模块库浏览器窗口的 "Commonly Used Blocks"，打开如图 6-5 所示的 Commonly Used Blocks（常用模块库）。常用模块库中为模型提供常见模块，各子模块功能如表 6-2 所示。

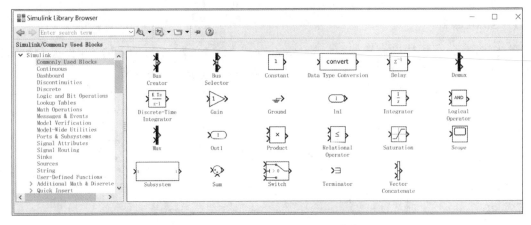

图 6-5　Commonly Used Blocks 子库

表 6-2　Commonly Used Blocks 子库模块功能

模　块　名	功　能	模　块　名	功　能
Bus Creator	将输入信号合并为向量信号	Mux	多路复合
Bus Selector	将输入向量分解为多个信号	Out1	输出接口
Constant	常数	Product	乘法器
Data Type Conversion	数据类型转换	Relational Operator	关系运算
Delay	延时	Saturation	定义输入信号的最大和最小值
Demux	将输入向量转换成标量或更小标量	Scope	示波器
Discrete-Time Integrator	离散积分器	Subsystem	创建子系统
Gain	增益模块	Sum	加法器
In1	输入接口	Switch	选择器
Integrator	连续积分器	Terminator	终止输出
Logical Operator	逻辑运算	Vector Concatenate	串联相同数据类型输入生成连续输出

3. Continuous 库

单击 Simulink 模块库浏览器窗口的 "Continuous"，打开如图 6-6 所示的 Continuous（连续系统模块库）。连续系统模块库为模型提供连续系统模块，各子模块功能如表 6-3 所示。

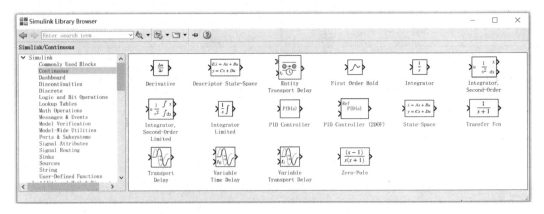

图 6-6　Continuous 子库

表 6-3 **Continuous** 子库模块功能

模 块 名	功 能	模 块 名	功 能
Derivative	微分器	PID Controller	PID 控制器
Descriptor State-Space	描述符状态空间方程	Transfer Fcn	传递函数
First Order Hold	一阶保持器	Transport Delay	传输延迟
Integrator	积分器	Variable Time Delay	可变时间延迟
Integrator Second-Order	二阶积分器	Zero-Pole	零-极点函数

4．Discontinuities 库

单击 Simulink 模块库浏览器窗口的"Discontinuities"，打开如图 6-7 所示的 Discontinuities（不连续系统模块库）。不连续系统模块库为模型提供非连续系统模块，各子模块功能如表 6-4 所示。

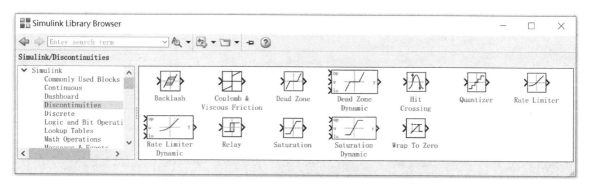

图 6-7　Discontinuities 子库

表 6-4 **Discontinuities** 子库模块功能

模 块 名	功 能	模 块 名	功 能
Backlash	间隙系统建模	Rate Limiter	静态限制信号变化速率
Coulomb & Viscous Friction	库仑和粘性摩擦建模	Rate Limiter Dynamic	动态限制信号变化速率
Dead Zone	提供零值输出区域	Relay	在两个常量输出之间切换
Dead Zone Dynamic	提供零输出动态死区	Saturation	将输入限制在饱和上界和下界间
Hit Crossing	检测穿越点	Saturation Dynamic	将输入限制在动态饱和上界和下界间
Quantizer	按给定间隔将输入离散化	Wrap To Zero	输入大于阈值，则将输出设置为0

5．Discrete 库

单击 Simulink 模块库浏览器窗口的"Discrete"，打开如图 6-8 所示的 Discrete（离散系统模块库）。离散系统模块库为模型提供离散系统模块，各子模块功能如表 6-5 所示。

6．Logic and Bit Operation 库

单击 Simulink 模块库浏览器窗口的"Logic and Bit Operation"，打开如图 6-9 所示的 Logic and Bit Operation（逻辑与位运算模块库）。逻辑与位运算模块库为模型提供逻辑操作模块，各子模块功能如表 6-6 所示。

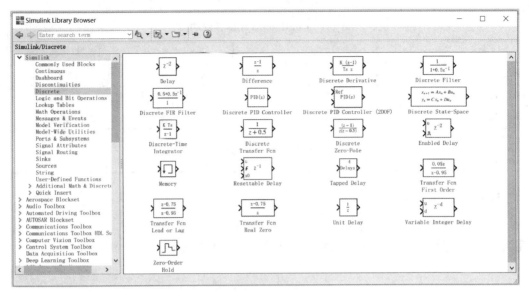

图 6-8 Discrete 子库

表 6-5 **Discrete** 子库模块功能

模 块 名	功 能	模 块 名	功 能
Delay	延时	Memory	记忆器
Difference	离散差分	Resettable Delay	离散重置延时
Discrete Derivative	离散偏微分	Tapped Delay	输入延迟,并为每个延迟提供一个输出
Discrete Filter	离散滤波器	Transfer Fcn first Order	一阶传递函数
Discrete FIR Filter	离散 FIR 滤波器	Transfer Fcn Lead or Lag	带零极点补偿器的传递函数
Discrete State-Space	离散状态空间	Transfer Fcn Real Zero	带实零点的传递函数
Discrete-Time Integrator	离散积分器	Unit Delay	单位延迟
Discrete Zero-Pole	离散零极点	Variable Integer Delay	可变延时
Enable Delay	使能延时	Zero-Order Hold	零阶保持器

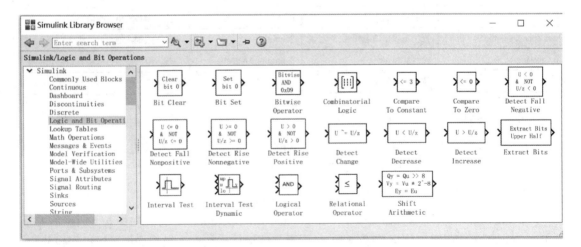

图 6-9 Logic and Bit Operation 子库

表 6-6 **Logic and Bit Operation** 子库模块功能

模 块 名	功 能	模 块 名	功 能
Bit Clear	位清零	Detect Change	检测输入变化
Bit Set	位置 1	Detect Decrease	检测输入是否减小
Bitwise Operator	按位操作运算	Detect Increase	检测输入是否增大
Combinatorial Logic	组合逻辑	Extract Bits	从输入中提取某几位输出
Compare To Constant	与常数比较	Interval Test	检测输入是否在某两个值之间
Compare To Zero	与 0 比较	Interval Test Dynamic	动态检测输入是否在某两个值之间
Detect Fall Negative	检测输入是否为负数	Logical Operator	逻辑运算
Detect Fall Nonpositive	检测输入是否为非正数	Relational Operator	关系运算
Detect Rise Nonnegative	检测输入是否非负数	Shift Arithmetic	算术平移
Detect Rise Positive	检测输入是否为正数		

7. Lookup Tables 库

单击 Simulink 模块库浏览器窗口的"Lookup Tables"，打开如图 6-10 所示的 Lookup Tables（查表模块库）。查表模块库为模型提供线性插值表模块，各子模块功能如表 6-7 所示。

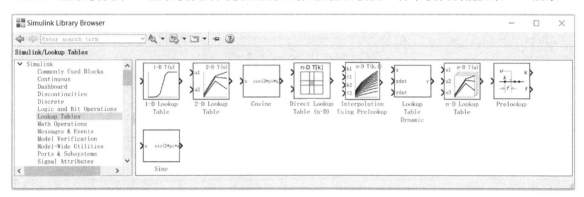

图 6-10 Lookup Tables 子库

表 6-7 **Lookup Tables** 子库模块功能

模 块 名	功 能	模 块 名	功 能
1-D Lookup Table	一维线性内插查表	Lookup Table Dynamic	动态查表
2-D Lookup Table	二维线性内插查表	n-D Lookup Table	n 维线性内插查表
Cosine	余弦函数查表	PreLookup	预查询
Direct Lookup Table(n-D)	n 维直接查表	Sine	正弦函数查表
Interpolation using PreLookup	预查询内插运算		

8. Math 库

单击 Simulink 模块库浏览器窗口的"Math"，打开如图 6-11 所示的 Math（数学模块库）。数学模块库为模型提供数学运算所需模块，各子模块功能如表 6-8 所示。

9. Ports & Subsystems 库

单击 Simulink 模块库浏览器窗口的"Ports & Subsystems"，打开如图 6-12 所示的 Ports &

Subsystems（端口和子系统模块库）。端口和子系统模块库为模型提供相关分析模块，各子模块功能如表 6-9 所示。

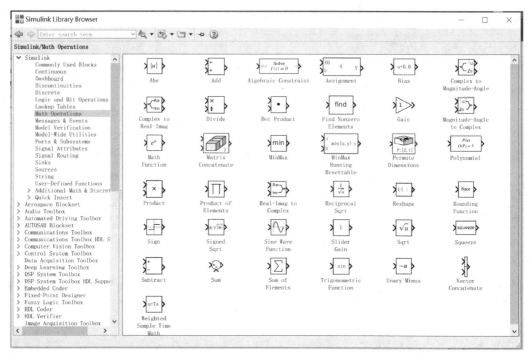

图 6-11　Math 子库

表 6-8　Math 子库模块功能

模　块　名	功　　能	模　块　名	功　　能
Abs	绝对值运算	Product	乘法
Add	加法运算	Product of Element	元素乘运算
Algebraic Constraint	将输入约束为 0	Real-Imag to Complex	将实部和虚部转换为复数
Assignment	为指定信号元素赋值	Reciprocal Sqrt	正负平方根
Bias	将输入加偏移	Reshape	将输入信号维数重组
Complex to Magnitude-Angle	将复数转换为幅度和辐角	Rounding Function	圆整函数
Complex to Real-Imag	将复数转换为实部和虚部	Sign	符号函数
Divide	除法	Signed Sqrt	符号平方根
Dot Product	点乘	Sine Wave Gain	正弦波增益
Find Nonzero Element	找到非零元素	Sqrt	平方根
Gain	增益	Squeeze	稀疏矩阵
Magnitude-Angle to Complex	将幅度和辐角转换为复数	Subtract	减法
Math Function	数学函数	Sum	求和
Matrix Concatenate	矩阵串联	Sum of Elements	元素求和
MinMax	将输入最小值或最大值输出	Trigonometric Function	三角函数
MinMax Running Resettable	带重置信号求最小值或最大值	Unary Minus	一元减法
Permute Dimensions	重新排列输入信号维数	Vector Concatenate	向量串联
Polynomial	多项式求值	Weighted Sample Time Math	权值采样时间运算

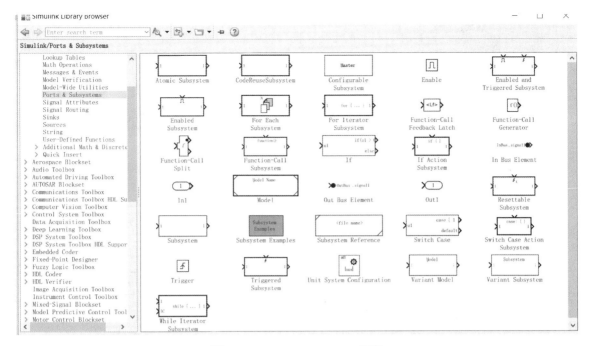

图 6-12　Ports & Subsystems 子库

表 6-9　Ports & Subsystems 子库模块功能

模　块　名	功　能	模　块　名	功　能
Atomic Subsystem	原子子系统	Model	模型
CodeReuse Subsystem	代码重组子系统	Out Bus Element	输出总线元件
Configurable Subsystem	可配置子系统	Out1	输出端口
Enable	使能操作	Resettable Subsystem	用外部触发器重置块状态子系统
Enabled and Triggered Subsystem	使能与触发子系统	Subsystem	子系统
Enabled Subsystem	使能子系统	Subsystem Example	子系统示例
For Each Subsystem	对于每个子系统	Subsystem Reference	子系统参考
For Iterator Subsystem	For 循环子系统	Switch Case	转换事件
Function-Call Feedback Latch	函数调用反馈锁存	Switch Case Action Subsystem	条件选择执行子系统
Function-Call Generator	函数调用发生器	Trigger	触发操作
Function-Call Split	函数调用拆分	Triggered Subsystem	触发子系统
Function-Call Subsystem	函数调用子系统	Unit System Configuration	配置单位
If	假设操作	Variant Model	变量模型
If Action Subsystem	假设执行子系统	Variant Subsystem	变量子系统
In Bus Element	输入总线元件	While Iterator Subsystem	While 循环子系统
In1	输入端口		

10．Signal Attributes 库

单击 Simulink 模块库浏览器窗口的"Signal Attributes"，打开如图 6-13 所示的 Signal Attributes（信号属性模块库）。信号属性模块库为模型提供信号属性模块，各子模块功能如表 6-10 所示。

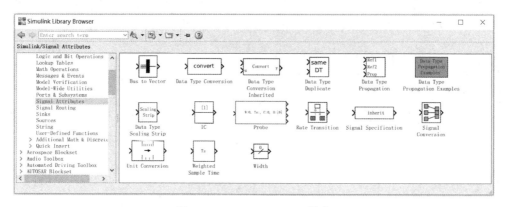

图 6-13　Signal Attributes 子库

表 6-10　**Signal Attributes 子库模块功能**

模 块 名	功 能	模 块 名	功 能
Bus to Vector	总线到向量	Probe	探测器
Data Type Conversion	数据类型转换	Rate Transition	速率转换
Data Type Conversion Inherited	继承的数据类型转换	Signal Specification	信号规范
Data Type Duplicate	数据类型复制	Signal Conversion	信号转换
Data Type Propagation	数据类型继承	Unit Conversion	单位换算
Data Type Scaling Strip	数据类型缩放比例条	Weighted Sample Time	权值采样时间
IC	初始状态	Width	信号宽度

11．Signal Routing 库

单击 Simulink 模块库浏览器窗口的"Signal Routing"，打开如图 6-14 所示的 Signal Routing（信号路由模块库）。信号路由模块库为模型提供输入/输出及控制相关模块，各子模块功能如表 6-11 所示。

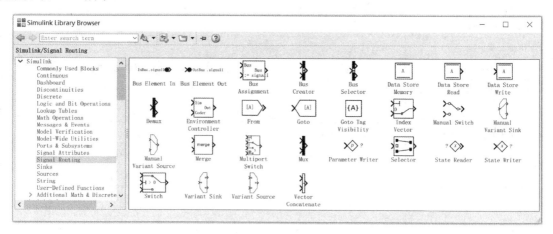

图 6-14　Signal Routing 子库

12．Sinks 库

单击 Simulink 模块库浏览器窗口的"Sinks"，打开如图 6-15 所示的 Sinks（接收模块库）。接收模块库中为模型提供输出设备模块，各子模块功能如表 6-12 所示。

表 6-11　**Signal Routing** 子库模块功能

模 块 名	功 能	模 块 名	功 能
Bus Element In	总线元件输入	Manual Switch	手动选择开关
Bus Elemetn Out	总线元件输出	Manual Variant Sink	手动切换接收
Bus Assignment	总线分配	Manual Variant Source	手动切换信号源
Bus Creator	总线产生器	Merge	信号合并
Bus Selector	总线选择器	Multiport Switch	多端口开关
Data Store Memory	将数据存入内存	Mux	将多路输入组合成一个向量
Data Store Read	将数据读到内存	Parameter Writer	参数写入器
Data Store Write	将数据写入内存	Selector	信号选择器
Demux	分路输出	State Reader	状态读取器
Environment Controller	环境控制器	State Writer	状态写入器
From	接收来自 Goto 模块的输入	Switch	选择开关
Goto	将模块传递给 From 模块	Variant Sink	在多个输出间路由
Goto Tag Visibility	Goto 标签可视化	Variant Source	在多个输入间路由
Index Vector	索引向量	Variant Concatenate	串联相同数据类型输入生成输出

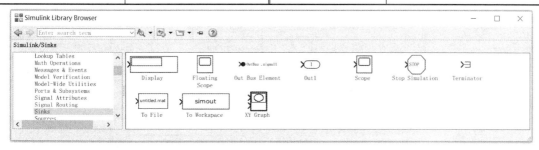

图 6-15　Sinks 子库

表 6-12　**Sinks** 子库模块功能

模 块 名	功 能	模 块 名	功 能
Display	数字显示器	Stop Simulation	停止仿真
Floating Scope	游离示波器	Terminator	接收终端
Out Bus Element	为子系统或外部输出创建输出端口	To File	将数据输出到文件
Out1	输出接口	To Workspace	将数据输出到工作空间
Scope	示波器	XY Graph	显示平面图形

13．**String** 库

单击 Simulink 模块库浏览器窗口的"String"，打开如图 6-16 所示的 String（字符串模块库）。字符串模块库为模型提供有关字符串操作模块，各子模块功能如表 6-13 所示。

14．**User-Defined Functions** 库

单击 Simulink 模块库浏览器窗口的"User-Defined Functions"，打开如图 6-17 所示的 User-Defined Functions（用户自定义函数模块库）。用户自定义函数模块库为模型提供用户自定义模块，各子模块功能如表 6-14 所示。

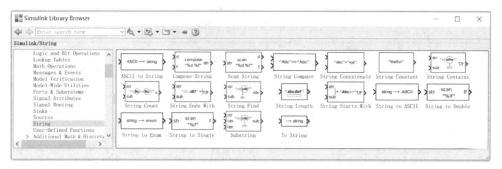

图 6-16　String 子库

表 6-13　String 子库模块功能

模　块　名	功　　能	模　块　名	功　　能
ASCII to String	将 ASCII 码字符转换为字符串	String Find	字符串查找
Compose String	根据格式和输入信号组合输出字符串	String Length	字符串长度
Scan String	扫描输入字符串并按格式转换为信号	String Starts With	检测是否以指定字符串开始
String Compare	字符串比较	String to ASCII	将字符串转换成 ASCII 码字符
String Concatenate	字符串连接	String to Double	将字符串转换为双精度信号
String Constant	字符串常数	String to Enum	将字符串转换为枚举
String Contains	检测是否包含子字符串	Sting to Single	将字符串转换为单个信号
String Count	统计字符串出现的次数	Substring	提取子字符串
String Ends With	检测字符串是否以指定的后缀结束	To String	将输入信号转换为字符串

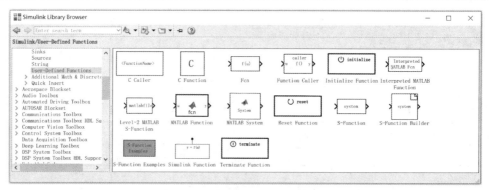

图 6-17　User-Defined Functions 子库

表 6-14　User-Defined Functions 子库模块功能

模　块　名	功　　能	模　块　名	功　　能
C Caller	调用外部 C 函数	MATLAB System	MATLAB 系统
C Function	C 函数	Reset Function	复位功能
Fcn	自定义函数模块	S-Function	S-函数
Function Caller	调用函数	S-Function Builder	S-函数编译器
Initialize Function	初始化函数	S-Function Example	S-函数示例
Interpreted MATLAB Function	将 MATLAB 函数应用于输入	Simulink Function	使用 Simulink 定义函数
Level-2 MATLAB S-Function	2 级 MATLAB S-函数	Terminate Function	终止函数
MATLAB Function	MATLAB 函数		

Simulink 还提供了各种应用工具箱模块库，本书不做介绍。

6.3　Simulink 模型搭建

Simulink 模型搭建过程就是绘制方框图的过程。在 Simulink 环境中方框图的绘制完全依赖于鼠标操作。

利用 Simulink 进行建模和仿真步骤如下。

（1）启动 Simulink 模块库浏览器，新建一个用户模型编辑窗口。

（2）利用鼠标将所需模块拖入到用户模型编辑窗口，根据模块间关系连接各模块。

（3）设置各模块参数以及与仿真有关的各种参数。

（4）保存模型，模型文件后缀为.mdl。

（5）运行并调试模型。

6.3.1　建立 Simulink 模型文件

打开一个标题为"Untitled"的空白模型编辑窗口，如图 6-2 所示。在图 6-2 所示窗口的 SIMULATION 菜单下，单击"■"按钮，选择 Library Browser，弹出图 6-3 所示的 Simulink 模块库浏览器窗口，利用鼠标拖动模块至用户模型编辑窗口，将所有模块复制完成之后，根据模块间关系连接各模块，搭建模型如图 6-18 所示。其中，信号发生器来自于信号源模块，求和模块来自于数学运算模块库，传递函数模块来自于连续系统模块库，示波器来自于接收模块库。

单击图 6-18 窗口"File"菜单下拉按钮，选择"Save"保存模型文件，在弹出的对话框内输入文件名"model_exapmle"，可将模型文件保存在指定路径下。

单击图 6-18 窗口 Run 按钮"▶"运行模型，双击打开示波器，可观察运行结果，如图 6-19 所示。

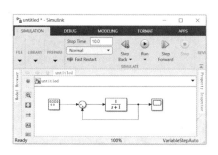

图 6-18　搭建模型

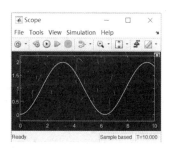

图 6-19　示波器结果显示

1．用户模型编辑窗口

用户模型编辑窗口由标题栏、功能菜单、工具栏和用户模型编辑区组成，允许用户在模型编辑区对系统结构图进行编辑、修改、仿真。

对系统方框图的绘制必须在用户模型编辑区中进行，方框图中所需的各种模块，可直接从 Simulink 库浏览窗口中的基本模块库或应用工具箱中复制相应模块得到。

2．模块操作

（1）模块的复制

建立模型时，需要在 Simulink 库浏览器窗口的模块库中复制相应模块到模型编辑区，方法是打开模块库和模型编辑窗口，将光标定位于要复制的模块，用鼠标拖动模块到模型编辑窗口的适当位置，放开鼠标，即在选定的位置复制出相应的模块。用鼠标拖动模块从一个窗口到另一个窗口，完成的是模块的复制过程，而将模块从窗口的一个位置拖动到另一个位置，完成的是模块的移动过程。

（2）模块的删除

选中模块，按【Delete】或【Backspace】键可删除所选定的一个或多个模块。也可通过选中模块后，单击鼠标右键，选择 Delete 删除模块。

（3）模块间的连接线

将所需模块全部复制到模型编辑窗口后，需要将模块间进行连接。模块间的连接是从一个模块的输出端（三角符号）出发到另一个模块的输入端（大于符号）的有向线段，它的生成方法是：将鼠标光标移到起点模块的输出端，看到光标变成"+"后，按下鼠标并拖动它到另一个模块的输入端，产生一条带箭头的有向线段，箭头的方向表示信号的流向。如想删除某一条线段，只需选中这个线段，按【Delete】键。

有时需要在已经存在有向线段的位置画支线，支线是从一条已存在的有向线段上任意一点出发，指向另一模块输入端的有向线段，使用支线可以将一个信号传输给多个模块。支线的生成方法是：将鼠标光标移到有向线段上的任意点处，按【Ctrl】键的同时，按下鼠标，光标由箭头变成"+"字，拖动鼠标到适当位置后松开，会产生一条带箭头的支线。也可采用鼠标右键直接连接。

（4）设置模块内部参数

被复制到用户窗口的各种模块，包含与原始模块一样的内部参数设置，即内部参数开始均为默认值。为了适应不同需要，常需对模块的内部参数进行必要的修改，方法是：用鼠标左键双击待修改的模块的图标，打开该模块的参数设置对话框，改变对话框中适当栏目中的数据即可完成模块内部参数的修改。

3. 模型保存

在模型编辑窗口编辑好系统结构框图后，可用窗口中的菜单命令将其保存为模型文件（扩展名为.mdl）。模型文件中存有模块图和模块的一些内部参数，以 ASCII 码形式存储，可利用菜单命令 File→Save as 将其任意更名保存。

6.3.2　Simulink 仿真参数设置

搭建好用户模型后，需要设置 Simulink 仿真参数，这是 Simulink 动态仿真的主要内容，也是掌握 Simulink 仿真技术的关键内容之一。

在如图 6-18 所示的用户模型编辑窗口单击鼠标右键，弹出如图 6-20 所示菜单栏，选择"Model Configuration Parameters"，弹出如图 6-21 所示"Configuration Parameters"（仿真参数设置）对话框。在模型编辑窗口选择 Ctrl+E 按键，也可打开该仿真参数设置对话框。

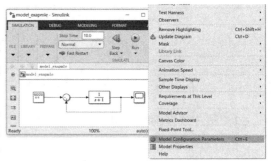

图 6-20　用户模型编辑窗口右键选择菜单
"Model Configuration Parameters"界面

由图 6-21 可以看出，仿真参数设置主要包括 Solver（求解器）、Data Import/Export（数据输入/输出）、Math and Data Types、Diagnostics、Hardware Implementation、Model Referencing、Simulation Target、Code Generation 和 Coverage 等 9 个选项。其中，Solver 参数设置最为关键。

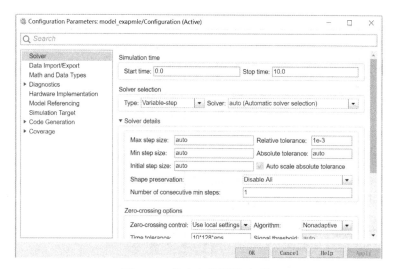

图 6-21　仿真参数设置对话框

1．Solver 参数设置

Solver 参数设置主要包括 Simulation time（仿真时间）、Solver selection（求解器选项）、Solver details（求解器细节）和 Zero-crossing options（过零项）等 4 项内容。Solver 参数设置如图 6-21 所示。

（1）Simulation time

仿真时间设置包括 Start time（起始时间）和 Stop time（结束时间），它们均可修改，默认的起始时间为 0.0 秒，结束时间为 10.0 秒。在仿真过程中允许实时修改 Stop time（结束时间）。仿真时间设置如图 6-22 所示。

（2）Solver selection

为得到准确的仿真结果，用户必须针对不同模型选择算法及参数。仿真算法设置如图 6-23 所示。

图 6-22　仿真时间设置　　　　　　　　　图 6-23　仿真算法设置

① Type 选项

仿真涉及常微分方程的数值积分，由于动态系统行为的多样性，目前还没有一种算法能保证所有模型的数值仿真结果准确、可靠。因此，Simulink 在算法类型（Type）选项中，提供了 Variable-step（变步长）和 Fixed-step（定步长）两大类数值积分算法供用户选择。

② Solver 选项

对于变步长算法，主要包括 discrete、ode45、ode23、ode113、ode15s、ode23s、ode23t 和 ode23tb 选项，如图 6-24 所示，算法说明如表 6-15 所示。

对于定步长算法，主要包括 discrete、ode5、ode4、ode3、ode2 和 ode1 选项，如图 6-25 所示，算法说明如表 6-16 所示。

图 6-24　变步长求解器设置对话框

表 6-15　变步长算法说明

选　项	说　明
discrete	Simulink 检测到模型中没有连续状态时使用
ode45	是一种单步求解器，求解器算法采用四阶/五阶龙格-库塔法，为系统默认值。适用于大多数系统，但不适用于刚性（Stiff）系统
ode23	是一种单步求解器，求解器算法采用二阶/三阶龙格-库塔法，对于宽误差容限和存在轻微刚性的系统，比 ode45 更有效
ode113	是一种多步求解器，在误差容限比较严格时，比 ode45 更有效。适用于光滑、非线性、时间常数变化范围不大的系统
ode15s	是一种多步求解器，一种基于数值微分公式的求解器算法，适用于刚性系统，或者在 ode45 仿真失败或不够有效时，可选择 ode15s
ode23s	是一种单步求解器，对于宽误差容限，它比 ode15s 更有效。适用于一些用 ode15s 不是很有效的刚性系统
ode23t	采用自由内插式梯形规则，适用于适度刚性系统，用户需要没有数字阻尼的结果时使用
ode23tb	具有两个阶段的隐式龙格-库塔法，与 ode23s 相似，对于宽误差容限，比 ode15s 更有效

图 6-25　定步长求解器设置对话框

表 6-16　定步长算法说明

选　项	说　明
discrete	适用于无连续状态的系统
ode5	ode45 的一个定步长算法
ode4	基于四阶龙格-库塔公式
ode3	ode23 的一个定步长算法
ode2	Heun 方法，也称作改进的欧拉法
ode1	欧拉法（Euler），是一种最简单的算法，精度最低，仅用来验证结果

（3）Solver details

① 仿真步长

在求解器选项（Solver details）下面的选择框中。对于变步长算法，可以设定 Max step size（最大步长）、Min step size（最小步长）和 Initial step size（起始步长）。对于定步长算法，可以设定 Fixed-step size（固定步长）。默认情况下，这些参数均为 auto，即这些参数将被自动设定。

对于变步长算法，最大步长要大于最小步长，初始步长介于两者之间。系统默认最大步长为仿真范围的 1/50，即仿真至少计算 50 个点，最小步长及初始步长可选择 auto。仿真的最小步长和最大步长均可在仿真过程中实时修改。

对于定步长算法，采用固定步长的方法进行仿真，计算步长始终不变。

② 误差容限

对于变步长算法，包括 Relative tolerance（相对容差）和 Absolute tolerance（绝对容差）。相对容差指误差相对于状态的值，默认值为 1e-3，表示状态的计算值精确到 0.001。绝对容差表示误差门限，即在状态为 0 时，可以接受的误差。选择默认值时，为第一个状态设置初始绝对误差为 1e-6。误差容限经常在 0.1 和 1e-6 之间取值，值越小，积分的步数就越多，精度也越高，但是值过小时，由于计算舍入误差显著增加，会影响整个精度，误差容限在仿真过程中允许实时修改。

对于定步长算法，只需设置 fixed-step size（固定步长）。

（4）其他选项

其他选项建议使用默认值，即 auto。

2. Data Import/Export 参数设置

Data Import/Export 参数设置主要包括 Load from workspace（从工作空间加载数据）、Save to workspace or file（将数据保存到工作空间或文件）、Simulation Data Inspector（仿真数据查看器）和 Additional parameters（附加选项），如图 6-26 所示。

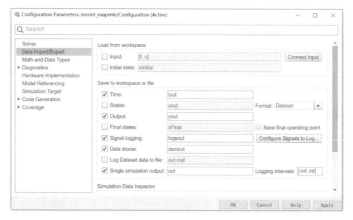

图 6-26 "Data Import/Export"参数设置对话框

（1）Load from workspace

选中"Input"和"Initial state"，如图 6-27 所示。将从工作空间读取的数据作为输入变量，一般 t 为时间变量，u 为输入变量，t 和 u 必须存在于 MATLAB 的工作空间。这里的变量名可由用户自己定义，需要与工作空间变量名一致。

（2）Save to workspace or file

默认情况下，会将仿真结果保存到 MATLAB 工作空间。用户也可自定义保存至 MATLAB 工作空间的变量名以及保存变量的数据类型。如图 6-28 所示。

图 6-27 "Load from workspace"参数设置对话框　　图 6-28 "Save to workspace or file"参数设置对话框

（3）Simulation Data Inspector

当需要对信号数据进行测试时，可选中"Simulation Data Inspector"，如图 6-29 所示。用于将记录/监控数据录入信号查看器，或将信号写入 MATLAB 的工作空间。

（4）Additional parameters

附加选项包含保存数据点设置和输出选项等，如图 6-30 所示。选中"Limit data points to last"，将编辑保存最新的若干数据点，默认为保存 1000 个数据点，通常不选中该项，则保存所有数据点。

"Decimation"选项用于设定亚采样因子，默认值为 1，表示保存每个仿真时间点数据产生值。若定义为 2，则每隔一个仿真时间点保存一个值。

"Output options"选项包含 Refine output、Produce additional output 和 Produce specified output only。"Refine output"表示精细输出，在仿真输出比较稀松时，产生额外的精细输出，类似插值处理；"Produce additional output"表示允许用户直接指定产生输出的时间点；"Produce specified output only"表示只在指定的时间点上产生输出。

"Refine factor" 选项用于设置仿真时间内插入的输出点数。

图 6-29 "Simulation Data Inspector"参数设置 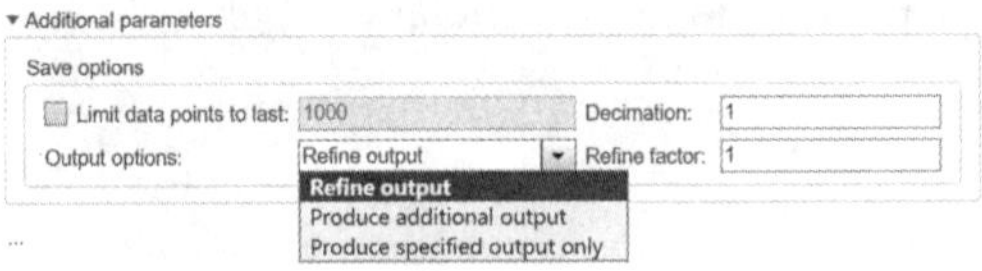　　　图 6-30 "Additional parameters"参数设置

3．Math and Data Types 参数设置

Math and Data Types 用于进行数学和数据类型参数设置，如图 6-31 所示。

图 6-31 "Math and Data Types"参数设置

4．Diagnostics 参数设置

Diagnostics 用于进行一致型检验、是否禁用过零检测、是否禁止复用缓存、是否进行不同版本的 Simulink 检验、仿真过程中出现各类错误时发出的警告等级等内容设置，如图 6-32 所示。其中，"warning"为提出警告，警告信息不影响程序运行；"error"为提示出现错误，程序运行终止；"none"表示不做任何反应。

图 6-32 "Diagnostics"参数设置

5．Hardware Implementation 参数设置

Hardware Implementation 表示允许设置模型的系统硬件参数，如嵌入式控制器等，如图 6-33 所示。

6．Model Referencing 参数设置

Model Referencing 用于模型引用有关参数的设置。如图 6-34 所示。

7．Simulation Target 参数设置

Simulation Target 用于设置模型的模拟目标，如图 6-35 所示。

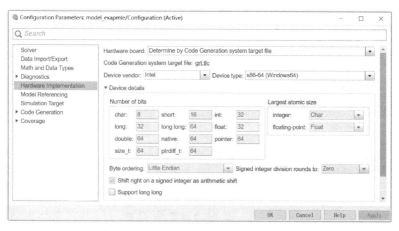

图 6-33 "Hardware Implementation" 参数设置

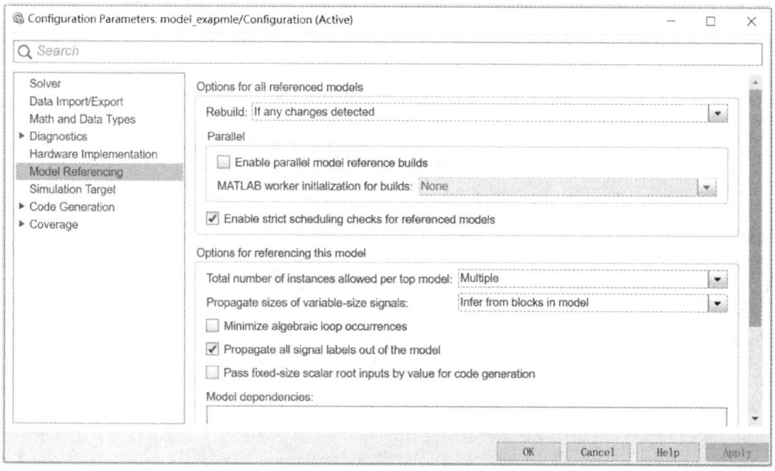

图 6-34 "Model Referencing" 参数设置

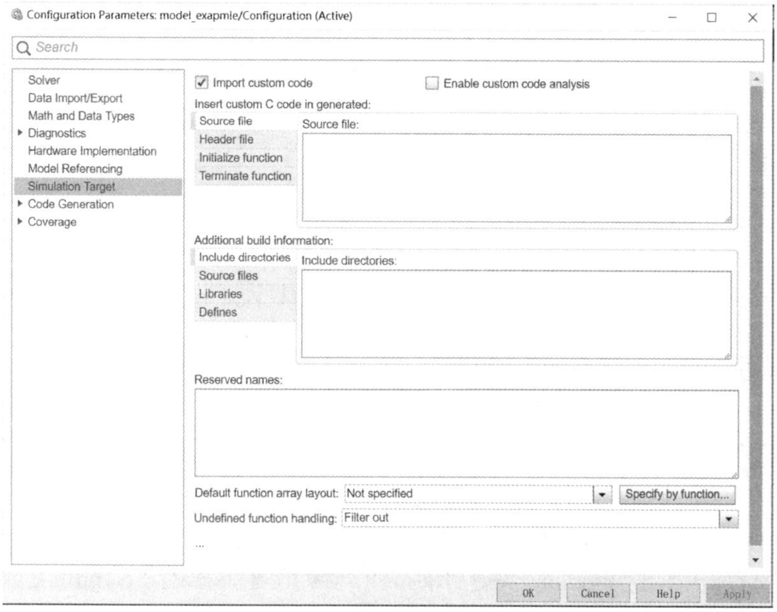

图 6-35 "Simulation Target" 参数设置

8. Code Generation 参数设置

Code Generation 用于设置代码生成选项，如图 6-36 所示。

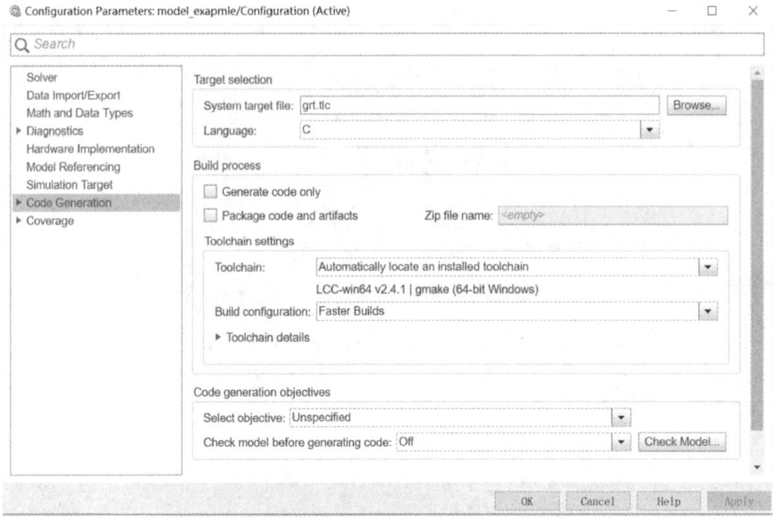

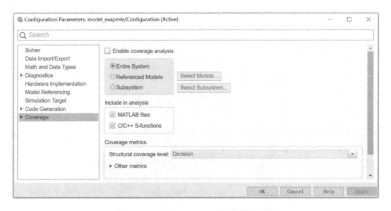

图 6-36 "Code Generation" 参数设置

9. Coverage 参数设置

Coverage 用于对信息的指标等进行设置，如图 6-37 所示。

图 6-37 "Coverage" 参数设置

6.4　Simulink 仿真实例

例 6-1　利用 Simulink 建立如下模型

$$y(t) = \begin{cases} 3u(t), & t \geqslant 50 \\ 8u(t), & t < 50 \end{cases}$$

其中系统输入 $u(t)$ 为正弦信号，$y(t)$ 为系统输出。

解　（1）打开用户模型编辑窗口。

在"主页"选项卡单击 Simulink 快捷启动按钮"▦"，在弹出的"Simulink Start Page"窗口中单击"Blank Model"，弹出一个名为"untitled"的用户模型编辑窗口，在该窗口搭建 Simulink 模型。

（2）模型搭建。

在名为"untitled"的用户模型编辑窗口的 SIMULATION 菜单下，单击"▦"按钮，弹出 Simulink 模块库浏览器窗口。在该窗口用鼠标拖动的方式复制模型所需模块到用户模型编辑窗口。

① 模块复制：在 Sources 模块库复制"Sine Wave"模块、"clock"模块和"Constant"模块；在 Math Operations 模块库复制"Gain"模块；在 Logic and Bit Operations 模块库复制"Relational Operator"模块；在 Signal Routing 模块库复制"Switch"模块；在 Sinks 模块库复制"Scope"模块。

② 模块连接：根据模块间关系连接各模块。

③ 模块参数设置：选中"Constant"模块，双击模块，在弹出的模块参数对话框内将常数值设置为 50；分别选中两个"Gain"模块，双击模块，在弹出的模块参数对话框内将增益分别设置为 3 和 8；选中"Relational Operator"模块，双击模块，在弹出的模块参数对话框内将关系运算设置为"≧"；选中"Switch"模块，双击模块，在弹出的模块参数对话框内根据开关切换要求将阈值设置为 0.5。

④ 模型保存：在名为"untitled"的用户模型编辑窗口中，单击菜单"File"，选择"Save"保存模型文件，在弹出的对话框内输入文件名"ex6_1"，将模型文件保存在当前路径下。模型如图 6-38 所示。

（3）设置仿真参数。

在图 6-38 所示的用户模型编辑窗口中单击鼠标右键，在弹出的菜单栏选择"Model Configuration Parameters"，打开仿真参数设置对话框。

在参数设置页面对话框内设置仿真终止时间为 100，仿真算法设置为变步长算法，最大步长设置为 0.01，其他参数为默认参数。仿真参数设置如图 6-39 所示。

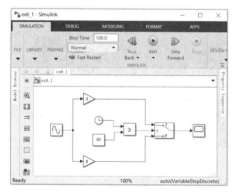

图 6-38　例 6-1 模型

图 6-39　仿真参数设置

（4）启动仿真。

单击图 6-38 所示窗口中的 Run 按钮"▶"，运行模型，双击打开示波器，可观察运行结果，如图 6-40 所示。

例 6-2　利用 Simulink 求解二阶微分方程 $x'' + 0.2x' + 0.4x = 0.2u(t)$，其中 $u(t)$ 为单位阶跃函数。

解法一

（1）打开用户模型编辑窗口。

在"主页"选项卡单击 Simulink 快捷启动按钮"▣"，在弹出的"Simulink Start Page"窗口中单击"Blank Model"，弹出一个

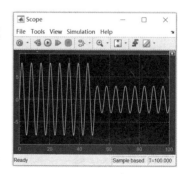

图 6-40　仿真结果

名为"untitled"的用户模型编辑窗口，在该窗口搭建 Simulink 模型。

（2）模型搭建。

在名为"untitled"的用户模型编辑窗口的 SIMULATION 菜单下，单击"▦"按钮，弹出 Simulink 模块库浏览器窗口。在该窗口用鼠标拖动的方式复制模型所需模块到用户模型编辑窗口。

① 模块复制：在 Sources 模块库复制"Step"模块；在 Math Operations 模块库复制"Gain"模块和"Sum"模块；在 Continuous 模块库复制"Intergrator"模块；在 Sinks 模块库复制"Scope"模块。

② 模块连接：根据模块间关系连接各模块。

③ 模块参数设置：分别选中三个"Gain"模块，单击鼠标右键，在弹出的菜单栏中选择 Rotate &Filp→Flip Block 将模块平移旋转，并双击模块，打开模块参数对话框，将增益分别设置为 0.2、0.2 和 0.4；选中"Sum"模块，双击模块，在弹出的模块参数对话框内将模块形状设置为方形，将输入信号设置为"+--"。

④ 模型保存：在名为"untitled"的用户模型编辑窗口中，单击菜单"File"，选择"Save"保存模型文件，在弹出的对话框内输入文件名"ex6_2_1"，将模型文件保存在当前路径下。模型如图 6-41 所示。

（3）设置仿真参数。

不设置仿真参数，即所有仿真参数均为默认参数。

（4）启动仿真。

单击图 6-41 所示窗口中的 Run 按钮"▶"，运行模型，双击打开示波器，可观察运行结果，如图 6-42 所示。

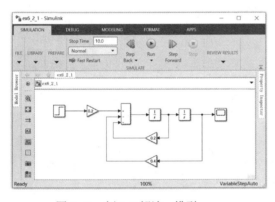

图 6-41　例 6-2 解法一模型

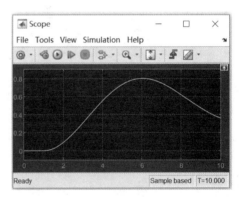

图 6-42　仿真结果

解法二

对方程两边进行 laplace 变换，得到

$$s^2 X(s) + 0.2sX(s) + 0.4X(s) = 0.2U(s)$$

$$H(s) = \frac{X(s)}{U(s)} = \frac{0.2}{s^2 + 0.2s + 0.4}$$

（1）打开用户模型编辑窗口。

在"主页"选项卡单击 Simulink 快捷启动按钮"▦"，在弹出的"Simulink Start Page"窗口中单击"Blank Model"，弹出一个名为"untitled"的用户模型编辑窗口，在该窗口搭建 Simulink 模型。

（2）模型搭建。

在名为"untitled"的用户模型编辑窗口的 SIMULATION 菜单下，单击"▦"按钮，弹出 Simulink 模块库浏览器窗口。在该窗口用鼠标拖动的方式复制模型所需模块到用户模型编辑窗口。

① 模块复制：在 Sources 模块库复制"Step"模块；在 Continuous 模块库复制"Transfer Fcn"模块；在 Sinks 模块库复制"Scope"模块。

② 模块连接：根据模块间关系连接各模块。

③ 模块参数设置：选中"Transfer Fcn"模块，双击模块，在弹出的模块参数对话框内将分母多项式系数设置为 0.2，将分子多项式系数设置为[1 0.2 0.4]。

④ 模型保存：在名为"untitled"的用户模型编辑窗口，单击菜单"File"，选择"Save"保存模型文件，在弹出的对话框内输入文件名"ex6_2_2"，将模型文件保存在当前路径下。模型如图 6-43 所示。

（3）设置仿真参数。

不设置仿真参数，即所有仿真参数均为默认参数。

（4）启动仿真。

单击图 6-43 所示窗口的 Run 按钮"⏵"，运行模型，双击打开示波器，可以得到与解法一同样的结果，如图 6-42 所示。

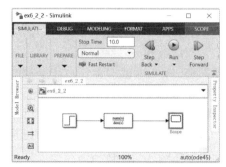

图 6-43   例 6-2 解法二模型

小　结

本章主要介绍了动态仿真集成环境 Simulink 的建模仿真方法。通过本章学习应重点掌握以下内容

（1）了解 Simulink 模块库中常用模块的功能及其应用；

（2）能够利用 Simulink 建立系统仿真模型。

习题

6-1   利用 Simulink 建立模拟方程 $T_f = (9/5)T_c + 32$ ，将摄氏温度转换为华氏温度。其中，T_c 为摄氏温度；T_f 为华氏温度。

6-2   利用 Simulink 求解微分方程 $dx(t)/dt = -2x(t) + \sin t$。

第 7 章　MATLAB 在图像增强中的应用

图像增强的目的是增强图像中的有用信息，改善图像的视觉效果，针对给定图像的应用场合，有目的地强调图像的整体或局部特性，将原来不清晰的图像变得清晰或强调某些感兴趣的特征，扩大图像中不同物体特征之间的差别，抑制不感兴趣的特征，改善图像质量、丰富信息量，加强图像判读和识别效果，满足某些特殊分析的需要。

图像增强的方法是通过一定手段对原图像附加一些信息或变换数据，有选择地突出图像中感兴趣的特征或者抑制图像中某些不需要的特征，使图像与视觉响应特性相匹配。图像增强技术根据增强处理过程所在的空间不同，可分为基于空域的算法和基于变换域的算法两类。基于空域的算法以对图像的像素直接处理为基础，分为点运算算法和邻域增强算法。基于变换域的算法是在图像的某种变换域内对图像的变换系数值进行某种修正，是一种间接增强的算法。本章将对这些典型图像增强算法进行介绍。

7.1　MATLAB 图像文件格式与类型

用计算机对图像进行处理的前提是图像必须以数字格式存储，以数字格式存放的图像称为数字图像。MATLAB 为数字图像处理提供了丰富的多功能函数，利用 MATLAB 可以很方便地读取数字图像的相关信息以及图像数据，并对图像进行处理。本节将介绍 MATLAB 的图像文件格式及类型。

7.1.1　数字图像文件格式

不同文件格式的数字图像，其压缩方式、存储容量及色彩表现不同，以下为数字图像文件常用格式。

1. BMP 文件格式

BMP（bitmap-file）文件格式，又称为位图文件格式，是 Windows 中的标准图像文件格式，在 Windows 环境下运行的所有图像处理软件都支持这种格式。

BMP 格式图像文件的特点是不进行压缩处理，具有丰富的色彩，图像信息丰富，能逼真表现真实世界。因此，BMP 格式的图像文件大小比其他格式的图像文件相对要大得多，不适宜在网络上传输。

2. GIF 文件格式

GIF（Graphics Interchange Format）图形文件格式是在各种平台的图形处理软件上均能够处理的、经过压缩的一种图像文件格式。

GIF 格式图像文件的特点是压缩比高，占用磁盘空间较小，适宜网络传输，所以这种图像广泛应用在网络教学中。GIF 格式图像文件的不足是最多只能处理 256 种色彩，图像存在一定的失真。

3. JPEG/JPG 文件格式

JPEG/JPG 格式是 JPEG 联合图像专家组标准的产物。由于其高效的压缩效率和标准化要求，目前已广泛应用于彩色传真、静止图像、电话会议、印刷及新闻图片的传送上。

JPEG/JPG 格式图像的优点是有着非常高的压缩比率，适合在网络中传播；使用 24 位色彩深度使图像保持真彩，技术成熟，已经得到主流浏览器的支持。其缺点是压缩算法是有损压缩，会造成图像画面少量失真，不支持任何透明方式。

4．PNG 文件格式

PNG（Portable Network Graphics）是一种新兴的网络图像格式，适用于色彩丰富复杂、图像画面要求高的情况，比如作品展示等。大部分绘图软件和浏览器都支持 PNG 图像浏览。

PNG 是目前保证最不失真的图像格式，它汲取了 GIF 和 JPG 二者的优点，存储形式丰富，兼有 GIF 和 JPG 的色彩模式；能把图像文件压缩到极限以利于网络传输，但又能保留所有与图像品质有关的信息；PNG 格式图像显示速度很快，只需下载 1/64 的图像信息即可显示出低分辨率的预览图像；PNG 同样支持透明图像的制作。PNG 的缺点是不支持动画应用效果。

5．TIFF 文件格式

TIFF（Tagged Image File Format）标签图像文件格式是一种主要用来存储包括照片和艺术图在内的图像的文件格式。它最初是由 Aldus 公司与微软公司一起为 PostScript 打印开发的。

TIFF 与 JPEG 和 PNG 一起成为流行的高位彩色图像格式。TIFF 格式在业界得到了广泛的支持，如 Adobe 公司的 Photoshop、The GIMP Team 的 GIMP、Ulead PhotoImpact 和 Paint Shop Pro 等图像处理应用、QuarkXPress 和 Adobe InDesign 的桌面印刷和页面排版应用，扫描、传真、文字处理、光学字符识别和其他一些应用等都支持这种格式。

6．ICO 文件格式

ICO（Icon file）是 Windows 的图标文件格式的一种，可以存储单个图案、多尺寸、多色板的图标文件。

图标是具有明确指代含义的计算机图形，其中桌面图标是软件标识，界面中的图标是功能标识。一个图标实际上是多张不同格式的图片的集合体，并且还包含了一定的透明区域。操作系统在显示一个图标时，会按照一定的标准选择图标中最适合当前显示环境和状态的图像。

7.1.2　图像数据类型

MATLAB 常用的图像数据类型如表 7-1 所示。

以上数据类型中，最常用的图像数据类型为 double、uint8 和 logical。double 可以保证在运算过程中数据的精度，uint8 可以采用 8 位二进制数来表示高度分量，logical 可以应用于形态学、图像分割和图像识别等领域。

MATLAB 提供了若干函数用于数据类型转换。数据类型的转换分为两类：数据类型间的转换、图像类型和类型间的转换。

表 7-1　MATLAB 图像数据类型

数据类型	说　明
double	64 位双精度浮点数，范围为[0,1]
uint8	8 位无符号整数，范围为[0,255]
uint16	16 位无符号整数，范围为[0,65535]
uint32	32 位无符号整数，范围为[0,4294967295]
int8	8 位有符号整数，范围为[-128,127]
int16	16 位有符号整数，范围为[-32768,32767]
int32	32 位有符号整数，范围为[-2147483648, 2147483647]
logical	值为 0 或 1
single	32 位单精度浮点数，范围为[-10^{38},10^{38}]
char	字符类型

1．数据类型间的转换

MATLAB 数据类型间的转换函数如下：

B＝double(A)　　　　　　%将非 double 类数据 A 转换为 double 类数据 B

| B＝uint8 (A) | %将非 uint8 类数据 A 转换为 uint8 类数据 B |
| B＝logical (A) | %将非 logical 类数据 A 转换为 logical 类数据 B |

需要注意的是，这种类型转换类似于强制类型转换，所以由大转小时会产生截断误差。如 double 转换为 uint8 时，大于 255 的值都当作 255，小于 0 的值都当作 0；又如将任意数据类转换成 logical 时，所有非 0 的转换为 1，所有 0 转换为逻辑 0。因此，在进行这种转换时，最好先进行必要的数据缩放。而且要求对各种数据类型的取值范围很熟悉，如 uint8 类对应 0～255，而 int8 对应-128～127。

2．图像类型和类型间的转换

此类转换包含了必要的缩放过程，常见的 MATLAB 数据类型转换函数如表 7-2 所示。

例如，将一个 double 类型的图像数组转换为 uint8 类型，若采用通常的数据类型间的转换，则 MATLAB 命令及其结果如下：

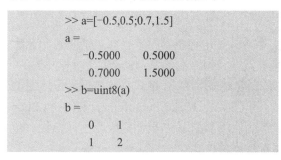

```
>> a=[-0.5,0.5;0.7,1.5]
a =
    -0.5000    0.5000
     0.7000    1.5000
>> b=uint8(a)
b =
     0    1
     1    2
```

表 7-2　MATLAB 图像数据类型转换函数

函　　数	转换后数据类型	转换前数据类型
im2uint8()	uint8	logical, uint8, uint16, double
im2uint16()	uint16	logical, uint8, uint16, double
mat2gray()	double，范围为[0,1]	logical, uint8, uint16, double
im2double()	double	logical, uint8, uint16, double
im2bw()	logical	uint8, uint16, double

若采用数据类型转换函数进行转换，则 MATLAB 命令及结果如下：

```
>> a=[-0.5,0.5;0.7,1.5]
a =
    -0.5000    0.5000
     0.7000    1.5000
>> b=im2uint8(a)
b =
     0    128
   179    255
```

此转换包含了缩放过程，将 a 中小于 0 的置 0，大于 1 的置 1，在[0,1]区间内乘以 255 进行放大。经此函数转换后的 uint8 类型的数据范围为[0,255]，与 MATLAB 对于灰度图像 uint8 类型的数据范围一致。

同样地，对上例中求得的 uint8 类型的数据 b，使用 double()函数将其转换为 double 类型，则 MATLAB 命令及结果如下：

```
>> c=double (b)
c =
     0    128
   179    255
```

使用 im2double()函数将其转换为 double 类型，则 MATLAB 命令及结果如下：

```
>> c=im2double (b)        %将 b 中的数据除以 255
c =
         0    0.5020
    0.7020    1.0000
```

当输入数据为 uint8 类型时，im2double()函数会将所有数据除以 255，经此函数转换后的 double 类型的数据范围为[0,1]，与 MATLAB 对于灰度图像 double 类型的数据范围一致。

另一个经常使用的是 mat2gray()函数，将 double 类型数据转换为归一化的 double 数据，例如：

```
>> a=[1,2;3 4]
 a=
   1   2
   3   4
>> b=mat2gray(a)        %将 a 中的最小值转换为 0，最大值转换为 1
 b =
           0      0.3333
        0.6667   1.0000
```

然后，可以使用 im2bw()函数将其转换为二值图像，函数 im2bw()格式为 im2bw(f,T)，其中 T 为阈值，例如：

```
>>c=im2bw(b,0.6)
c=
   0   0
   1   1
```

7.1.3 图像类型

MATLAB 工具箱支持 4 种图像类型：灰度图像、二值图像、索引图像和 RGB 图像，这 4 种图像几乎涵盖了所有的图像。

1．灰度图像

MATLAB 将一幅灰度图像存储为一个数据矩阵，矩阵中的每一个元素的下标对应其在图像中的位置即行列坐标，矩阵中的数据表示在一定范围内的图像灰度值。矩阵中的元素可以是 uint8 类的灰度图像，取值范围为 0～255；uint16 类的灰度图像，取值范围为 0～65536；归一化 double 类的灰度图像，取值范围为 0～1。大多数情况下，灰度图像很少和颜色映射表一起保存，但是在显示灰度图像时，MATLAB 仍然在后台使用系统预定义的默认灰度颜色映射表。

例如，使用 imagesc()函数及 colormap()函数显示一幅灰度图像，MATLAB 命令及结果如下：

```
>>I=imread('moon.tif');
>>imagesc(I, [0 256]);      %将图像 I 灰度缩放至[0 256]
>>colormap(gray);           %原图像经灰度缩放以后显示的图像
```

图 7-1 灰度图像

其中，函数 imagesc() 将图像数据进行缩放，函数 colormap()设定和获取当前的颜色图。MATLAB 运行结果如图 7-1 所示。

2．二值图像

与灰度图像相同，1 幅二值图像在 MATLAB 中存储为一个数据矩阵，每个像素只取两个灰度值 0 和 1，因此，从某种意义上讲，二值图像可以看作是只有 2 个灰度级（最暗和最亮）特殊的高度图像。二值图像的数据必须是 logical 类型，对于 uint8 或 uint16 图像，即使限制每个像素取值只取 0 或 1，也不是二值图像，如一个取值只包含 0 和 1 的 uint8 类型的数组在 MATLAB 中不认为是二值图像，而被认为是具有 256 个灰度级的灰度图像，由于 uint8 类型的最高灰度的值是 255，所以 0 和 1 都表示极暗的灰度。

以下是生成图像类型分别为 logical 和 uint8 的灰度图像的 MATLAB 命令

```
>>a=logical([0 1 0;1 0 1;0 1 0])
a =

    0    1    0
    1    0    1
    0    1    0
>>subplot(1,2,1);imshow(a)
>>a=uint8([0 1 0;1 0 0;0 1 0])
a =

    0    1    0
    1    0    0
    0    1    0
>> subplot(1,2,2),imshow(a)
```

图 7-2　数据类型为 logical 和 uint8 的灰度图像

运行结果如图 7-2 所示。

3. 索引图像

索引图像包括一个数据矩阵 X，一个颜色映像矩阵 Map。Map 是一个包含三列、若干行的数据阵列，其中每个元素的值均为[0，1]之间的双精度浮点型数据。Map 矩阵的每一行分别表示红色、绿色和蓝色的颜色值。在 MATLAB 中，索引图像是从像素值到颜色映射表值的"直接映射"。像素颜色由数据矩阵 X 作为索引指向矩阵 Map 进行索引，例如，值 1 指向矩阵 Map 中的第一行，值 2 指向第二行，依此类推。

以下为显示 1 幅索引图像的 MATLAB 命令：

```
>> [X, Map] = imread('canoe.tif');
>> image(X);colormap(Map)
```

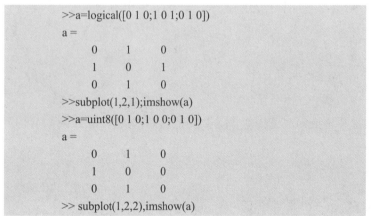

图 7-3　索引图像

运行结果如图 7-3 所示。

4. RGB 图像

RGB 图像（真彩图像）在 MATLAB 中存储为 $m×n×3$ 的数据矩阵，m 和 n 表示图像像素的行列数。矩阵中的元素定义了图像中的每一个像素的红、绿、蓝颜色值。与索引图像不同的是，RGB 图像的灰度值直接存在图像矩阵中，而不是存放在颜色映射表中，像素的颜色由保存在像素位置上的红、绿、蓝的灰度值的组合来确定。图形文件格式把 RGB 图像存储为 24 位图像，红、绿、蓝分别占 8 位，这样可以有 1000 多万种颜色。

以下为显示 1 幅 RGB 图像的 MATLAB 命令：

```
>> X=imread('flowers.tif');image(X);
```

运行结果如图 7-4 所示。

MATLAB 提供了若干函数，可用于图像类型的转换。如表 7-3 所示。

表 7-3　MATLAB 图像类型转换函数

函　　数	说　　明
dither()	用抖动法转换图像，把 RGB 图像转换成索引图像或把灰度图像转换成二值图像。
gray2ind()	灰度图像或二值图像向索引图像转换
grayslice()	设定阈值将灰度图像转换为索引图像
im2bw()	设定阈值将灰度、索引、RGB 图像转换为二值图像
ind2gray()	索引图像向灰度图像转换
ind2rgb()	索引图像向 RGB 图像转换
rgb2gray()	RGB 图像转换成灰度图像或彩色色图转换成灰度色图
rgb2ind()	RGB 图像向索引图像转换
im2java()	一般图像向 Java 图像转换
labelrgb()	标志图像向 RGB 图像转换

图 7-4　RGB 图像

函数的具体用法如下所示。其中，RGB 表示真彩图像，I 表示灰度图像，BW 表示二值图像，（X，MAP）表示索引图像，A 为数据矩阵。

（1）真彩色图像→索引图像或者灰度图像→二值图像

```
X=dither(RGB,map)     %map 为指定色图，不能超过 65536 种颜色
BW=dither(I)
```

例 7-1　将 1 幅真彩图像转换为索引图像再转换为二值图像，并显示。

解　MATLAB 程序 ex7_1.m 如下

```
% ex7_1.m
clear, close all
RGB=imread('flowers.tif'); map=jet(256);
X=dither(RGB,map); BW=dither(X);
subplot(1,3,1);subimage(RGB);title('真彩图')
subplot(1,3,2);subimage(X,map);title('索引图')
subplot(1,3,3); subimage (BW) ;title('二值图')
```

程序运行结果如图 7-5 所示。

以下为由灰度图像转换为二值图像的 MATLAB 命令：

```
>> I=imread('cameraman.tif');BW=dither(I);
>> subplot(1,2,1),imshow(I),title('灰度图像')
>> subplot(1,2,2),imshow(BW), title('二值图像')
```

运行结果如图 7-6 所示。

图 7-5　灰度图像转换为索引图像和二值图像

图 7-6　灰度图像转换为二值图像

（2）灰度图像或二值图像→索引图像

```
[X,MAP]=gray2ind(I,n)     %n 为指定的灰度级数，缺省值为 64
```

```
[X,MAP]=gray2ind(BW,n)
```

（3）灰度图像→索引图像

```
X=grayslice(I,n)
X=grayslice(I,v)    %v 为指定的阈值向量（每一个元素都在 0 和 1 之间）
```

例 7-2　将 1 幅灰度图像转换为索引图像，并显示。

解　MATLAB 程序 ex7_2.m 如下

```
% ex7_2.m
clear, close all
I = imread('ngc4024m.tif');
X = grayslice(I,16);
figure, imshow(I) ,title（'灰度图像'）
figure, imshow(X,hot(16)),title（'索引图像'）
```

程序运行结果如图 7-7 所示。

（4）灰度、真彩、索引图像→二值图像

```
BW=im2bw(I,level)    %level 是归一化的阈值，可由 graythresh(I)计算得到
BW=im2bw(X,MAP,level)
BW=im2bw(RGB,level)
```

例 7-3　将 1 幅真彩图像转换为二值图像，并显示。

解　MATLAB 程序 ex7_3.m 如下

```
% ex7_3.m
clear, close all
RGB=imread('flowers.tif');BW=im2bw(RGB,0.5);
subplot(2,1,1);subimage(RGB);title('真彩图')
subplot(2,1,2);subimage(BW);title('二值图')
```

程序运行结果如图 7-8 所示。

灰度图像

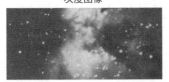

索引图像

真彩图

二值图

图 7-7　灰度图像转换为索引图像　　图 7-8　真彩图像转换为二值图像

（5）索引图像→灰度图像

```
I=ind2gray(X,MAP)    %从图像中删除色彩和位置信息，只保留灰度
```

例 7-4　将 1 幅索引图像转换为灰度图像，并显示。

解 MATLAB 程序 ex7_4.m 如下

```
% ex7_4.m
clear, close all
load trees;
I=ind2gray(X,map);
subplot(2,1,1);subimage(X,map);title('索引图')
subplot(2,1,2);subimage(I);title('灰度图')
```

程序运行结果如图 7-9 所示。

（6）索引图像→真彩图像

$$RGB=ind2rgb(X,MAP)$$

（7）真彩图像→灰度图像或彩色色图→灰度色图

$$I=rgb2gray(RGB)$$

$$newmap=rgb2gray(map)$$

当输入为色图时，输入和输出的都是 double 类型；否则三种类型都可。

例 7-5 将 1 幅真彩图像转换为灰度图像，并显示。

解 MATLAB 程序 ex7_5.m 如下

```
% ex7_5.m
clear, close all
RGB=imread('flowers.tif');
I=rgb2gray(RGB);
subplot(2,1,1);image(RGB);title('真彩图')
subplot(2,1,2);subimage(I);title('灰度图')
```

程序运行结果如图 7-10 所示。

（8）真彩图像→索引图像

图 7-9 索引图像转换为灰度图像

图 7-10 真彩图像转换为灰度图像

[X,MAP]=rgb2ind(RGB,n)	%n<=65536，MAP 最多 n 种颜色
X=rgb2ind(RGB)	%将真彩图像的色图映射成索引图像最近似匹配的色图

7.2 空域图像增强

基于空域的算法以对图像的像素直接处理为基础，分为点运算算法和邻域增强算法。点运算算法即灰度级校正、灰度变换和直方图修正等，目的是使图像成像均匀，或扩大图像动态范围，扩展对比度。邻域增强算法分为图像平滑和锐化两种。平滑一般用于消除图像噪声，但容易引起边缘的模糊。常用算法有均值滤波、中值滤波。锐化的目的在于突出物体的边缘轮廓，便于目标识别。常用算法有梯度法、算子、高通滤波、掩模匹配法、统计差值法等。

7.2.1 图像算术增强

图像算术运算是两幅输入图像之间进行点对点的加、减、乘、除运算后得到输出图像的过程。图像的算术运算在图像处理中有着广泛的应用，它除了可以实现自身所需的算术操作，还能为许多复杂的图像处理提供预处理。例如，图像减法可以用来检测同一场景或物体生成的两幅或多幅图像的误差。

图像的算术操作可以通过使用 MATLAB 基本算术符来执行，但是在操作之前需要将图像转换为适合进行基本操作的双精度类型。MATLAB 图像处理工具箱提供了一些能实现图像算术运算的函数。如表 7-4 所示。

表 7-4　MATLAB 图像算术运算函数

函　数	说　明
imabsdiff()	2 幅图像的绝对差
imadd()	2 幅图像相加
imsubtract()	2 幅图像相减
imcomplement()	补足 1 幅图像
imdivide()	2 幅图像相除
imlincomb()	2 幅图像的线性组合
immultiply()	2 幅图像相乘

使用以上函数进行 MATLAB 算术运算无需再进行数据类型间的转换，需要注意的是，无论进行哪一种算术运算都要保证 2 幅输入图像大小相等、类型相同。

1．图像相加运算

图像相加的一个重要应用是对同一场景的多幅图像求平均值，从而降低加性随机噪声的影响。在 MATLAB 中，imadd()函数用于图像相加，该函数的调用格式如下：

$$Z=imadd(X,Y)$$

其中，X 和 Y 为输入图像矩阵，Z 为将矩阵 X 中的元素与矩阵 Y 中对应元素相加得到的输出矩阵。

例 7-6　对 1 幅加噪图像采用多幅图像相加求平均的方法去除噪声。

解　MATLAB 程序 ex7_6.m 如下

```
% ex7_6.m
clear, close all
[I, M] = imread('rice.tif');
J=imnoise(I, 'gaussian', 0, 0.04);
subplot(1,3,1), imshow(I, M), title('原始图像');
subplot(1,3,2), imshow(J, M), title('加噪图像');
[m, n]=size(I);F=zeros(m, n);
for i=1 : 100
    J=imnoise(I, 'gaussian', 0, 0.04); J1=im2double(J); F=imadd(F,J1);
end
F = F/100;                              %求图像的平均
subplot(1,3,3), imshow(F), title('增强图像');
```

程序运行结果如图 7-11 所示。

2．图像减法运算

图像减法也称为差分方法，常用于检测图像变化及运动物体的图像处理。图像减法与阈值化处理的综合使用往往是建立机器视觉系统最有效的方法之一。在 MATLAB 中，imsubtract()函数用于图像相减，该函数的调用格式如下：

原始图像　　　　加噪图像　　　　增强图像

图 7-11　图像相加求平均去除噪声

$$Z=imsubtract(X,Y)$$

其中，X 和 Y 为输入图像矩阵，Z 为将矩阵 X 中元素与矩阵 Y 中对应元素相减得到的输出矩阵。

例 7-7　使用 imsubtract()函数消除图像背景。

解　MATLAB 程序 ex7_7.m 如下

```
%ex7_7.m
clear, close all
X=imread('rice.tif');
```

```
Y=imopen(X,strel('disk',15));        %对图像作形态学开运算，创建一个半径为 15 的扁平、圆盘状的结
                                       构元素，估计图像背景
Z=imsubtract(X,Y);                   %删除不完全包括在半径为 15 的圆盘中的对象
subplot(1,3,1),imshow(X),title('原始图像')
subplot(1,3,2),imshow(Y),title('背景图像')
subplot(1,3,3),imshow(Z),title('去除背景图像')
```

程序运行结果如图 7-12 所示。

程序中 X 为原始图像，Y 为背景图像，Z 为去除背景色的图像，由于去除掉背景的亮度变化，因此图像的亮度更加统一，便于后续进一步处理。

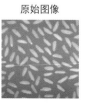

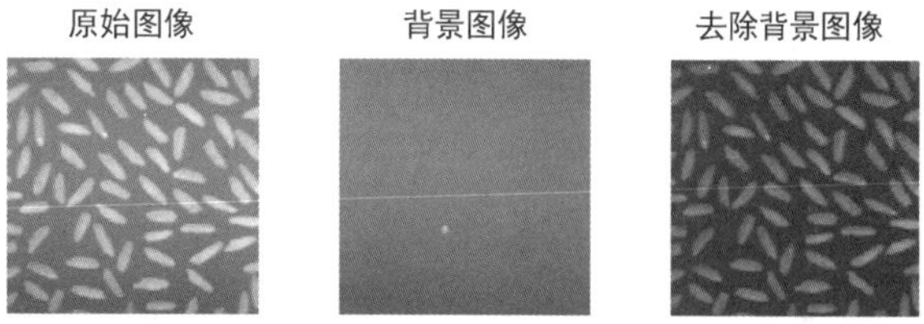

图 7-12　图像减法运算去除背景

3．图像乘法运算

图像乘法运算可以实现掩模操作，即屏蔽掉图像的某些部分。1 幅图像乘以一个常数通常称为缩放，是一种常见的图像处理操作。如果使用的缩放因子大于 1，那么将增强图像的亮度，如果因子小于 1 则会使图像变暗。由于缩放能够更好地维持图像的相关对比度，因此，缩放通常将产生比简单添加像素偏移量更自然的明暗效果。在 MATLAB 中，immultiply()函数用于图像相乘，该函数的调用格式如下：

$$Z= immultiply (X,Y)$$

其中，X 为图像数据矩阵，Y 可以是与 X 的格式类型完全相同的图像数据矩阵或 double 类型的数值，Z 为 X 与 Y 进行相乘运算得到的输出矩阵，与 X 的数据格式相同。

例 7-8　利用 immultiply()函数对图像进行缩放。

解　MATLAB 程序 ex7_8.m 如下

```
% ex7_8.m
clear, close all
I=imread('moon.tif');J=immultiply(I,1.2);
subplot(1,2,1),imshow(I) ,title('原始图像')
subplot(1,2,2),imshow(J) ,title('增强图像')
```

程序运行结果如图 7-13 所示。

4．图像除法运算

图 7-13　图像乘法运算用于图像缩放

除法运算可用于校正成像设备的非线性影响，常用于特殊形态图像处理，如断层扫描等医学图像处理。图像除法也可用来检测 2 幅图像间的区别，给出相应像素值的比率，而不是每个像素的差异，因而图像除法也称为比率变换。在 MATLAB 中，imdivide()函数用于图像相除，该函数的调用格式如下：

$$Z=imdivide (X,Y)$$

其中，X 和 Y 为输入图像矩阵，Z 为将图像数据矩阵 X 与 Y 中的对应像素值分别相除得到的输出矩阵。

例 7-9　利用 imdivide()函数对图像进行除法运算。

解　MATLAB 程序 ex7_9.m 如下

```
% ex7_9.m
clear, close all
I=imread('eight.tif');J=imdivide(I,2);K=imdivide(I,0.5);
```

```
subplot(1,3,1),imshow(I),title('原始图像')
subplot(1,3,2),imshow(J),title('与 2 相除')
subplot(1,3,3),imshow(K),title('与 0.5 相除')
```

程序运行结果如图 7-14 所示。

图 7-14　图像除法运算

7.2.2　图像灰度变换

灰度变换是根据某种条件按一定变换关系逐点改变原图像中每一个像素灰度值的方法，是图像增强处理中一种非常基础的空间域图像处理方法。

1. 线性变换

线性变换是指在图像灰度范围内分段对逐个像素进行处理，是将原图像灰度值动态范围按线性关系变换到指定范围或整个动态范围。设原图像为 $f(x,y)$，其灰度范围为 $[a,b]$，变换后的图像为 $g(x,y)$，其灰度范围线性扩展为 $[c,d]$，其线性变换表示为：

$$g(x,y)=\begin{cases} c & 0\leqslant f(x,y)<a \\ \dfrac{d-c}{b-a}[f(x,y)-a]+c & a\leqslant f(x,y)<b \\ d & b\leqslant f(x,y)<255 \end{cases} \tag{7-1}$$

采用线性变换对图像中像素做线性拉伸，可以有效地改善图像视觉效果。

需要注意的是，在实际中常采用的是分段线性变换，即将图像分割成若干区间，对每一区间分别进行线性变换。对式（7-1）的灰度线性变换公式进行修改，将图像分割为三段 $[0,a)$，$[a,b)$，$[b,255]$，则分段线性变换表示为：

$$g(x,y)=\begin{cases} \dfrac{c}{a}f(x,y) & 0\leqslant f(x,y)<a \\ \dfrac{d-c}{b-a}[f(x,y)-a]+c & a\leqslant f(x,y)<b \\ \dfrac{255-d}{255-b}[f(x,y)-b]+d & b\leqslant f(x,y)<255 \end{cases} \tag{7-2}$$

与式（7-2）对应的分段线性变换函数文件如下：

例 7-10　图像灰度分段线性变换函数文件。

解　MATLAB 程序 imadjust_1.m 如下

```
function y=imadjust_1(x,a,b,c,d)
[m,n]=size(x);x1=im2double(x);
for i=1:m
    for j=1:n
        if (x1(i,j)<a)
            y(i,j)=c*x1(i,j)/a;
        elseif (x1(i,j)>=a&x1(i,j)<b)
            y(i,j)=(d-c)*(x1(i,j)-a)/(b-a)+c;
        elseif (x1(i,j)>=b)
            y(i,j)=(1-d)*(x1(i,j)-b)/(1-b)+d;
        end
    end
end
```

调用此函数的 MATLAB 命令如下

```
>> x=imread('rice.tif');
>> y=imadjust_1(x,0.3,0.6,0.2,0.8);
>> subplot(1,2,1),imshow(x),title('原始图像')
>> subplot(1,2,2),imshow(y),title('灰度分段线性变换图像')
```

运行结果如图 7-15 所示。

采用关系与逻辑运算性质，可将上述函数文件编写如下：

例 7-11　利用关系与逻辑运算性质编写图像灰度分段线性变换函数文件。

解　MATLAB 程序 ex7_11.m 如下

图 7-15　图像分段灰度线性变换

```
function y=imadjust_2(x,a,b,c,d)
x1=im2double(x);
y=[x1<a].*(c/a).*x1+[x1>=a&x1<b].* [(d-c)*(x1-a)/(b-a)+c]+[x1>=b].* [(1-d)*(x1-b)/(1-b)+d];
```

函数调用参照例 7-10 调用方法。

2．非线性变换

灰度非线性变换是指将灰度数据按照经验数据或某种算术非线性关系进行变换，非线性变换对应于非线性映射函数，典型的映射包括指数函数、对数函数等。

MATLAB 提供了 imadjust() 函数实现灰度线性与非线性变换，其调用格式如下：

$$J = imadjust (I,[low\_in\ high\_in],[low\_out\ high\_out],gamma)$$

将图像 I 中的灰度值映像到图像 J 中，即将图像 I 中的灰度值从 low_in 至 high_in 映射到 low_out 至 high_out。低于 low_in 的灰度值被映射到 low_out，高于 high_in 的灰度值被映射到 high_out。参数 gamma 表示映射曲线的形状，若 gamma<1，则映射被加权至更高的输出值，若 gamma>1，则映射被加权至更低的输出值。Gamma 省略时，默认为 1，表示线性映射。

例 7-12　利用 imadjust() 函数对图像进行灰度变换。

解　MATLAB 程序 ex7_12.m 如下

```
% ex7_12.m
clear, close all
I=imread('cameraman.tif');
J1=imadjust(I,[0.3 0.8],[0 1],0.6); J2=imadjust(I,[0.3 0.8],[0 1]); J3=imadjust(I,[0.3 0.8],[0 1],1.8);
subplot(1,4,1),imshow(I),title('原始图像')
subplot(1,4,2),imshow(J1),title('gamma=0.6')
subplot(1,4,3),imshow(J2),title('gamma=1')
subplot(1,4,4), imshow(J3),title('gamma=1.8')
```

程序运行结果如图 7-16 所示。

图 7-16　利用参数 gamma 校正图像灰度变换处理图像

上述程序将原图像中 255×[0.3,0.8]范围内的灰度拉伸至 255×[0,1]，图像的对比度得到了增强。从图中可以看出，当 gamma<1 时，拉伸后的图像更亮，当 gamma>1 时，拉伸后的图像更暗。

例 7-13 对图像进行对数非线性变换。

解 MATLAB 程序 ex7_13.m 如下

```
% ex7_13.m
clear, close all
I=imread('tire.tif');J=im2double(I);J=2*log(J+1);
subplot(1,2,1),imshow(I),title（'原始图像')
subplot(1,2,2),imshow(J),title（'对数变换处理图像')
```

程序运行结果如图 7-17 所示。

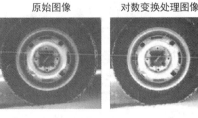

图 7-17 对数非线性变换处理图像

7.2.3 直方图增强

直方图是分析观测数据分布状态的统计方法，用于对总体的分布特征进行推断。灰度直方图是灰度级的函数，表示数字图像中每一灰度出现频率的统计关系，可以给出图像灰度范围、每个灰度的频度和灰度的分布、整幅图像的平均明暗和对比度等描述。灰度直方图的横坐标是灰度级，纵坐标是该灰度级出现的频率（即像素的个数），描述图像灰度级的分布情况，由此可以看出图像的灰度分布特性，即：若大部分像素集中在低灰度区域，图像较暗；若像素集中在高灰度区域，图像较亮。

对于 1 幅灰度值为 L 的图像，直方图定义为：

$$p_r(r_k) = n_k / n \qquad k = 0,1,2,\cdots,L-1 \qquad (7\text{-}3)$$

其中，n 为图像的总像素，n_k 是第 k 级灰度的像素个数，r_k 表示第 k 个灰度等级，$p_r(r_k)$ 表示该灰度出现的相对频率。这 L 个频率值 $p_r(r_k)$ 组成的一维向量即为图像的灰度值。

MATLAB 提供了 imhist()函数来显示图像的直方图，其调用格式如下：

$$h=imhist(I,n)$$

其中，I 为输入图像，h 为图像直方图，n 为形成直方图的灰度级的个数。一个灰度级可以包含几个灰度值，uint8 类型的图像的直方图的灰度级可以有 256 级，也可只有 8 级，每个灰度级有 32 个灰度值。参数 n 可以缺省，在默认情况下，如果 I 是灰度图像，则为 256，表示有 256 个灰度级，如果 I 是二值图像，n 为 2，表示有 2 个灰度级。

例如：

```
>> I=imread('testpat1.tif');
>> figure,imshow(I) ,title('原始图像')
>> figure,imhist(I) ,title('灰度直方图')
>> xlabel('灰度值'),ylabel('像素统计')
```

上述命令中，n 使用默认设置，得到了图像的 256 级灰度直方图，如图 7-18 所示。

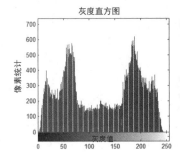

图 7-18 图像灰度直方图统计

1. 直方图均衡化

直方图均衡化是利用图像直方图调整图像对比度的方法，常用来增强图像的局部对比度，而不影响整体的对比度。通过直方图均衡化，图像灰度可以更好地在直方图上分布，对于背景和前景过亮或过暗的图像非常有用。例如 X 光图像中更好的显示骨骼结构，以及曝光过度或者曝光不足照片中细节的处理。

直方图均衡化的基本思想是将原始图像的直方图变换为均匀分布的形式，实质上是对图像进行非线性拉伸，重新分配图像像素值，使一定灰度范围内像素值的数量大致相等。这样，原来直方图中间的峰顶部分对比度得到增强，而两侧的谷底部分对比度降低，输出图像的直方图是一个较平的分段直方图，通过增加图像像素灰度值的动态范围，增大反差，使图像细节清晰，从而可达到增强图像整体对比度的效果。

设原始图像在(x, y)处的灰度为r，而均衡化后的图像为s，则在灰度直方图均衡化处理中可表述为将在(x, y)处的灰度r映射为s，对图像的映射函数可定义为：

$$s = T(r) \quad 0 \leqslant r \leqslant L-1 \tag{7-4}$$

其中，L为图像的灰度级别。

式（7-4）的映射函数需要满足2个条件：

① $s = T(r)$在$0 \leqslant r \leqslant L-1$内是一个单调递增函数；

② 对于$0 \leqslant r \leqslant L-1$，有$0 \leqslant s \leqslant L-1$。

以上2个条件保证了增强处理没有打乱原始图像的灰度排列次序，原始图像各灰度级在变换后仍保持从黑到白（或从白到黑）的排列；变换前后灰度值动态范围保持一致。

直方图均衡化的步骤如下：

① 对给定的待处理图像统计其直方图，求出$p_r(r_k) = n_k / n, \ k = 0, 1, 2, \cdots, L-1$；

② 根据统计出的直方图采用累积分布函数作变换

$$S_k = T(r_k) = (L-1)\sum_{j=0}^{k} p_r(r_j)$$

求变换后的新灰度；

③ 用新灰度代替旧灰度，同时将相等或近似的灰度值合并。

例 7-14 对图像进行直方图均衡化处理。

解 MATLAB 程序 ex7_14.m 如下

```
% ex7_14.m
%直方图均衡化
clear; close all
I=imread('rice.tif');[m,n]=size(I);
%进行像素灰度统计
r=zeros(1,256);        %统计各灰度数目，共 256 个灰度级
for i=1:m
    for j=1:n
        r(1,I(i,j))=r(1,I(i,j))+1;
    end
end
%计算灰度分布密度
p=zeros(1,256);
for i=1:256
    p(i)=r(i)/(m * n);
end
%计算累计直方图分布
s=zeros(1,256);
for i=1:256
    if i==1,s(i)=p(i);
```

```
        else,s(i)=s(i-1)+p(i);
        end
    end
    s = uint8(254*s);
    %对灰度值进行映射
    for i=1:m
        for j=1: n
            J(i,j)=s(I(i,j));
        end
    end
    figure; subplot(1,4,1), imshow(I),title('原始图像')
    subplot(1,4,2),imhist(I),title('原始图像直方图')
    subplot(1,4,3),imshow(J),title('直方图均衡化后图像')
    subplot(1,4,4),imhist(J),title('均衡化后图像直方图')
```

程序运行结果如图 7-19 所示。

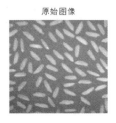
原始图像

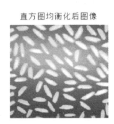
直方图均衡化后图像

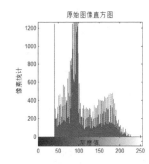
原始图像直方图

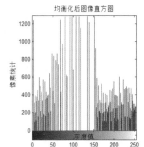
均衡化后图像直方图

图 7-19 图像直方图均衡化处理前后对比

另外，MATLAB 提供的 histeq()函数也可以进行直方图均衡化处理，函数调用格式如下：

$$J= histeq(I,n)$$

其中，I 为输入的灰度图像矩阵，其数据类型可以为 double 或 uint8 类型。J 为直方图衡化后的图像矩阵。n 为均衡化后直方图的灰度等级数，默认值为 64。n 的值越小，直方图越接近平坦。

例 7-15 利用 histeq()函数对图像进行直方图均衡化处理。

解 MATLAB 程序 ex7_15.m 如下

```
% ex7_15.m
clear; close all
I = imread('tire.tif');J = histeq(I);
figure,subplot(1,2,1),imshow(I),title('原始图像')
subplot(1,2,2),imshow(J),title('直方图均衡化图像')
figure,subplot(1,2,1),imhist(I,64),title('原始图像直方图')
xlabel('灰度值'),ylabel('像素统计')
subplot(1,2,2),imhist(J,64),title('均衡变换后的直方图')
xlabel('灰度值'),ylabel('像素统计')
```

程序运行结果如图 7-20 所示。

由仿真结果可以看出，原始图像的灰度主要分布在中低灰度级上，在高灰度级上图像的像素的个数很少。经过直方图均衡化处理后，图像像素的个数在高中低灰度级上分布较均匀，图像对比度得到提高。

2．直方图规定化

直方图均衡化能够自动增强整个图像的对比度，但增强效果不容易控制，处理的结果往往会得到全局均匀化的直方图。在实际应用中，希望能够有目的地增强某个灰度区间的图像，即能够人为地修正直方图的形状，使之与期望的形状相匹配，这就是直方图规定化的基本思想。

原始图像　　　　　　　　直方图均衡化图像　　　　　　原始图像直方图　　　　均衡变换后的直方图

  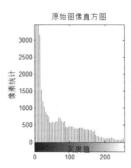 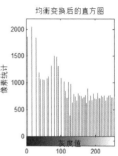

图 7-20　histeq()函数图像直方图均衡化处理前后对比

设 $p_r(r)$ 为原始图像的灰度密度函数，$p_z(z)$ 为希望得到的增强图像的灰度密度函数，直方图规定化的步骤如下：

① 对原始图像做直方图均衡化，得到

$$s = T(r) = (L-1)\int_0^r p(t)\mathrm{d}t$$

② 对规定图像做直方图均衡化，得到

$$s_1 = G(z) = (L-1)\int_0^z p(t)\mathrm{d}t$$

③ 由于 $G(z) = s = T(r), z = G^{-1}\left[T(r)\right] = G^{-1}[s]$，可得到根据指定直方图来变换图像的直方图匹配变换。

MATLAB 的 histeq()函数也可以进行直方图规定化处理，函数调用格式如下：

$$J = histeq(I,hgram)$$

其中，I 为输入的灰度图像矩阵，其数据类型可以为 double 或 uint8 类型，J 为直方图规定化后的图像矩阵，hgram 为一个向量，表示期望的直方图形状，该向量的长度与最后规定的效果有关，向量越短，则最后得到的直方图越接近于期望得到的直方图。

例 7-16　利用 histeq()函数对图像进行直方图规定化处理。

解　MATLAB 程序 ex7_16.m 如下

```
% ex7_16.m
clear; close all
I = imread('tire.tif');
hgram=100:2:250;              %规定化函数
J = histeq(I,hgram);
figure,subplot(1,2,1),imshow(I),title('原始图像')
subplot(1,2,2),imshow(J),title('直方图均衡化图像')
figure,subplot(1,2,1),imhist(I,64),title('原始图像直方图')
xlabel('灰度值'),ylabel('像素统计')
subplot(1,2,2),imhist(J,64),title('均衡变换后的直方图')
xlabel('灰度值'),ylabel('像素统计')
```

程序运行结果如图 7-21 所示。

原始图像

直方图均衡化图像
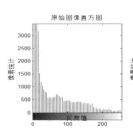
原始图像直方图
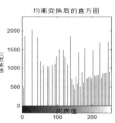
均衡变换后的直方图

图 7-21　histeq()函数图像直方图规定化处理前后对比

7.2.4　空域滤波

上一节直方图增强是通过调整图像对比度的方法来达到图像增强的目的，本节将讨论如何利用空域滤波法来去除图像的噪声，达到图像增强的目的。

空域滤波是在图像空间中借助模板对图像进行邻域操作，根据模板对输入像素相应邻域内的像素值进行计算，其实质是将图像在频域空间内某个范围的分量进行抑制，同时保证其他分量不变，从而改变输出图像的频率分布，达到图像增强的目的。空域滤波一般分为线性滤波和非线性滤波两类。线性滤波器的设计常基于对傅里叶变换的分析，非线性空域滤波器则一般直接对邻域进行操作。空域滤波器根据功能主要分为平滑滤波器和锐化滤波器。平滑可用低通来实现，平滑的目的可分为两类：一类是模糊，目的是在提取较大的目标前去除太小的细节或将目标内的小肩端连接起来；另一类是消除噪声。锐化可用高通滤波来实现，锐化的目的是为了增强被模糊的细节。结合这两种分类方法，可将空间滤波增强分为以下四类：

① 线性平滑滤波器（低通）

② 非线性平滑滤波器（低通）

③ 线性锐化滤波器（高通）

④ 非线性锐化滤波器（高通）

空间滤波器是基于模板卷积的，其主要步骤如下：

① 将模板在图中移动，并将模板中心与图中某个像素位置重合；

② 将模板上的系数与模板下对应的像素相乘；

③ 将所有乘积相加；

④ 将模板的输出响应赋值给图像中对应模板中心位置的像素。

1．一些典型噪声

根据不同分类可将噪声进行不同的分类，从噪声的概率分布情况来分，可分为高斯噪声、椒盐噪声、瑞利噪声、伽马噪声、指数噪声和均匀噪声。

（1）高斯分布噪声

由于高斯噪声在空间和频域中数学上的易处理性，高斯噪声模型常被用于实践中。高斯噪声的概率密度函数为：

$$p(z) = \frac{1}{\sqrt{2\pi}\sigma} e^{-(z-u)^2/2\sigma^2} \tag{7-5}$$

其中，z 表示灰度值，μ 表示噪声的均值，σ 表示 z 的标准差。σ^2 表示噪声方差。

（2）椒盐噪声

椒盐噪声的概率密度函数为：

$$p(z) = \begin{cases} p_a & z = a \\ p_b & z = b \\ 0 & \text{其他} \end{cases} \tag{7-6}$$

其中，a 和 b 为噪声的两个灰度值，p_a 为噪声灰度值为 a 的概率，p_b 为噪声灰度值为 b 的概率。噪声的均值和方差为

$$\begin{cases} \mu = ap_a + bp_b \\ \sigma^2 = (a - \mu)^2 p_a + (b - \mu)^2 p_b \end{cases} \tag{7-7}$$

（3）瑞利噪声

瑞利噪声的概率密度函数为

$$p(z) = \begin{cases} \dfrac{2}{b}(z-a)e^{-(z-a)^2/b} & z \geqslant a \\ 0 & z < a \end{cases} \tag{7-8}$$

噪声的均值和方差为

$$\begin{cases} \mu = a + \sqrt{\pi b / 4} \\ \sigma^2 = b(4 - \pi) / 4 \end{cases} \tag{7-9}$$

（4）伽马噪声

伽马噪声的概率密度函数为

$$p(z) = \begin{cases} \dfrac{a^b z^{b-1}}{(b-1)!}e^{-ax} & z \geqslant 0 \\ 0 & z < 0 \end{cases} \tag{7-10}$$

其中，$a>0$，b 为正整数。噪声的均值和方差为

$$\begin{cases} \mu = b / a \\ \sigma^2 = b / a^2 \end{cases} \tag{7-11}$$

（5）指数分布噪声

指数分布噪声的概率密度函数为

$$p(z) = \begin{cases} az^{-ax} & z \geqslant 0 \\ 0 & z < 0 \end{cases} \tag{7-12}$$

其中，$a>0$。噪声的均值和方差为

$$\begin{cases} \mu = 1 / a \\ \sigma^2 = 1 / a^2 \end{cases} \tag{7-13}$$

（6）均匀分布噪声

均匀分布噪声的概率密度为

$$p(z) = \begin{cases} \dfrac{1}{b-a} & a \leqslant z \leqslant b \\ 0 & \text{其他} \end{cases} \tag{7-14}$$

噪声的均值和方差为：

$$\begin{cases} \mu = \dfrac{a+b}{2} \\ \sigma^2 = \dfrac{(b-a)^2}{12} \end{cases} \tag{7-15}$$

例 7-17 编写程序对图像添加高斯分布噪声、椒盐噪声、瑞利噪声、伽马噪声、指数分布噪声和均匀分布噪声。

解 MATLAB 程序 ex7_17.m 如下

```
% ex7_17.m
clear; close all
I = imread('eight.tif');I=im2double(I);[r,c] = size(I);
figure,imshow(I);title('原始图像');
%高斯分布噪声
a = 0;b = 0.1;N1 = a + b* randn(r,c);J1 = I + N1;
figure,subplot(2,3,1);imshow(J1);title('加高斯噪声图像');
%椒盐噪声
a = 0.1;b = 0.2;x = rand(r,c);
J2 = zeros(r,c);J2 = I;
J2(find(x<=a)) = 0;J2(find(x > a & x<(a+b))) = 1;
subplot(2,3,2);imshow(J2);title('加椒盐噪声图像');;
%瑞利分布噪声
a = -0.5;b = 0.1;
N3 = a + (-b * log(1 - rand(r,c))).^0.5;J3 = I +N3;
subplot(2,3,3);imshow(J3);title('加瑞利分布噪声图像');;
%伽马噪声
a = 30;b = 10;N4 = zeros(r,c);
for j=1:b
    N4 = N4 + (-1/a)*log(1 - rand(r,c));
end
J4 = I +N4;
subplot(2,3,4);imshow(J4);title('加伽马噪声图像');;
%指数分布噪声
a = 7;N5 = (-1/a)*log(1 - rand(r,c)); J5 = I +N5;
subplot(2,3,5);imshow(J5);title('加指数分布噪声图像');
%均匀分布噪声
a = 0;b = 0.1;N6 = a + (b-a)*rand(r,c);J6 = I + N6;
subplot(2,3,6);imshow(J6);title('加均匀分布噪声图像');
```

程序运行结果如图 7-22 和 7-23 所示。

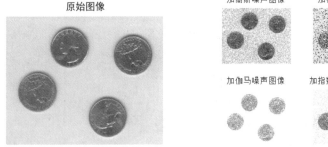

图 7-22　原始图像

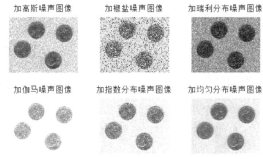

图 7-23　加入不同噪声图像

MATLAB 提供了 imnoise() 函数对一幅图像加入不同类型的噪声，函数调用格式如下：

$$J=imnoise(I,type)$$

其中，I 为原始图像，type 指不同类型的噪声。其中，'gaussian'表示高斯噪声，'localva'表示零均值的高斯白噪声，'salt&pepper'表示椒盐噪声，'speckle'表示乘法噪声，'poission'表示泊松噪声。J 表示加噪后图像。

例 7-18　利用 imnoise() 函数对图像添加高斯分布噪声、椒盐噪声和乘法噪声。

解　MATLAB 程序 ex7_18.m 如下

```
% ex7_18.m
clear; close all
I=imread('saturn.tif');
J1=imnoise(I,'gaussian',0,0.1);        % 加入均值为 0，方差为 0.1 的高斯噪声
J2=imnoise(I,'salt & pepper',0.1);     %加入噪声密度为 0.1 的椒盐噪声
J3=imnoise(I,'speckle',0.1);           %加入噪声密度为 0.1 的乘法噪声
subplot(1,4,1),imshow(I),title('原始图像')
subplot(1,4,2),imshow(J1),title('加入高斯噪声图像')
subplot(1,4,3),imshow(J2),title('加入椒盐噪声图像')
subplot(1,4,4),imshow(J3),title('加入乘法噪声图像')
```

程序运行结果如图 7-24 所示。

图 7-24　利用 imnoise()函数加入不同噪声图像

2．平滑滤波器

（1）线性平滑滤波器

线性低通平滑滤波器也称为均值滤波器，滤波器的所有系数都是正数，以 3×3 的模板为例，最简单的是取所有系数为 1，为了保持输出图像在原来图像的灰度值范围内，模板与像素邻域的乘积都要除以 9。

MATLAB 中 fspecial()函数用来生成滤波时所用的模板，其函数调用格式如下：

$$H=fspecial(type,para)$$

其中，type 参数指定算子类型，para 指定相应的参数，H 为返回的滤波算子。函数 fspecial()中 type 及 para 参数的取值及意义如表 7-5 所示。

另外，MATLAB 中 filter2()函数可实现用指定的滤波器模板对图像进行运算。函数调用格式如下：

$$J=filter2(H,I)$$

其中，I 为输入图像，H 为滤波算子，J 为输出图像。

表 7-5　函数 fspecial 中 type 及 para 参数的取值及意义

调用格式	type 参数	para 参数
H = fspecial ('average',hsize)	'average'表示均值滤波	hsize 表示模板尺寸，默认值为[3,3]
H = fspecial ('disk',radius)	'disk'表示圆形区域均值滤波	radius 表示区域半径，默认值为 5
H = fspecial ('gaussian', hsize,sigma)	'gaussian'表示高斯低通滤波	hsize 表示模板尺寸，默认值为[3,3]
		sigma 为滤波器的标准值，单位为像素，默认值为 0.5
H = fspecial ('laplacian',alpha)	'laplacian'为拉普拉斯算子	alpha 控制算子形状，取值范围为[0,1]，默认值为 0.2
H = fspecial ('log', hsize,sigma)	'log'为拉普拉斯高斯算子	hsize 表示模板尺寸，默认值为[3,3]
		sigma 为滤波器的标准差，单位为像素，默认值为 0.5
H = fspecial ('motion',len,theta)	'motion'为运动模糊算子	表示摄像物体逆时针方向以 theta 角度运动了 len 个像素，len 的默认值为 9，theta 的默认值为 0
H = fspecial ('prewitt')	'prewitt'用于边缘增强	无参数
H = fspecial ('sobel')	'sobel'用于边缘提取	无参数
H = fspecial ('unsharp',alpha)	'unsharp'为对比度增强滤波器	alpha 控制滤波器形状，取值范围为[0,1]，默认值为 0.2

例 **7-19** 对加噪图像使用不同的模板进行均值滤波。

解 MATLAB 程序 ex7_19.m 如下

```
% ex7_19.m
clear;close all
I=imread('eight.tif');J=imnoise(I,'salt & pepper',0.05);
K1=filter2(fspecial('average',3),J)/255;
K2=filter2(fspecial('average',5),J)/255;
K3=filter2(fspecial('average',7),J)/255;
K4=filter2(fspecial('average',9),J)/255;
subplot(1,6,1),imshow(I),title('原始图像')
subplot(1,6,2),imshow(J),title('噪声图像')
subplot(1,6,3),imshow(K1),title('3×3 模板均值滤波')
subplot(1,6,4),imshow(K2),title('5×5 模板均值滤波')
subplot(1,6,5),imshow(K3),title('7×7 模板均值滤波')
subplot(1,6,6),imshow(K3),title('9×9 模板均值滤波')
```

程序运行结果如图 7-25 所示。

原始图像 含噪图像 3×3 模板均值滤波 5×5 模板均值滤波 7×7 模板均值滤波 9×9 模板均值滤波

图 7-25　对加噪图像使用不同的模板进行均值滤波图像

（2）非线性平滑滤波器

中值滤波器是一种常用的非线性平滑滤波器，其滤波原理与均值滤波器方法类似，但计算的不是加权求和，而是把邻域中的图像的像素按灰度级进行排序，然后选择中间值作为输出像素值。具体步骤如下：

① 将模板在图像中平滑，并将模板中心和图像某个像素的位置重合；

② 读取模板下对应像素的灰度值；

③ 将这些灰度值从小到大排成一列；

④ 找出这些值排在中间的一个；

⑤ 将这个中间值赋给对应模板中心位置的像素。

MATLAB 中 medfilt2()函数用来实现中值滤波。函数调用格式如下：

$$J=medfilt2(I,[m\ n])$$

其中，I 为输入图像，J 为输出图像，[m,n]为滤波器的大小，默认为[3,3]。

例 **7-20** 对加噪图像使用不同的模板进行中值滤波。

解 MATLAB 程序 ex7_20.m 如下

```
% ex7_20.m
clear; close all
I=imread('eight.tif');J=imnoise(I,'salt & pepper',0.05);
K1=medfilt2(J,[3 3]);K2=medfilt2(J,[5 5]);
K3=medfilt2(J,[7 7]);K4=medfilt2(J,[9 9]);
subplot(1,6,1),imshow(I),title('原始图像')
subplot(1,6,2),imshow(J),title('含噪图像')
subplot(1,6,3),imshow(K1),title('3×3 模板中值滤波')
```

```
subplot(1,6,4),imshow(K2),title('5×5 模板中值滤波')
subplot(1,6,5),imshow(K3),title('7×7 模板中值滤波')
subplot(1,6,6),imshow(K3),title('9×9 模板中值滤波')
```

程序运行结果如图 7-26 所示。

原始图像　　　含噪图像　　3×3 模板中值滤波　　5×5 模板中值滤波　　7×7 模板中值滤波　　9×9 模板中值滤波

图 7-26　对加噪图像使用不同的模板进行中值滤波

（3）自适应滤波器

自适应滤波器可以根据环境的改变，使用自适应算法来改变滤波器的参数和结构。自适应滤波是在维纳滤波、Kalman 滤波等线性滤波基础上发展起来的一种最佳滤波方法。由于自适应滤波具有更强的适应性和更优的滤波性能，已被广泛地应用于通信领域的自动均衡、回波消除、天线阵波束形成，以及其他有关领域信号处理中的参数识别、噪声消除、谱估计等方面。

MATLAB 中 wiener2()函数可实现对图像进行自适应滤波去噪，估计每个像素的局部均值与方差，函数调用格式如下

$$J=wiener2(I,[m\ n],noise)$$

$$[J,noise]=wiener2(I,[m\ n])$$

其中，I 表示输入图像，[m n]表示滤波器窗口大小，默认为[3,3]，noise 表示噪声功率估计值，J 表示输出图像。

例 7-21　对加噪图像使用不同的模板进行自适应滤波。

解　MATLAB 程序 ex7_21.m 如下

```
% ex7_21.m
clear;close all
I=imread('eight.tif');J=imnoise(I,'salt & pepper',0.05);
K1=wiener2(J,[3 3]);K2=wiener2(J,[5 5]);
K3=wiener2(J,[7 7]);K4=wiener2(J,[9 9]);
subplot(1,6,1),imshow(I),title('原始图像')
subplot(1,6,2),imshow(J),title('含噪图像')
subplot(1,6,3),imshow(K1),title('3×3 模板中值滤波')
subplot(1,6,4),imshow(K2),title('5×5 模板中值滤波')
subplot(1,6,5),imshow(K3),title('7×7 模板中值滤波')
subplot(1,6,6),imshow(K3),title('9×9 模板中值滤波')
```

程序运行结果如图 7-27 所示。

原始图像　　　含噪图像　　3×3 模板中值滤波　　5×5 模板中值滤波　　7×7 模板中值滤波　　9×9 模板中值滤波

图 7-27　对加噪图像使用不同的模板进行自适应滤波

例 7-22　对图像加入不同噪声并分别使用均值滤波、中值滤波和自适应滤波去噪。

解　MATLAB 程序 ex7_22.m 如下

```
% ex7_22.m
clear;close all
I1=imread('eight.tif');I2=imread('saturn.tif');
J1=imnoise(I1,'gaussian',0.05);J2=imnoise(I2,'speckle',0.05);
K11=filter2(fspecial('average',3),J1)/255;
K12=filter2(fspecial('average',3),J2)/255;
K21=medfilt2(J1,[3 3]);K22=medfilt2(J2,[3 3]);
K31=wiener2(J1,[3 3]);K32=wiener2(J2,[3 3]);
subplot(2,4,1),imshow(J1),title('高斯噪声图像')
subplot(2,4,5),imshow(J2),title('乘法噪声图像')
subplot(2,4,2),imshow(K11),title('均值滤波')
subplot(2,4,6),imshow(K12),title('均值滤波')
subplot(2,4,3),imshow(K11),title('中值滤波')
subplot(2,4,7),imshow(K12),title('中值滤波')
subplot(2,4,4),imshow(K11),title('自适应滤波')
subplot(2,4,8),imshow(K12),title('自适应滤波')
```

程序运行结果如图 7-28 所示。

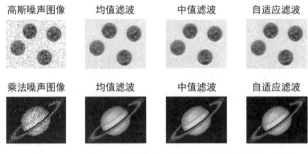

图 7-28　对不同噪声图像分别使用 3 种方法进行去噪

3. 锐化滤波器

图像平滑往往使图像中的边界、轮廓变得模糊，为了减少平滑滤波的影响，需要利用图像锐化技术，使图像的边缘变得清晰。

（1）线性锐化滤波器

线性高通滤波器是最常用的线性锐化滤波器。该滤波器的中心系数为正，周围系数为负，所有的系数之和为 0。对 3×3 的模板来说，典型的系数取值为：

例 7-23　利用线性锐化器对图像进行锐化处理。

解　MATLAB 程序 ex7_23.m 如下

```
% ex7_23.m
clear;close all
I=imread('saturn.tif');h=fspecial('laplacian');J=filter2(h,I);
subplot(1,2,1),imshow(I),title('原始图像')
subplot(1,2,2),imshow(J),title('线性锐化图像')
```

程序运行结果如图 7-29 所示。

（2）非线性锐化滤波

邻域平均可以模糊图像，利用微分可以锐化图像。图像处理中最常用的微分方法是利用梯度。常用的空域非线性锐化滤波微分算子有 sobel 算子、prewitt 算子、log 算子等。

−1	−1	−1
−1	8	−1
−1	−1	−1

图 7-29　利用线性锐化器对图像进行锐化处理

例 7-24　利用 sobel 算子、prewitt 算子和 log 算子对图像进行非线性锐化处理。

解　MATLAB 程序 ex7_24.m 如下

```
% ex7_24.m
clear;close all
I=imread('saturn.tif');h1=fspecial('sobel');J1=filter2(h1,I);
h2=fspecial('prewitt');J2=filter2(h2,I);
h3=fspecial('log');J3=filter2(h3,I);
subplot(1,4,1),imshow(I),title('原始图像')
subplot(1,4,2),imshow(J1),title('sobel 算子滤波')
subplot(1,4,3),imshow(J2),title('prewitt 算子滤波')
subplot(1,4,4),imshow(J3),title('log 算子滤波');
```

程序运行结果如图 7-30 所示。

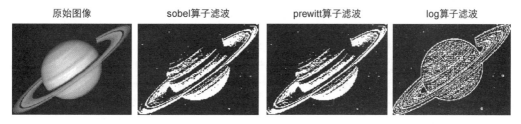

图 7-30　利用 sobel 算子、prewitt 算子和 log 算子对图像进行非线性锐化处理

7.3　变换域图像增强

变换域图像增强指的是将图像信号从空域变换到变换域进行处理，从另外一个角度来分析处理图像信号，在图像的某种变换域内对图像的变换系数值进行某种修正，最后将所得结果进行反变换，即从变换域变换到空间域，从而恢复图像，达到图像增强的目的。本节将重点介绍图像的离散傅里叶变换、频域滤波、离散余弦变换和离散小波变换。

7.3.1　离散傅里叶变换

连续函数的傅里叶变换是波形分析的有力工具，但是为了使之应用于计算机技术，需要将连续变换转换为离散变换，因此要引入离散傅里叶变换（DFT，Discrete Fourier Transform）的概念。离散傅里叶变换在数字信号处理和数字图像处理中都得到了十分广泛的应用，它在离散时域和离散频域之间建立了联系，将输入的数字信号首先进行频域处理，再利用离散时域与离散频域之间的联系，将在离散频域中处理的效果反馈给离散时域，这样就比在时域中直接对数字图像处理变得更加方便，大大减少了计算量。

设 $f(x,y)$ 为二维离散输入数据，$F(u,v)$ 为 $f(x,y)$ 的二维离散傅里叶变换，则二维离散函数

$f(x,y)$的傅里叶变换为：

$$F(u,v) = \sum_{x=0}^{M-1}\sum_{y=0}^{N-1} f(x,y)\mathrm{e}^{-\mathrm{j}2\pi\left(\frac{ux}{M}+\frac{vy}{N}\right)} \qquad (7\text{-}16)$$

其中，M、N 分别为输入二维数据的行数和列数，$u=0,1,2,\cdots,M-1$，$v=0,1,2,\cdots,N-1$。

二维离散傅里叶反变换为：

$$f(x,y) = \frac{1}{MN}\sum_{u=0}^{M-1}\sum_{v=0}^{N-1} F(u,v)\mathrm{e}^{\mathrm{j}2\pi\left(\frac{ux}{M}+\frac{vy}{N}\right)} \qquad (7\text{-}17)$$

其中，$x=0,1,2,\cdots,M-1$，$y=0,1,2,\cdots,N-1$。

二维离散傅里叶变换是将图像从空间域转换到频率域，是将图像的灰度分布函数变换为图像的频率分布函数，二维离散傅里叶反变换是将图像从频率域转换到空间域，是将图像的频率分布函数变换为灰度分布函数。

MATLAB 中 fft2()函数和 ifft2()函数可实现二维离散傅里叶变换和二维离散傅里叶反变换，fft2()函数的调用格式如下：

Y = fft2(X,m,n)

其中，X 为输入图像矩阵，Y 为输出图像矩阵，矩阵尺寸为 m×n，为二维离散傅里叶变换后的频域图像。若 X 的大小不是 m×n，则会按照 m、n 的值对图像 X 进行剪切或补 0 后再进行傅里叶变换。m、n 缺省时，二维离散傅里叶变换的点数与 X 的矩阵尺寸相同。

ifft2()函数的调用格式如下：

Y =ifft2(X,m,n)

其中，X 为输入的二维频域图像矩阵，其数据类型为 double 类型。m、n 为二维离散傅里叶反变换的点数。Y 为输出矩阵，为二维离散傅里叶反变换后的空域图像矩阵，矩阵尺寸为 m×n。

在二维傅里叶变换之后，很多时候需要进行频域中心的平移操作，MATLAB 中 fftshift()函数可实现频域中心平移，函数调用格式如下：

Y=fftshift(X)

其中，X 为二维离散傅里叶变换后的频域图像矩阵，其频域图像的低频部分在四周，Y 为输出的频域图像矩阵，其频域图像的低频部分在图像中心。

在进行二维傅里叶反变换前需要将频域中心进行恢复，MATLAB 中 ifftshift()函数用于频域中心的恢复。函数调用格式如下：

Y=ifftshift(X)

其中，X 为输入的频域图像矩阵，其频域图像的低频部分在中心，Y 为输出的频域图像矩阵，其频域图像的低频部分在图像四周。

例 7-25 对图像进行二维离散傅里叶变换和反变换处理。

解 MATLAB 程序 ex7_25.m 如下

```
% ex7_25.m
clear;close all
A=imread('flowers.tif');A=rgb2gray(A);
B1=fft2(A);B2=fftshift(fft2(A));C= ifft2(ifftshift(B2));
figure,subplot(1,2,1),imshow(log(abs(B1)),[ ]),title('中心平移前 DFT')
subplot(1,2,2),imshow(log(abs(B2)),[ ]),title('中心平移后 DFT')
figure,subplot(1,2,1),imshow(A);title('原图像');
subplot(1,2,2),imshow(log(abs(C)), [ ]),title('逆变换后图像')
```

程序运行结果如图 7-31 和图 7-32 所示。

中心平移前DFT

中心平移后DFT

原图像

逆变换后图像

图 7-31　图像频谱图　　　　　　图 7-32　图像的傅里叶反变换恢复图像

上述程序中的 imshow（log(abs(C))，[ ]），abs 表示取幅值，由于频域图像的低频部分能量比较集中，其值远远大于高频分量值，log() 的作用是通过函数转换，调整图像范围，使频域图像显示更加清晰。

图 7-31 为使用 fftshift() 函数进行频域中心平移前后的图像频谱图，从图中可以看出，中心平移前频域图像的低频部分在四周，四周较亮，经中心平移后频域图像的低频部分在中心，中心较亮。

7.3.2　频域滤波

频域滤波是图像在频率域中进行的一种图像处理方法。在数字图像中，图像的边缘、噪声对应于傅里叶变换频谱中的高频部分，因此根据实际应用的需要，通过低通滤波器在频域对高频成分进行抑制，从而达到消除空域中图像的噪声或对图像的边缘进行平滑模糊处理的目的；通过高通滤波器频域滤波抑制频率图像的低频分量，可以用来提取图像的边缘细节；通过带通滤波器抑制频率图像的某种特定，可以用来消除图像某种特定频率的周期噪声。

1．低通滤波器

低通滤波器进行平滑处理可以降低噪声伪轮廓的寄生效应，但是低通滤波器在对噪声成分滤除的同时，可能会滤除有用的高频成分，降低图像的清晰度。

（1）理想低通滤波器

理想低通滤波器的传递函数为：

$$H(u,v)=\begin{cases}1 & D(u,v)\leqslant D_0 \\ 0 & D(u,v)>D_0\end{cases} \tag{7-18}$$

其中，$D(u,v)$ 为频率点 (u,v) 到中心的距离，D_0 为理想低通滤波器的截止频率，是一个非负数。

理想低通滤波器是指以截止频率 D_0 为半径的圆内所有频率都能无损失的通过，而在截止频率之外的所有频率分量都完全被衰减，产生平滑图像的作用。

（2）巴特沃斯低通滤波器

一个 n 阶的巴特沃斯低通滤波器的传递函数为：

$$H(u,v)=\frac{1}{1+[D(u,v)/D_0]^{2n}} \tag{7-19}$$

其中，$D(u,v)$ 为频率点 (u,v) 到中心的距离，D_0 为理想低通滤波器的截止频率。

巴特沃斯低通滤波器又称为最大平坦滤波器，与理想低通滤波器相比，它的通带与阻带之间没有明显的跳跃，而是在这两者之间有一个平滑过渡带。通常把 $H(u,v)$ 下降到原来值的 $1/\sqrt{2}$ 时的 $D(u,v)$ 定为截频点。

（3）指数低通滤波器

指数低通滤波器是一种具有更快的衰减率的滤波方式，其传递函数定义为：

$$H(u,v)=\mathrm{e}^{-[D(u,v)/D_0]^n} \tag{7-20}$$

其中，$D(u,v)$为频率点(u,v)到中心的距离，D_0为理想低通滤波器的截止频率。当$D(u,v)=D_0$时，$H(u,v)=1/e$。

例7-26 对加噪图像使用理想低通滤波器去噪。

解 MATLAB 程序 ex7_26.m 如下

```
% ex7_26.m
clear;close all
I=imread('rice.tif');I1=imnoise(I,'salt & pepper',0.04); I1=im2double(I1);
g = fftshift (fft2(I1))
[r,c]=size(g); r1=floor(r/2); c1=floor(c/2); d0=30;
for i=1:r
    for j=1:c
            d=sqrt((i−r1)^2+(j−c1)^2);
            if d<=d0, h(i,j)=1;
            else, h(i,j)=0;
            end
g (i,j)=h(i,j)*g(i,j);
        end
end
J=ifft2(ifftshift(g));
subplot(121),imshow(I1),title('受高斯噪声污染的图像')
subplot(122),imshow(real(J)),title('理想低通滤波图像')
```

程序运行结果如图 7-33 所示。

图 7-33　理想低通滤波器去噪效果

例7-27 对加噪图像使用巴特沃斯低通滤波器去噪。

解 MATLAB 程序 ex7_27.m 如下

```
% ex7_27.m
clear;close all
I=imread('rice.tif'); I1=imnoise(I,'salt & pepper',0.04);
f=im2double(I1);g=fftshift(fft2(f));[r,c]=size(g);
n=3;d0=30; r1=fix(r/2);c1=fix(c/2);
for i=1:r
    for j=1:c
        d=sqrt((i−r1)^2+(j−c1)^2);
        h=1/(1+0.414*(d/d0)^(2*n));
        g(i,j)=h*g(i,j);
    end
end
J=ifft2(ifftshift(g));
subplot(121),imshow(I1),title('受高斯噪声污染的图像')
subplot(122),imshow(real(J)),title('巴特沃斯低通滤波图像');
```

图 7-34　巴特沃斯低通滤波器去噪效果

程序运行结果如图 7-34 所示。

2. 高通滤波器

低通滤波器通过在频域中对数字图像相应的高频部分进行抑制而达到平滑图像边缘、消除图像噪声的效果。类似地，如果在频域采取高通滤波，即对低频成分进行抑制而使高频部分全部通过，那么会产生截然相反的结果，使图像得到锐化。

（1）理想高通滤波器

理想的高通滤波器的传递函数为：

$$H(u,v) = \begin{cases} 0 & D(u,v) \leqslant D_0 \\ 1 & D(u,v) > D_0 \end{cases} \qquad (7\text{-}21)$$

其中，$D(u,v)$为频率点(u,v)到中心的距离，D_0为理想低通滤波器的截止频率。理想的高通滤波器将以D_0为半径的圆内的频率成分衰减掉，圆外的频率成份则无损的通过。

（2）巴特沃斯高通滤波器

一个n阶的巴特沃斯高通滤波器的传递函数为：

$$H(u,v) = \frac{1}{1 + [D_0 / D(u,v)]^{2n}} \qquad (7\text{-}22)$$

其中，$D(u,v)$为频率点(u,v)到中心的距离，D_0为理想低通滤波器的截止频率。

（3）指数高通滤波器

指数高通滤波器的传递函数定义为：

$$H(u,v) = e^{-[D_0/D(u,v)]^n} \qquad (7\text{-}23)$$

其中，$D(u,v)$为频率点(u,v)到中心的距离，D_0为理想低通滤波器的截止频率。当$D(u,v) = D_0$时，$H(u,v) = 1/e$。

例 7-28　对加噪图像使用巴特沃斯高通滤波器对图像进行锐化处理。

解　MATLAB 程序 ex7_28.m 如下

```
% ex7_28.m
clear;close all
I=imread('rice.tif');f=im2double(I);g=fftshift(fft2(f));[r,c]=size(g);
n=2; d0=2;r1=fix(r/2);c1=fix(c/2);
for i=1:r
    for j=1:c
        d=sqrt((i-r1)^2+(j-c1)^2);
        if d==0, h=0;
            else, h=1/(1+0.414*(d0/d)^(2*n));
        end
        g(i,j)=h*g(i,j);
    end
end
J=ifft2(ifftshift(g));
subplot(121),imshow(I),title('原始图像')
subplot(122),imshow(real(J)),title('巴特沃斯高通滤波图像')
```

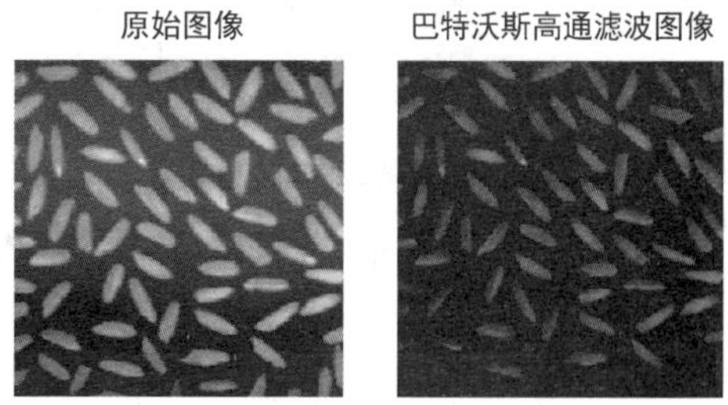

图 7-35　巴特沃斯高通滤波效果

程序运行结果如图 7-35 所示。

7.3.3　离散余弦变换

离散余弦变换（DCT，Discrete Cosine Transform）是与傅里叶变换相关的一种变换，它类似于离散傅里叶变换，但是在运算方式上与傅里叶变换不同，傅里叶变换计算的对象是复数，而采用了其他完备正交函数系的离散余弦变换则是以实数为对象的余弦函数。以实数域变换为基础的离散余弦变换的计算速度要比以复数为对象的离散傅里叶变换快得多，由于离散余弦变换将图像的重要信息集中在变换的一小部分系数中，因此 DCT 已经被广泛应用到图像压缩中，静态图像压缩标准 JPEG 就是采用的 DCT 变换。

二维离散余弦变换定义为：

$$F(u,v) = \frac{2}{N}\sum_{x=0}^{N-1}\sum_{y=0}^{N-1} f(x,y)\cos\frac{(2y+1)u\pi}{2N}\cdot\cos\frac{(2y+1)v\pi}{2N} \tag{7-24}$$

其离散余弦反变换定义为：

$$f(x,y) = \frac{2}{N}\sum_{u=1}^{N-1}\sum_{v=1}^{N-1} F(u,v)\cos\frac{(2x+1)u\pi}{2N}\cos\frac{(2x+1)v\pi}{2N} \tag{7-25}$$

其中，$f(x,y)$为空间域中二维向量，$x,y=0,1,2,\cdots,N-1$，$F(u,v)$为变换系数矩阵，$u,v=0,1,2,\cdots,N-1$。

MATLAB 中 dct2()和 dctmtx()函数可实现对图像进行二维离散余弦变换，其调用格式如下：

$$B = dct2(A)，B = dct2(A,[M\ N])或 B= dct2(I, M,N)$$

其中，A 为原始图像矩阵，M 和 N 是可选参数，表示填充后的图像矩阵大小，B 为 DCT 变换后的图像矩阵。

$$D = dctmtx(N)$$

其中，D 为 DCT 变换后得到的 N×N 矩阵。

另外，MATLAB 中 idct2()函数可实现对图像进行二维离散余弦反变换，其调用格式与 dct2 相同。

例 7-29 使用 dct2()函数对图像进行 DCT 变换，将变换结果中绝对值小于 10 的系数舍弃，并使用 idct2()函数重构图像。

解 MATLAB 程序 ex7_29.m 如下

```
% ex7_29.m
clear;close all
RGB=imread('autumn.tif');
subplot(1,4,1),imshow(RGB);title('RGB 图像');
I=rgb2gray(RGB);
subplot(1,4,2),,imshow(I);title('灰度图像')
J=dct2(I);
subplot(1,4,3),imshow(log(abs(J)),[]),colormap(jet(64)),title('DCT 变换')
J(abs(J)<10)=0;              %将 DCT 变换值小于 10 的元素设为 0
K=idct2(J)/255;
subplot(1,4,4),,imshow(K);title('重构图像')
```

程序运行结果如图 7-36 所示。

RGB图像　　　　　　灰度图像　　　　　　　DCT变换　　　　　　　重构图像

图 7-36　DCT 变换与反变换重构图像

例 7-30 使用 dctmtx()函数对图像进行压缩重构。

解 MATLAB 程序 ex7_30.m 如下

```
% ex7_30.m
clear;close all
I = imread('rice.tif'); I = im2double(I);
T = dctmtx(8);J = blkproc(I,[8,8],'P1*x*P2',T,T');
```

```
mask1=[1 1 1 1 1 0 0 0
       1 1 1 1 0 0 0 0
       1 1 1 0 0 0 0 0
       1 1 0 0 0 0 0 0
       1 0 0 0 0 0 0 0
       0 0 0 0 0 0 0 0
       0 0 0 0 0 0 0 0
       0 0 0 0 0 0 0 0];
mask2=[1 1 1 0 0 0 0 0
       1 1 0 0 0 0 0 0
       1 0 0 0 0 0 0 0
       0 0 0 0 0 0 0 0
       0 0 0 0 0 0 0 0
       0 0 0 0 0 0 0 0
       0 0 0 0 0 0 0 0
       0 0 0 0 0 0 0 0];
mask3=[1 1 0 0 0 0 0 0
       1 0 0 0 0 0 0 0
       0 0 0 0 0 0 0 0
       0 0 0 0 0 0 0 0
       0 0 0 0 0 0 0 0
       0 0 0 0 0 0 0 0
       0 0 0 0 0 0 0 0
       0 0 0 0 0 0 0 0];
J1 = blkproc(J,[8,8],'P1.*x',mask1);        %保留 15 个系数
I1 = blkproc(J1,[8,8],'P1*x*P2',T',T);      %重构图像
J2 = blkproc(J,[8,8],'P1.*x',mask2);        %保留 6 个系数
I2 = blkproc(J2,[8,8],'P1*x*P2',T',T);      %重构图像
J3 = blkproc(J,[8,8],'P1.*x',mask3);        %保留 3 个系数
I3 = blkproc(J3,[8,8],'P1*x*P2',T',T);      %重构图像
subplot(1,4,1),imshow(I),title('原始图像')
subplot(1,4,2),imshow(I1),title('保留 15 个系数重构图像')
subplot(1,4,3),imshow(I2),title('保留 6 个系数重构图像')
subplot(1,4,4),imshow(I3),title('保留 3 个系数重构图像')
```

程序运行结果如图 7-37 所示。

原始图像　　　　保留15个系数重构图像　　　保留6个系数重构图像　　　保留3个系数重构图像

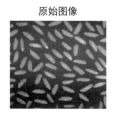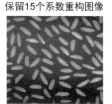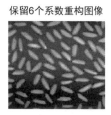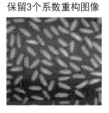

图 7-37　DCT 压缩重构图像

上述程序中，blkproc()函数实现对图像进行分块处理，其调用格式如下：

$$B = blkproc(A,[m\ n],fun, parameter1, parameter2,...)$$

其中，A 为原始图像矩阵，[m n]表示图像以 m*n 为分块单位，对图像进行处理，fun 表示应用此函数分别对每个 m*n 分块的像素进行处理，parameter1, parameter2 表示要传给 fun 函数的参

数，fun='P1*x*P2'表示将 T 和 T'传递给 fun 的参数 P1 和 P2，即：P1= T，P2=T'。

例 7-31 对加噪图像进行 DCT 变换与反变换去噪处理。

解 MATLAB 程序 ex7_31.m 如下

```
% ex7_31.m
clear;close all
I=imread('rice.tif');I=im2double(I);[r,c]=size(I);
I1=imnoise(I,'gaussian',0.03);J=dct2(I1);K=zeros(r,c);K(1:r/4,1:c/4)=1;
D=J.*K;D1=idct2(D);
subplot(1,4,1),imshow(I);title('原始图像')
subplot(1,4,2),imshow(I1);title('加噪图像')
subplot(1,4,3),imshow(log(abs(J)),[],colormap(jet(64)),title('DCT 变换')
subplot(1,4,4),imshow(D1);title('重构图像')
```

程序运行结果如图 7-38 所示。

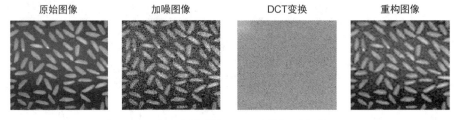

图 7-38　加噪图像进行 DCT 变换与反变换处理

7.3.4　离散小波变换

离散小波变换（DWT，Discrete Wavelet Transform）是现代谱分析工具，与傅里叶变换相比，小波变换是空间（时间）和频率的局部变换，因而能有效地从信号中提取局部信息。通过伸缩和平移等运算功能可对函数或信号进行多尺度的细化分析，解决了傅里叶变换不能解决的许多问题。DWT 将图像变换为一系列小波系数，这些系数可以被高效压缩和存储，从而可以聚焦到分析对象的任意细节，在没有明显损失的情况下，对图像进行压缩和去噪。

Mallat 算法是小波分解的快速算法，信号的近似分量一般为信号的低频分量，它的细节分量一般为信号的高频分量，因此信号的小波分解可以等效于信号通过一个滤波器组，其中一个为高通滤波器组，另一个为低通滤波器组。

设 $\{V_j\}$ 是一个给定的多分辨率分析，$\varphi(x)$ 和 $\psi(x)$ 是尺度函数与小波函数，$f(x)$ 在尺度 j 上可以近似表示为：

$$f(x) \approx a_j f(x) = \sum_{k=-\infty}^{+\infty} c_{j,k}\varphi_{j,k}(x) = c_{j-1}f(x) + d_{j-1}f(x)$$

$$= \sum_{m=-\infty}^{+\infty} c_{j-1,m}\varphi_{j-1,k}(x) + \sum_{m=-\infty}^{+\infty} d_{j-1,m}\psi_{j-1,k}(x)$$

（7-26）

式中，$c_{j,k} = \langle f(x),\varphi_{j,k}\rangle$，$c_{j-1}f(x)$ 表示第 j-1 尺度上对信号的近似，$d_{j-1}f(x)$ 表示在第 j-1 尺度上对信号细节的近似。

根据多分辨率分析的双尺度方程

$$\begin{cases} \langle \varphi_{j,k},\varphi_{j-1,m}\rangle = \overline{h}_{k-2m} \\ \langle \psi_{j,k},\psi_{j-1,m}\rangle = \overline{g}_{k-2m} \end{cases}$$

（7-27）

式中，h 是低通滤波器，$\overline{h}(k) = h(-k)$，g 是高通滤波器，$\overline{g}(k) = g(-k)$。则可以得到

$$\begin{cases} c_{j-1,m} = \sum_{k=-\infty}^{+\infty} \overline{h}_{k-2m} c_{j,m} \\ d_{j-1,m} = \sum_{k=-\infty}^{+\infty} \overline{g}_{k-2m} d_{j,m} \end{cases} \tag{7-28}$$

令 j 从 0 逐级增大，则可得到多分辨率的逐级实现，即 Mallat 算法，图 7-39 所示为 Mallat 算法多分辨率分析原理图。图中，↓2 是做二抽取，$c_{0,k}$ 是 $x(t)$ 在 V_0 中由正交基做分解的系数，是在 V_0 中对 $x(t)$ 的离散平滑逼近。将 $c_{0,k}$ 分别通过一滤波器组后得到 $x(t)$ 在 V_1 中的离散平滑逼近 $c_{1,k}$，同时得到其 $x(t)$ 在 V_1 中细节的离散平滑逼近 $d_{1,k}$，直至得到 $x(t)$ 在 V_j 中的离散平滑逼近 $c_{j+1,k}$，同时得到其 $x(t)$ 在 V_j 中细节的离散平滑逼近 $d_{j+1,k}$。

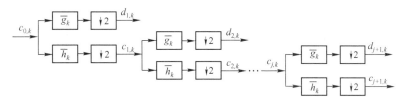

图 7-39　Mallat 算法多分辨率分析原理图

将信号的小波分解分量进行处理后，需要把信号恢复出来，即利用信号的小波分解的分量重构出原来的信号或者所需要的信号，小波的重构如图 7-40 所示。图中，↑2 是做二插值。小波的重构正好是小波分解的逆过程，但在分解的过程中，h 和 g 要先做翻转，而在重建过程中，h 和 g 不做翻转，分解时要做二抽取，而在重构过程中要做二插值。

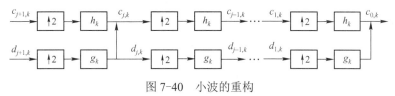

图 7-40　小波的重构

MATLAB 提供了小波变换工具箱来实现小波变换相关计算。常用的二维离散小波变换函数如表 7-6 所示。

表 7-6　常用的二维离散小波变换函数

函 数	说 明	函 数	说 明
dwt2()	二维离散小波变换	appcoef2()	提取二维信号小波分解的近似分量
wavedec2()	二维多层小波分解	upwlev2()	二维小波分解的单层重构
idwt2()	二维离散小波反变换	dwtpet2()	二维周期小波变换
waverec2()	二维信号的多层小波重构	idwtper2()	二维周期小波反变换
wrcoef2()	由多层小波分解重构某一层的分解信号	wcodemat()	对矩阵进行量化编码
upcoef2()	由多层小波分解重构近似分量或细节分量	appcoef2()	提取二维低频系数
detcoef2()	提取二维信号小波分解的细节分量		

部分函数调用格式如下

[cA,cH,cV,cD]=dwt2(X,'wname'),　[cA,cH,cV,cD]=dwt2(X,Lo_D,Hi_D)

其中，X 为输入的二维信号，cA、cH、cV、cD 分别为近似分量、水平细节分量、垂直细节分量和对角细节分量，'wname' 为指定的小波基函数。[cA,cH,cV,cD]=dwt2(X,'wname') 使用指定的小波

基函数 'wname' 对二维信号 X 进行二维离散小波变换；[cA,cH,cV,cD]= dwt2(X,Lo_D,Hi_D) 使用指定的低通和高通滤波器 Lo_D 和 Hi_D 分解信号 X。

$$[C,S]=wavedec2(X,N,'wname'), \quad [C,S]=wavedec2(X,N,Lo\_D,Hi\_D)$$

其中，X 为输入的二维信号，N 为小波分解层数。[C,S]=wavedec2(X,N,'wname') 使用小波基函数 'wname' 对二维信号 X 进行 N 层分解；[C,S]=wavedec2(X,N,Lo_D,Hi_D) 使用指定的分解低通和高通滤波器 Lo_D 和 Hi_D 分解信号 X。

$$X=idwt2(cA,cH,cV,cD,'wname'), \quad X=idwt2(cA,cH,cV,cD,'wname',S),$$
$$X=idwt2(cA,cH,cV,cD,Lo\_R,Hi\_R), \quad X=idwt2(cA,cH,cV,cD,Lo\_R,Hi\_R,S)$$

其中，X=idwt2(cA,cH,cV,cD,'wname'，S) 由信号小波分解的近似信号 cA 和细节信号 cH、cV、cD 经小波反变换重构原信号 X，并指定返回信号 X 中心附近 S 个数据点；X=idwt2(cA,cH,cV,cD,Lo_R,Hi_R) 使用指定的重构低通和高通滤波器 Lo_R 和 Hi_R 重构原信号 X。

$$X=waverec2(C,S,'wname'), \quad X=waverec2(C,S,Lo\_R,Hi\_R)$$

其中，X=waverec2(C,S,'wname') 由多层二维小波分解的结果 C、S 重构原始信号 X，'wname' 为使用的小波基函数；X=waverec2(C,S,Lo_R,Hi_R) 使用重构低通和高通滤波器 Lo_R 和 Hi_R 重构信号。

$$X = wrcoef('type',C,L,'wname',N)$$

其中，type 取值可为 a 或 d，分别表示信号的近似和细节，C 为小波变换后各分量系数，L 为各系数的大小，'wname' 为指定的小波基函数，N 为小波分解层数。X = wrcoef('type', C,L,'wname',N)返回小波分解系数[C,L]对应尺度下的信号分量。

$$Y=wcodemat(X,NB,OPT,ABSOL)$$

其中，X 为输入二维数据矩阵，Y 为数据矩阵 X 的编码矩阵，NB 为伪编码的最大值，缺省值 NB = 16，OPT 指定编码的方式（缺省值为'mat'），OPT = 'row'，表示按行编码；OPT = 'col'，表示按列编码；OPT = 'mat'，表示按矩阵编码，ABSOL 是函数的控制参数，缺省值为 '1'，ABSOL = 0，返回编码矩阵；ABSOL = 1，返回数据矩阵的绝对值。

$$X=appcoef2(C,S,'wname',N)$$

其中，'wname' 为使用的小波基函数，N 为小波分解层数。由多层二维小波分解的结果 C、S 提取低频系数。

例 7-32 对图像进行小波变换与反变换处理。

解 MATLAB 程序 ex7_32.m 如下

```
% ex7_32.m
clear,close all
I=imread('rice.tif');I=im2double(I);
[cA,cH,cV,cD]=dwt2(I,'bior3.7');
A=upcoef2('a',cA,'bior3.7',1);H=upcoef2('h',cH,'bior3.7',1);
V=upcoef2('v',cV,'bior3.7',1); D=upcoef2('d',cD,'bior3.7',1);
subplot(1,4,1);image(wcodemat(A,192));title('细节分量');
subplot(1,4,2);image(wcodemat(H,192));title('水平分量');
subplot(1,4,3);image(wcodemat(V,192));title('垂直分量');
subplot(1,4,4);image(wcodemat(D,192));title('对角线分量');
d=idwt2(cA,cH,cV,cD,'bior3.7');
figure,subplot(1,2,1),imshow(I),title('原始图像')
subplot(1,2,2),imshow(d,[ ]),title('反变换后的图像');
```

程序运行结果如图 7-41 和图 7-42 所示。

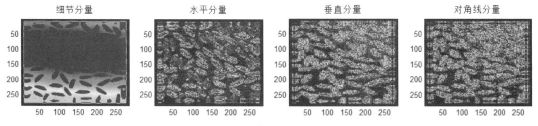

图 7-41　小波变换各分量

例 7-33　对图像进行小波分解与重构实现图像压缩。

解　MATLAB 程序 ex7_33.m 如下

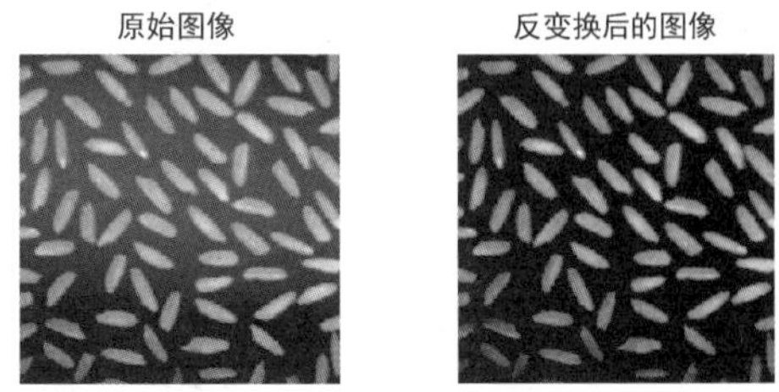

```
% ex7_33.m
clear,close all
load woman;
%使用 sym4 小波对信号进行一层小波分解
[ca1,ch1,cv1,cd1]=dwt2(X,'sym4');
codca1=wcodemat(ca1,192);codch1=wcodemat(ch1,192);
codcv1=wcodemat(cv1,192);codcd1=wcodemat(cd1,192);
%将四个系数图像组合为一个图像
codx=[codca1,codch1,codcv1,codcd1]
%复制原图像的小波系数
rca1=ca1;rch1=ch1;rcv1=cv1;rcd1=cd1;
%将三个细节系数的中部置零
rch1(30:90,30:90)=zeros(61,61);rcv1(30:90,30:90)=zeros(61,61);
rcd1(30:90,30:90)=zeros(61,61);codrca1=wcodemat(rca1,192);
codrch1=wcodemat(rch1,192);codrcv1=wcodemat(rcv1,192);
codrcd1=wcodemat(rcd1,192);
%将处理后的系数图像组合为一个图像
codrx=[codrca1,codrch1,codrcv1,codrcd1]
%重建处理后的系数
rx=idwt2(rca1,rch1,rcv1,rcd1,'sym4');
subplot(1,4,1);image(wcodemat(X,192)),colormap(map);title('原始图像');
subplot(1,4,2);image(wcodemat(rx,192)),colormap(map);title('压缩图像');
subplot(1,4,3);image(codx),colormap(map);title('一层分解后各层系数图像');
subplot(1,4,4);image(codrx),colormap(map);title('重构后各层系数图像');
```

图 7-42　小波变换重构图像

程序运行结果如图 7-43 所示。

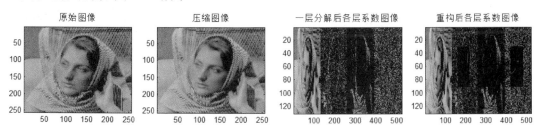

图 7-43　小波分解与重构实现图像压缩效果图

例 7-34 对图像进行小波多尺度变换实现图像压缩。

解 MATLAB 程序 ex7_34.m 如下

```
% ex7_34.m
clear,close all
load woman;
%对图像用 bior3.7 小波进行 2 层小波分解
[c,s]=wavedec2(X,2,'bior3.7');
%提取小波分解结构中第一层低频系数和高频系数
ca1=appcoef2(c,s,'bior3.7',1);ch1=detcoef2('h',c,s,1);
cv1=detcoef2('v',c,s,1);cd1=detcoef2('d',c,s,1);
%分别对各频率成分进行重构
ra1=wrcoef2('a',c,s,'bior3.7',1);rh1=wrcoef2('h',c,s,'bior3.7',1);
rv1=wrcoef2('v',c,s,'bior3.7',1);rd1=wrcoef2('d',c,s,'bior3.7',1);
rc1=[ra1,rh1;rv1,rd1];
%保留小波分解第一层低频信息，进行图像的压缩
ca1=appcoef2(c,s,'bior3.7',1);ca1=wcodemat(ca1,440,'mat',0);ca1=0.5*ca1;
%保留小波分解第二层低频信息，进行图像的压缩
ca2=appcoef2(c,s,'bior3.7',2);ca2=wcodemat(ca2,440,'mat',0);ca2=0.25*ca2;
subplot(1,4,1);image(X);colormap(map),title('原始图像');
subplot(1,4,2);image(rc1);title('分解后低频和高频信息');
subplot(1,4,3);image(ca1);colormap(map);title('第一次压缩');
subplot(1,4,4);image(ca2);colormap(map);title('第二次压缩');
```

程序运行结果如图 7-44 所示。

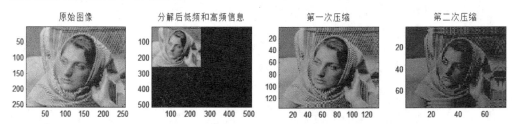

图 7-44   小波多尺度变换实现图像压缩效果图

例 7-35 对图像进行小波变换去噪处理。

解 MATLAB 程序 ex7_35.m 如下

```
% ex7_35.m
clear,close all
[I,map]=imread('saturn.tif');I=im2double(I);IN=imnoise(I,'gaussian',0,0.1)
%用 sym5 小波对图像信号进行二层小波分解
[c,s]=wavedec2(IN,2,'sym5');
%使用 ddencmp()函数计算去噪的默认阈值和熵标准
%使用 wdencmp()函数实现图像压缩
[thr,sorh,keepapp]=ddencmp('den','wv',IN);
[J,cxc,lxc,perf0,perfl2]=wdencmp('gbl',c,s,'sym5',2,thr,sorh,keepapp);
subplot(1,3,1);imshow(I);title('原始图像')
subplot(1,3,2);imshow(IN);title('含噪图像');
subplot(1,3,3);imshow(J);title('去噪图像');
```

程序运行结果如图 7-45 所示。

上述程序中，ddencmp()函数用于获取去噪或
压缩过程中的默认阈值，函数调用格式如下：

[THR,SORH,KEEPAPP,CRIT] = ddencmp

(IN1,IN2,X)

图 7-45　小波变换图像去噪效果图

其中，输入参数 X 为一维或二维信号，IN1 取值为'den'或'cmp'，'den'表示进行去噪，'cmp'表示进行压缩，IN2 取值为'wv'或'wp'，wv 表示选择小波，wp 表示选择小波包。返回值 THR 是返回的阈值，SORH 是软阈值或硬阈值选择参数，KEEPAPP 表示保存低频信号，CRIT 是熵名（只在选择小波包时使用）。

wdencmp()函数用于小波阈值去噪或压缩，函数调用格式如下：

[XC,CXC,LXC,PERF0,PERFL2] = wdencmp (IN1,X,'wname',N,THR,SORH,KEEPAPP)

其中，wname 是所用的小波函数，X 为输入信号，IN1 取值为'gbl'或'lvd'，'gbl'表示每一层都采用同一个阈值进行处理，'lvd'表示每层采用不同的阈值进行处理，N 表示小波分解的层数，THR 为阈值向量，SORH 表示选择软阈值或硬阈值（分别取值为's'和'h'），参数 KEEPAPP 为 1 时，低频系数不进行阈值量化，为 0 时低频系数要进行阈值量化。XC 是消噪或压缩后的信号，[CXC,LXC]是 XC 的小波分解结构，PERF0 和 PERFL2 是恢复或压缩 L^2 的范数百分比。

7.4　图像质量评价

图像质量的含义主要包括两个方面：图像的逼真度和图像的可懂度。图像质量直接取决于成像装备的光学性能、图像对比度、仪器噪声等多种因素的影响，通过质量评价可以对影像的获取、处理等各环节提供监控手段。图像质量评价方法可分为主观评价方法和客观评价方法，主观评价方法根据实验人员的主观感知来评价对象的质量；客观评价方法根据模型给出的量化指标，模拟人类视觉系统感知机制衡量图像质量。

1.　主观评价方法

主观质量评价是根据感知者主观感受来评价被测试图像的质量的，通常采用连续双激励质量度量法，即对观测者连续给出原始图像和处理过的失真图像，由观测者根据主观感知给出打分值。最常用的方法是平均主观分值法（MOS，Mean Opinion Score）和差分主观分值法（DMOS，Difference Mean Opinion Score）。

平均主观分值法通过不同观测者对于图像质量评价得出的主观分值进行平均，得到归一化的分值，用这个分值来评价图像质量。一般有五个标准：优，良，中，差，劣。对应这五个标准由两种类型的分值：图像主观绝对分值和图像主观相对分值，主观绝对分值指的是观测者对于图像本身的主观分值，主观相对分值是指观测者对于图像在一组图像中相对于其他图像的主观分值。图像主观绝对分值和图像主观相对分值评价标准如表 7-7 和表 7-8 所示。

表 7-7　图像主观绝对分值评价标准

分　数	质　量　尺　度	评　价
5 分	看不出图像质量变坏	非常好
4 分	能看出图像质量变化但不影响观看	好
3 分	清楚看出图像质量变坏，对观看稍有影响	一般
2 分	对观看有影响	差
1 分	非常严重影响观看	非常差

表 7-8　图像主观相对分值评价标准

分　数	质　量　尺　度	评　价
5 分	一组图像中最好的	非常好
4 分	好于该组图像平均水平	好
3 分	该组图像平均水平	一般
2 分	差于该组图像平均水平	差
1 分	该组图像中最差的	非常差

差分主观分值法是建立在平均主观分值法（MOS）基础上的，定义为：

$$d_{i,j} = \text{MOS}(\text{参考图像}) - \text{MOS}(\text{失真图像})$$

$$d'_{i,j} = \frac{d_{i,j} - \min(d_{i,j})}{\max(d_{i,j}) - \min(d_{i,j})} \tag{7-29}$$

其中，$d_{i,j}$ 表示观测者对于参考图像和失真图像 MOS 评分差值，对 $d'_{i,j}$ 取平均即可得到 DMOS 得分。

2. 客观评价方法

主观评价方法由于其耗时、昂贵，且易受实验环境、观察者的知识水平、喜好等自身条件等因素影响，评价结果往往不稳定，不适用于实时系统。而客观评价方法具有简单、实时、可重复和易集成等优点，已经成为图像质量评价的研究重点。图像质量的客观评价方法是根据人眼的主观视觉系统建立数学模型，并通过具体的公式计算图像的质量的。传统的图像质量客观评价方法主要包括均方误差（MSE，Mean Squared Error）和峰值信噪比（PSNR，Peak Signal to Noise Rate）。

① 均方误差（MSE）

均方误差定义为：
$$\text{MSE} = \frac{\sum_i \sum_j [f(i,j) - \hat{f}(i,j)]^2}{M \times N} \tag{7-30}$$

式中，$f(i,j)$ 表示原始图像，$\hat{f}(i,j)$ 表示去噪后恢复的图像，图像大小为 $M \times N$。

② 峰值信噪比（PSNR）

峰值信噪比（PSNR）定义为：
$$\text{PSNR} = 10\lg \frac{255^2}{E\{[f(i,j) - \hat{f}(i,j)]^2\}} \tag{7-31}$$

在实际中，峰值信噪比（PSNR）是图像处理中最常用的图像质量评价的客观标准，其值越大，去噪效果越好。

例 7-36 编写函数文件求图像的均方误差和峰值信噪比。

解 MATLAB 函数 psnr.m 如下

```
function [p,m]=psnr(x,y)
%x 为原始图像，y 为恢复图像，p 为峰值信噪比，m 为均方误差。
x1= double(x);y1=double(y);
[r,c]=size(x);error=x1-y1;
m=sum(sum(error .* error))/(r *c);
p=10*log10(255^2/m);
```

7.5　基于 MATLAB 工具箱的图像采集与处理

前面几节介绍了利用 MATLAB 对图像进行采集与处理的函数，这些 MATLAB 的图像采集与处理工具箱（Image Acquisition Toolbox & Image Processing Toolbox）中的函数都是直接在 MATLAB 命令行窗口中执行并显示结果的。为了进一步方便用户，在 MATLAB 的图像采集与处理工具箱中也分别提供了一套基于图形界面的图像采集与处理工具。

1. 图像采集工具

在 MATLAB 中，有以下几种方法启动图像采集工具（Image Acquisition Tool）：

（1）在 MATLAB 的命令窗口中直接键入 imagtool 命令。

（2）在 MATLAB 7.x 操作界面左下角的"Start"菜单中，单击"Toolboxes→Image Acquisition"

命令子菜单中的"Image Acquisition Tool（imagtool）"选项。

（3）在 MATLAB 8.x/9.x 操作界面的应用程序（APPS）页面中，单击图像采集工具箱（Image Acquisition Toolbox）中的图像采集工具（Image Acquisition Tool）。

通过以上操作，便可打开如图 7-46 所示的 Image Acquisition Tool 窗口。

利用图 7-46 中的窗口命令便可对图像进行采集。

2．图像处理工具

在 MATLAB 中，有以下几种方法启动图像处理工具（Image Processing Tool）：

（1）在 MATLAB 的命令窗口中直接键入 imtool 命令。

（2）在 MATLAB 7.x 操作界面左下角的"Start"菜单中，单击"Toolboxs→Image Processing"命令子菜单中的"Image Tool（imtool）"选项。

（3）在 MATLAB 8.x/9.x 操作界面的应用程序（APPS）页面中，单击图像处理工具箱（Image Processing Toolbox）中的图像处理工具（Image Tool）。

通过以上操作，便可打开如图 7-47 所示的 Image Tool 窗口。

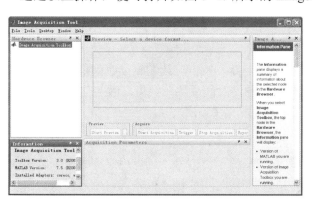

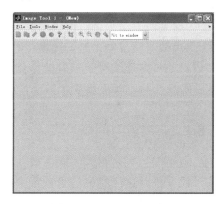

图 7-46　Image Acquisition Tool 窗口　　　　图 7-47　Image Tool 窗口

利用图 7-47 中的窗口命令便可对图像进行相应的处理。

小　　结

本章主要对基于空域和基于变换域的图像增强算法进行介绍，通过本章的学习应重点掌握主要算法的基本原理及 MATLAB 实现方法。

习题

7-1　在 MATLAB 中读取 1 幅灰度图像，并将其转换成索引图像和二值图像。

7-2　对 1 幅加噪图像采用图像相加运算方法去除噪声，并计算去噪前后图像的峰值信噪比。

7-3　对 1 幅加噪图像使用不同的模板进行均值滤波、中值滤波和自适应滤波去噪，并对去噪效果进行评价。

7-4　对 1 幅加噪图像使用巴特沃斯低通滤波器进行去噪处理，并使用巴特沃斯高通滤波器对加噪图像进行锐化处理。

7-5　对 1 幅加噪图像进行小波变换去噪处理，并对去噪效果进行评价。

第8章 MATLAB 在信号与系统中的应用

信号处理是将记录在某种媒体上的信号按照某种需要进行加工处理，以便抽取出有用信息的过程，它是对信号进行提取、变换、分析、综合等处理过程的统称。信号与系统是信号处理的基础。本章将介绍信号与系统中基本信号的表示、信号的基本运算及信号变换方法，并给出 MATLAB 实例。

8.1 离散时间信号

信号是传递信息的函数，可表示为一个或几个独立变量的函数。按照信号中自变量和幅度的取值特点，信号可分为：

① 连续时间信号：时间连续，幅值可以连续也可以离散。

② 离散时间信号：时间离散，幅值连续。

模拟信号是连续时间信号的特例，指的是时间连续、幅值连续的连续时间信号，而计算机处理的数字信号是幅度量化了的离散时间信号，指的是时间离散、幅值离散的信号。

8.1.1 离散时间信号表示

离散时间信号是指时间取离散值，幅度取连续值的一类信号，可以用序列来表示。离散时间信号通常是对连续时间信号进行采样得到的。对连续时间信号进行采样，信号频谱会发生周期延拓，为保证采样后信号的频谱不失真，采样频率要满足以下条件：

采样定理：一个频带限制在 $(0, f_c)$ 内的模拟信号 $x(t)$，如果以 $f_s \geqslant 2 f_c$ 的采样频率对 $x(t)$ 进行等间隔采样，则 $x(t)$ 将被采样值所确定，也可以利用采样值无混叠失真地恢复原始模拟信号 $x(t)$。

例 8-1 编写 MATLAB 程序验证采样定理

解 MATLAB 程序 ex8_1.m 如下

```
% ex8_1.m
clear;close all
t=0:0.001:1;
f=10;                    %信号频率 10Hz
x=sin(2*pi*f*t);
t1=0:1/15:1;            %采样频率 15Hz
x1=sin(2*pi*f*t1);
t2=0:1/40:1;            %采样频率 40Hz
x2=sin(2*pi*f*t2);
subplot(1,3,1),plot(t,x),title('原始信号')
xlabel('时间'),ylabel('幅度')
subplot(1,3,2),plot(t1,x1),title('采样频率 15Hz')
xlabel('时间'),ylabel('幅度')
subplot(1,3,3),plot(t2,x2),title('采样频率 40Hz')
xlabel('时间'),ylabel('幅度')
```

程序运行结果如图 8-1 所示。

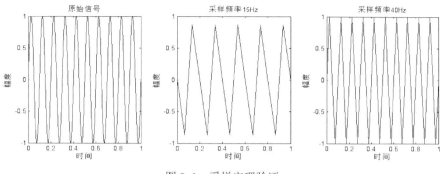

图 8-1　采样定理验证

由采样定理可知，若信号采样频率<20Hz，则信号频谱就会发生混叠，无法无失真地恢复原信号。上述程序中，信号采样频率分别为 15Hz 和 40Hz，当采样频率为 15Hz 时，恢复信号明显失真，而当采样频率为 40Hz 时，能较好地恢复原信号。

离散时间信号的表示方法有三种：列表法、函数表示法和图示法，下面举例说明用图示法表示离散时间信号。

例 8-2　用图示法表示离散时间信号 $x(n) = \{0\ 2\ 3\ 3\ 2\ -1\ -2\ -3\ 1\ 2\}$。

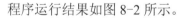
　　　　　　　　　　　　　　　　　　　　　　　　　　$n=-4$

解　MATLAB 程序 ex8_2.m 如下

```
% ex8_2.m
clear;close all
n=[-4 -3 -2 -1 0 1 2 3 4 5];
x=[0 2 3 3 2 -1 -2 -3 1 2];
stem(n,x)
hold on
plot(n,zeros(size(n)))
axis([-4 5 -4 4])
xlabel('序列号'),ylabel('幅度')
grid
```

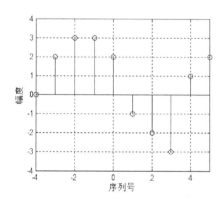

图 8-2　用图示法来表示离散时间信号

程序运行结果如图 8-2 所示。

8.1.2　典型离散时间信号

1. 单位脉冲序列

单位脉冲序列（也称单位抽样序列）$\delta(n)$定义为

$$\delta(n - n_0) = \begin{cases} 1 & n = n_0 \\ 0 & n \neq n_0 \end{cases}$$

在 MATLAB 中，单位脉冲序列可以用 zeros()函数实现，如要产生 N 点单位脉冲序列，可以通过以下命令实现

```
>>x=zeros(1,N); x(1,n0)=1;
```

另外，也可以用关系与逻辑运算表达式产生单位脉冲序列，例如

```
>>x=[n-n0= =0]
```

例 8-3 编写 MATLAB 程序产生单位脉冲序列。

解 MATLAB 程序 ex8_3.m 如下

```
% ex8_3.m
clear;close all
n=0:10;x1=[1 zeros(1,10)];x2=[0
1 zeros(1,9)];
    subplot(1,2,1); stem(n,x1);
    xlabel ('时间序列 n'); ylabel('幅
度');title('δ(n)');
    subplot(1,2,2); stem(n,x2);
    xlabel('时间序列 n'); ylabel('幅
度');title('δ(n−1)');
```

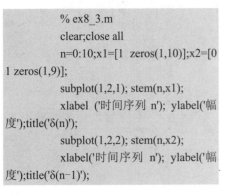

图 8-3 单位脉冲序列

程序运行结果如图 8-3 所示。

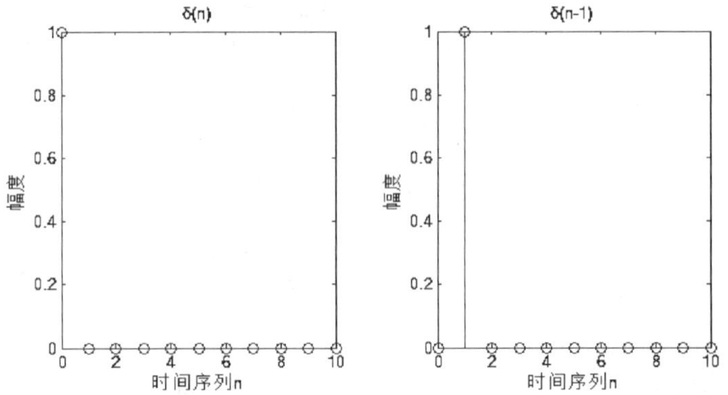

2. 单位阶跃序列

单位阶跃序列 $u(n)$ 定义为

$$u(n-n_0) = \begin{cases} 1 & n \geqslant n_0 \\ 0 & n < n_0 \end{cases}$$

在 MATLAB 中，单位脉冲序列可以用 ones()函数实现，如要产生 N 点单位脉冲序列，可以通过以下命令实现

```
>>x=ones(1,N);x(1:n0)=0
```

另外，也可以用关系与逻辑运算表达式产生单位脉冲序列，例如

```
>>x=[n-n0> =0]
```

例 8-4 编写 MATLAB 程序产生单位阶跃序列。

解 MATLAB 程序 ex8_4.m 如下

```
% ex8_4.m
clear;close all
n=0:10;u1=[ones(1,11)];u2=[n>=1];
subplot(1,2,1),stem(n,u1);
xlabel ('时间序列 n'); ylabel('幅
度');title(' u(n)');
subplot(1,2,2),stem(n,u2);
xlabel ('时间序列 n'); ylabel('幅
度');title(' u(n−1)');
```

程序运行结果如图 8-4 所示。

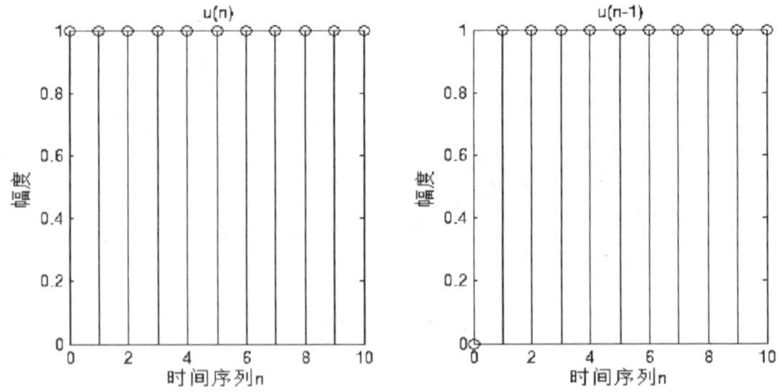

图 8-4 单位阶跃序列

3. 实指数序列

实指数序列 $x(n)$ 定义为 $\qquad x(n) = a^n$

其中，a 为任意实数，当 $|a| \geqslant 1$ 时，$x(n)$的幅度随着 n 的增大而增大，$x(n)$为发散序列，当 $|a|<1$ 时，$x(n)$的幅度随着 n 的增大而减小，$x(n)$为收敛序列。

例 8-5 编写 MATLAB 程序产生实指数序列。

解 MATLAB 程序 ex8_5.m 如下

```
% ex8_5.m
clear;close all
n=1:10;
x1=1.5.^n;
x2=0.5.^n;
subplot(1,2,1),stem(n,x1);
xlabel ('时间序列 n'); ylabel('幅度');
title('x=1.5.^n');
subplot(1,2,2),stem(n,x2);
xlabel ('时间序列 n'); ylabel('幅度');
title('x=0.5.^n');
```

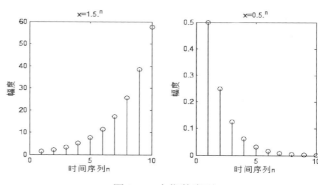

图 8-5　实指数序列

程序运行结果如图 8-5 所示。

4．复指数序列

复指数序列 $x(n)$ 定义为 $\qquad x(n) = e^{(\sigma + jw)n}$

在 MATLAB 中，复指数序列可以用 exp()函数实现，如

```
>>x=exp((sigma+j*omega)*n)
```

例 8-6　编写 MATLAB 程序产生复指数序列。

解　MATLAB 程序 ex8_6.m 如下

```
% ex8_6.m
clear;close all
n=0:10;
sigma=2;omega=pi/3;
x=3*exp(sigma +j* omega *n);
stem(n,x);
hold on
plot(n,zeros(size(n)))
xlabel ('时间序列 n'); ylabel('幅度');
title('复指数序列 x=3*exp(2+j*pi/3*n)');
```

程序运行结果如图 8-6 所示。

5．正(余)弦序列

正弦序列 $x(n)$ 定义为
$$x(n) = A\sin(\omega n + \theta) = A\sin(2\pi fn + \theta)$$
其中，ω 为正弦序列的数字域角频率，n 为正弦序列的数字频率，θ 为正弦序列的初相位。

余弦序列 $x(n)$ 定义为
$$x(n) = A\cos(\omega n + \theta) = A\cos(2\pi fn + \theta)$$

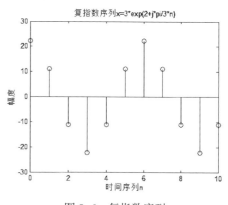

图 8-6　复指数序列

在 MATLAB 中，正弦序列可以用 sin()函数实现，余弦序列可以用 cos()函数实现，例如

```
>>x=A*sin(2*pi*f*n+theta)
>>x=A*cos(2*pi*f*n+theta)
```

例 8-7 编写 MATLAB 程序产生正（余）弦序列。

解 MATLAB 程序 ex8_7.m 如下

```
% ex8_7.m
clear;close all
n=0:10;x1=4*sin(pi*n/3+pi/3);x2=4*cos(pi*n/2+pi/3);
subplot(1,2,1),stem(n,x1);hold on
plot(n,zeros(size(n)))
xlabel ('时间序列 n'); ylabel('幅度');title(' x=2*sin(pi*n/6+pi/4)');
subplot(1,2,2),stem(n,x2);hold on
plot(n,zeros(size(n)))
xlabel ('时间序列 n'); ylabel('幅度');title(' x=2*cos(pi*n/6+pi/4)');
```

程序运行结果如图 8-7 所示。

例 8-8 画出正弦序列 $x_1(n) = \sin(n\pi / 4), x_2(n) = \sin(2n)$ 的波形，观察它们的周期性。

解 MATLAB 程序 ex8_8.m 如下

```
% ex8_8.m
clear;close all
n=0:20;x1=sin(n*pi/4);x2=sin(2*n);
subplot(2,1,1);stem(n,x1,'filled')
xlabel ('时间序列 n'); ylabel('幅度');hold on
plot(n,zeros(size(n)));title('x1=cos(n*pi/4)')
subplot(2,1,2);stem(n,x2,'filled');
xlabel ('时间序列 n'); ylabel('幅度');hold on
plot(n,zeros(size(n)));title('cos(k*2)')
```

程序运行结果如图 8-8 所示。

由图 8-8 可以看出 $x_1(n) = \sin(n\pi / 4)$ 为周期序列，而 $x_2(n) = \sin(2n)$ 为非周期序列；这是因为对于序列 $x_1(n)$，$\omega = \pi/4, 2\pi / \omega = 8$ 为有理数，因此为周期序列，周期为 8；对于序列 $x_2(n)$，$\omega = 2, 2\pi / \omega = \pi$ 为无理数，因此为非周期序列。

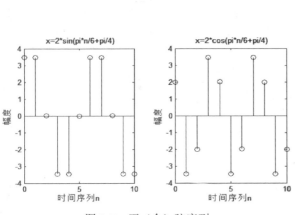

图 8-7 正（余）弦序列

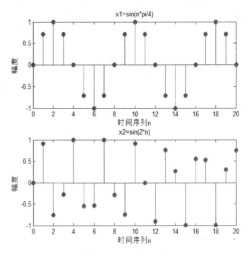

图 8-8 2 个正弦序列

8.1.3 离散时间信号的运算

1. 序列相加和相乘

设有序列 $x_1(n)$ 和 $x_2(n)$，则 2 个序列相加和相乘定义为

$$x(n) = x_1(n) + x_2(n)$$
$$x(n) = x_1(n) \cdot x_2(n)$$

设这 2 个序列用 x_1 和 x_2 表示，则这 2 个序列 x_1 和 x_2 相加与相乘在 MATLAB 中语句为

```
>>x=x1+x2
>>x=x1.*x2
```

需要注意的是，序列相加与相乘运算，需要 2 个序列一一对应才可运算，若 2 序列大小不同，可以采取补 0 的方式进行运算。

例 8-9　编写程序实现序列相加和相乘

解　MATLAB 程序 ex8_9.m 如下

```
%ex8_9.m
clear;close all
n1=0:5;x1=[2 1 0.5 0.3 1 2];
n2=0:7;x2=[0.5 2 1 1 0.5 0.3 1.2 1.5];
subplot(1,4,1);stem(n1,x1)
xlabel ('时间序列 n'); ylabel('幅度');title('x1')
subplot(1,4,2);stem(n2,x2);xlabel ('时间序列 n'); ylabel('幅度');title('x2')
n=0:7;x1=[x1,zeros(1,length(x2)-length(x1))];x=x1+x2;
subplot(1,4,3);stem(n,x);xlabel ('时间序列 n'); ylabel('幅度');title('x=x1+x2')
x=x1.*x2;subplot(1,4,4);stem(n,x);
xlabel ('时间序列 n'); ylabel('幅度');title('x=x1*x2')
```

程序运行结果如图 8-9 所示。

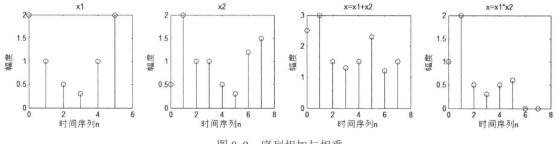

图 8-9　序列相加与相乘

2. 序列翻转

序列翻转定义为
$$y(n) = x(-n)$$

在 MATLAB 中，序列翻转可以用 fliplr() 函数实现，设有序列 $x(n)$，$y(n_1)$ 为 $x(n)$ 的翻转，则 MATLAB 实现语句为

```
>>n1=-fliplr(n)
>>y=fliplr(x)
```

例 8-10　已知离散序列 $x(n)=3^n$，编写程序实现序列翻转。

解 MATLAB 程序 ex8_10.m 如下

```
%ex8_10.m
clear;close all
n=-4:4;x=3.^n;n1=-fliplr(n);y= fliplr(x)
subplot(1,2,1);stem(n,x,'filled')
xlabel ('时间序列 n'); ylabel('幅度');
title('x(n)')
subplot(1,2,2);stem(n1,y,'filled')
xlabel ('时间序列 n'); ylabel('幅度');
title('x(-n)')
```

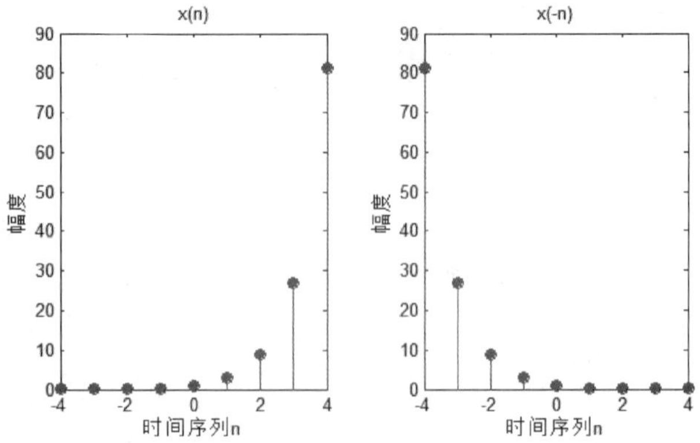

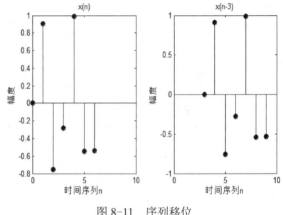

图 8-10　序列翻转

程序运行结果如图 8-10 所示。

3．序列移位

序列移位定义为
$$y(n) = x(n - n_0)$$

设序列 $x(n)$，$y(n_1)$ 为 $x(n)$ 的移位，则 MATLAB 实现序列移位的命令为

```
>>n1=n+n0
>>y=x
```

例 8-11 已知离散序列 $x(n)=\sin(2n)$，编写程序实现 $y(n)=x(n-3)$。

解 MATLAB 程序 ex8_11.m 如下

```
%ex8_11.m
clear;close all
n=0:6;x=sin(2*n);n1=n+3;y=x;
subplot(1,2,1);stem(n,x,'filled');line([0,10],[0 0])
xlabel ('时间序列 n'); ylabel('幅度');title('x(n)')
subplot(1,2,2);stem(n1,y,'filled');line([0,10],[0 0]);axis([0,10,-1,1])
xlabel ('时间序列 n'); ylabel('幅度');title('x(n-3)')
```

图 8-11　序列移位

程序运行结果如图 8-11 所示。

4．序列的线性卷积

序列的线性卷积定义为
$$y(n) = x_1(n_1) * x_2(n_2)$$

在 MATLAB 中，序列的线性卷积可以用 conv()函数实现，设序列 $y(n)$ 为 $x_1(n_1)$ 和 $x_2(n_2)$ 的线性卷积，则 MATLAB 命令为

```
>>y=conv(x1,x2)
```

例 8-12 已知离散序列 $x_1(n_1) = \{1,3,2,4\}$，$x_2(n_2) = \{1,2,2,2,4\}$，编写程序实现 $y(n)=x_1(n_1)*x_2(n_2)$。

解 MATLAB 程序 ex8_12.m 如下

```
%ex8_12.m
clear;close all
n1=0:3;x1=[1,3,3,3];n2=0:4;x2=[1,2,3,3,4];n=0:7;y=conv(x1,x2);
```

```
subplot(1,3,1); stem(n1,x1,'filled');axis([0,7,0 30])
xlabel ('时间序列n1'); ylabel('幅度');title('x1(n1)')
subplot(1,3,2); stem(n2,x2,'filled');axis([0,7,0 30])
xlabel ('时间序列n2'); ylabel('幅度');title('x2(n2)')
subplot(1,3,3); stem(n,y,'filled');axis([0,7,0 30])
xlabel ('时间序列n'); ylabel('幅度');title('y(n)= x1(n1)* x2(n2)')
```

程序运行结果如图 8-12 所示。

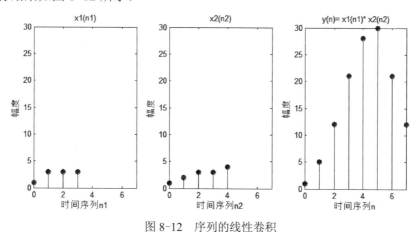

图 8-12　序列的线性卷积

8.2　连续时间信号

8.2.1　连续时间信号表示

从严格意义上来讲，MATLAB 并不能处理连续信号，在 MATLAB 中，是用连续信号在等时间间隔点的值近似地表示连续信号的，当取样时间间隔足够小时，这些离散的样值能较好地近似出连续信号。

例 8-13　连续信号 $x(t)=\sin t/t$，绘制 t 在[0, 50]内 $x(t)$ 的时域波形。

解　MATLAB 程序 ex8_13.m 如下

```
%ex8_13.m
clear;close all
t=0:0.01:50;x=sin(t)./t;plot(t,x)
xlabel ('时间 t'); ylabel('幅度');title('x(t)=sint/t')
```

程序运行结果如图 8-13 所示。

如果信号可以用一个符号表达式来表示，则可用 ezplot()函数绘制出信号的波形。

例 8-14　连续时间信号 $x(t)=\sin t/t$，用符号表达式来绘制 t 在[0, 50]内 $x(t)$ 的时域波形。

解　MATLAB 程序 ex8_14.m 如下

```
%ex8_14.m
clear;close all
x=sym('sin(t)/t');ezplot(x,[0,50])
```

程序运行结果如图 8-14 所示。

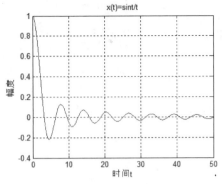

图 8-13　连续时间信号 $x(t)=\sin t/t$

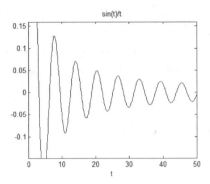

图 8-14　连续时间信号 $x(t)=\sin t/t$

8.2.2　典型连续时间信号

MATLAB 提供了一些产生典型连续时间信号的函数，如表 8-1 所示。

表 8-1　MATLAB 连续时间信号函数

函　　数	说　　明	函　　数	说　　明
sawtooth()	产生锯齿波或三角波信号	pulstran()	产生冲激串
square()	产生方波信号	rectpule()	产生非周期的方波信号
sinc()	产生 sinc 函数波形	tripuls()	产生非周期的三角波信号
chirp()	产生调频余弦信号	vco()	电压控制振荡器
gauspuls()	产生高斯正弦脉冲信号	gmonopuls()	产生高斯单脉冲信号

例 8-15　产生一个方波，正信号 40%。

解　MATLAB 程序 ex8_9.m 如下

```
%ex8_9.m
clear;close all
t=0:0.01:10;x=square(t,40);plot(t,x);axis([0,10,-1.1,1.1])
xlabel ('时间 t'); ylabel('幅度');title('方波')
```

程序运行结果如图 8-15 所示。

例 8-16　产生一个 1.5s 的 50Hz 的锯齿波，信号采样频率为 10kHz。

解　MATLAB 程序 ex8_16.m 如下

```
%ex8_16.m
clear;close all
fs=10000;t=0:1/fs:1.5;x=sawtooth(2*pi*50*t);plot(t,x)
axis([0,0.2,-1,1]);xlabel ('时间 t'); ylabel('幅度');title('锯齿波')
```

程序运行结果如图 8-16 所示。

例 8-17　产生一个脉冲调制信号。

解　MATLAB 程序 ex8_17.m 如下

```
%ex8_17.m
clear;close all
t=0:1/50e3:10e-3;                    %抽样频率 50kHz，抽样时间 10ms
d=[0:1/1e3:10e-3;0.8.^(0:10)]';
%第一列说明每一脉冲的延迟时间，第二列说明每一次幅值衰减
x=pulstran(t,d,'gauspuls',10e3,0.5);    %调制波为高斯噪声，频率 1kHz，带宽 50%
```

```
plot(t,x)
xlabel ('时间 t'); ylabel('幅度');title('脉冲调制信号')
```

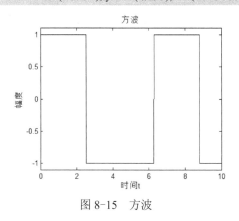

图 8-15　方波

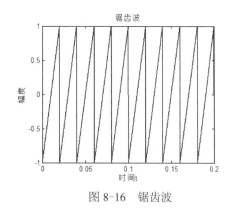

图 8-16　锯齿波

程序运行结果如图 8-17 所示。

例 8-18　产生一个 sinc 信号。

解　MATLAB 程序 ex8_18.m 如下

```
%ex8_18.m
clear;close all
t=linspace(-5,5);x=sinc(t);plot(t,x)
xlabel ('时间 t'); ylabel('幅度');title('sinc 信号')
```

程序运行结果如图 8-18 所示。

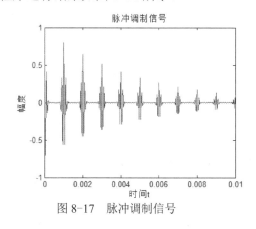

图 8-17　脉冲调制信号

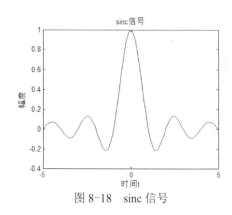

图 8-18　sinc 信号

8.3　随 机 信 号

从对信号的描述上来分，信号可分为确定信号和随机信号。随机信号又称为不确定信号，是指无法用确定的时间函数来表达的信号。因此随机信号不能预测其未来任何瞬时值，任何一次观测只代表其在变动范围中可能产生的结果之一。它不是时间的确定函数，其在定义域内的任意时刻没有确定的函数值。随机信号采用统计数学方法，用随机过程理论进行分析研究。

8.3.1　随机变量

随机变量表示随机试验各种结果的实值单值函数。一个随机试验可能结果（称为基本事件）的全体组成一个基本空间 Ω。随机变量 X 是定义在基本空间 Ω 上的取值为实数的函数，即基本空间 Ω 中每一个点，也就是每个基本事件都有实轴上的点与之对应。对随机现象统计规律的研究，就由对事件及事件概率的研究扩大为对随机变量及其取值规律的研究。

随机变量具有下列两个特点：

① 随机变量随试验结果的不同而取不同的值，因而在试验之前只知道它可能取值的范围，而不能预先确定它将取哪个值；

② 随机变量取各值的可能性大小有确定的统计规律性。

如果随机变量 X 的分布函数为 $F(x)$，存在非负可积函数 $f(x)$，使得对于任意实数 x 有

$$F(x) = P\{X \leqslant x\} = \int_{-\infty}^{x} f(t)\,\mathrm{d}t$$

则称 X 为连续型随机变量，称 $f(x)$ 为 X 的概率密度函数。

1. 常用连续型分布

（1）均匀分布

若连续型随机变量 X 的概率密度为

$$f(x) = \begin{cases} \dfrac{1}{b-a} & a < x < b \\ 0 & \text{其他} \end{cases}$$

则称 X 在区间(a,b)上服从均匀分布。

（2）指数分布

若随机变量 X 的概率密度为

$$f(x) = \begin{cases} \lambda \mathrm{e}^{-\lambda x} & x > 0 \\ 0 & \text{其他} \end{cases} \quad \lambda > 0$$

则称 X 服从参数为 λ 的指数分布。

（3）正态分布

若随机变量 X 的概率密度为

$$f(x) = \frac{1}{\sqrt{2\pi}\sigma} \mathrm{e}^{-\frac{(x-\mu)^2}{2\sigma^2}} \quad -\infty < x < \infty$$

其中 μ 和 σ 都是常数，并且 $\sigma > 0$，则称 X 服从参数为 μ 和 σ^2 的正态分布。当 $\mu=0$，$\sigma=1$ 时，称为标准正态分布。

2. MATLAB 产生随机序列的函数

MATLAB 提供了一些函数，可以产生多种分布的随机数的函数，如表 8-2 所示。

表 8-2　MATLAB 产生多种分布的随机数的函数

函　数	说　明	函　数	说　明
rand()	(0,1)之间均匀分布的随机数	normrnd()	正态分布随机数
randn()	(0,1)之间正态分布的随机数	raylrnd()	瑞利分布随机数
binornd()	二项分布随机数	chi2rnd()	卡方分布随机数
poissrnd()	泊松分布随机数	frnd()	F 分布的随机
unidrnd()	离散均匀分布随机数	betarnd()	Beta 分布的随机数
unifrnd()	均匀分布随机数	geornd()	几何分布的随机数
exprnd()	指数分布随机数	logrnd()	对数正态分布的随机数

函数用法如下

rand([M,N,P···]) ——产生(0,1)之间均匀分布的 M*N*P*···多维向量的随机数。rand()函数可以模拟白噪声。

randn([M,N,P···]) ——产生均值为 0、方差为 1 的正态分布的 M*N*P*···多维向量的随机数。randn()函数可以模拟高斯白噪声。

binornd(n,p,[M,N,P,···]) ——产生服从二项分布(n,p)的 M*N*P*···多维向量的随机数。

poissrnd(lambda,[M,N,P,···]) ——产生服从 possion 分布的 M*N*P*···多维向量的随机数。

unidrnd(n,[M,N,P,···]) ——产生服从离散均匀分布的 M*N*P*···多维向量的随机数。参数 n 表示从{1,2,3,···,n}中以相同的概率抽样。

unifrnd(a,b,[M,N,P,···]) ——产生(a,b)区间内均匀分布的 M*N*P*···多维向量的随机数。

exprnd(mu,[M,N,P,···]) ——产生服从指数分布的 M*N*P*···多维向量的随机数。

normrnd(mu,sigma,[M,N,P,···]) ——产生均值为 mu、标准差为 sigma 的服从正态分布的 M*N*P*···多维向量的随机数。

poissrnd(lambda,[M,N,P,···]) ——产生服从 possion 分布的 M*N*P*···多维向量的随机数。Lambda>0。

chi2rnd(v,[M,N,P,···]) ——产生服从卡方分布的自由度为 v 的 M*N*P*···多维向量的随机数。

frnd(v1,v2,[M,N,P,···]) ——产生服从 F 分布的 M*N*P*···多维向量的随机数。

betarnd(A,B,[M,N,P,···]) ——产生服从 beta 分布的 M*N*P*···多维向量的随机数。

geornd(p,[M,N,P,···]) ——产生服从几何分布的 M*N*P*···多维向量的随机数。

logrnd(mu,sigma,[M,N,P,···]) ——产生服从对数正态分布的 M*N*P*···多维向量的随机数。

例 8-19 随机变量及其分布

解 MATLAB 程序 ex8_19.m 如下

```
%ex8_19.m
clear;close all
n=50;p=0.6;x1=binornd(n,p,10000,1);
subplot(2,3,1); hist(x1,20);title('二项分布')
x2=randn(10000,1);
subplot(2,3,2); hist(x2,20);title('正态分布')
lambda=50;x3=poissrnd(lambda,10000,1);
subplot(2,3,3); hist(x3,20);title('泊松分布')
p=0.3;x4=geornd(p,10000,1);
subplot(2,3,4); hist(x4,20);title('几何分布')
x5=rand(10000,1);
subplot(2,3,5); hist(x5,20);title('均匀分布')
mu=2;x6=exprnd(mu,10000,1);
subplot(2,3,6); hist(x6,20);title('指数分布')
```

程序运行结果如图 8-19 所示。

8.3.2 随机信号及其特征描述

1. 随机信号的特性

随机信号的一般特性有均值、均方值、方差、自相关函数和互相关函数等。

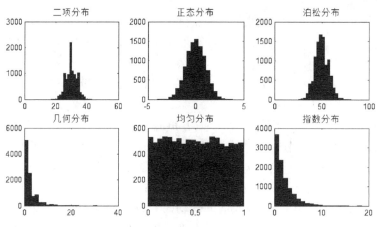

图 8-19 随机变量及其分布

● 随机信号 $x(t)$ 的均值定义为

$$E[x(t)] = \mu_x = \lim_{T \to \infty} \int_0^T x(t)\mathrm{d}t$$

均值描述了随机信号的静态直流分量，不随时间而变化。

● 随机信号 $x(t)$ 的均方值定义为

$$\phi_x^2 = \lim_{T \to \infty} \int_0^T x(t)^2\mathrm{d}t$$

均方值表示信号的强度或功率。

● 随机信号 $x(t)$ 的方差定义为

$$E[(x - \mu_x)^2] = \sigma_x^2 = \lim_{T \to \infty} \int_0^T (x(t) - \mu_x)^2\mathrm{d}t$$

方差表示信号幅值相对于均值的分散程度。

● 随机信号 $x(t)$ 的自相关函数定义为

$$R_X(t_1, t_2) = E[x(t_1)x(t_2)] = \int_{-\infty}^{+\infty} \int_{-\infty}^{+\infty} x_1 x_2 p_X(x_1, x_2; t_1, t_2)\mathrm{d}x_1\mathrm{d}x_2$$

当 $t_1 = t_2$ 时，自相关函数为均方值。

$$R_X(t_1, t_2) = R_X(t, t) = E[x(t)x(t)] = E[x^2(t)]$$

● 随机信号 $x(t)$ 的协方差函数定义为

$$C_X(t_1, t_2) = E[(x(t_1) - \mu_1)(x(t_2) - \mu_2)] = \int_{-\infty}^{+\infty} \int_{-\infty}^{+\infty} (x_1 - \mu_1)(x_2 - \mu_2) p_X(x_1, x_2; t_1, t_2)\mathrm{d}x_1\mathrm{d}x_2$$

● 随机信号 $x(t)$ 和 $y(t)$ 的互相关函数定义为

$$R_{XY}(t_1, t_2) = E[x(t_1)y(t_2)] = \int_{-\infty}^{+\infty} \int_{-\infty}^{+\infty} xy p_{X,Y}(x, y, t_1, t_2)\mathrm{d}x\mathrm{d}y$$

● 随机信号 $x(t)$ 和 $y(t)$ 的互协方差函数定义为

$$C_{XY}(t_1, t_2) = E[(x(t_1) - \mu_x)(y(t_2) - \mu_y)] = \int_{-\infty}^{+\infty} \int_{-\infty}^{+\infty} (x - \mu_x)(y - \mu_y) p_{X,Y}(x, y; t_1, t_2)\mathrm{d}x\mathrm{d}y$$

随机信号的数学期望和方差描述了随机过程在各个孤立时刻的特征，而自相关函数和协方差函数则衡量了同一随机过程在任意两个时刻上的随机变量的相关程度，互相关函数和互协方差函数衡量了不同随机过程在任意两个时刻上的随机变量的相关程度。

2. MATLAB 用于分析随机信号特性的函数

利用 MATLAB 的统计分析函数可以分析随机序列的数字特征。

① 均值函数 mean()

$$m = \text{mean}(x)$$

其中 x 为样本序列 x(n)(n=1,2,...,N−1)构成的数据矢量，m 为 x 的均值。

② 方差函数 var()

$$\text{sigma} = \text{var}(x)$$

其中 x 为样本序列 x(n) (n=1,2,...,N−1)构成的数据矢量，sigma 为 x 的方差，这一估计为无偏估计。

③ 互相关函数 xcorr()

$$c = \text{xcorr}(x,y)$$
$$c = \text{xcorr}(x)$$
$$c = \text{xcorr}(x,y,\text{'opition'})$$
$$c = \text{xcorr}(x,\text{'opition'})$$

其中，xcorr(x,y)计算 x(n)与 y(n)的互相关，xcorr(x)计算 x(n)的自相关。option 选项可以设定为：

'biased' 表示有偏估计，即

$$\hat{R}_x(m) = \frac{1}{N} \sum_{n=0}^{N-|m|-1} x_{n+m} x_n$$

'unbiased' 表示无偏估计，即

$$\hat{R}_x(m) = \frac{1}{N-|m|} \sum_{n=0}^{N-|m|-1} x_{n+m} x_n$$

例如：

```
>> x=normrnd(0,1,1,10000);        % 产生随机序列 x
>> y=3*x+1;                       % 函数变换得到随机序列 y
>> m=mean(y);                     % 计算随机序列 y 的均值
>> v=var(y);                      % 计算随机序列 y 的方差
```

利用以下命令得到的结果为

```
>> m
m =
     1.0027
>> v
v =
     9.0878
```

例 8-20　给 1 个周期信号加入白噪声，并对加噪信号和噪声的自相关函数进行比较。

解　MATLAB 程序 ex8_20.m 如下

```
%ex8_20.m
clear;close all
N=1000;fs=500;                    %数据长度和采样频率
n=0:N-1;t=n/fs;
lag=100;                          %延迟样点数
xn=randn(size(t));                %噪声信号
x=2*sin(3*pi*5*t)+xn;             %加噪信号
[cn,lagns]=xcorr(xn,lag,'unbiased');  %对噪声信号进行无偏估计
tn=lagns/fs;
[c,lags]=xcorr(x,lag,'unbiased');     %对带噪信号进行无偏估计
tx=lags/fs;
subplot(2,2,1),plot(t,xn);xlabel('时间'),ylabel('幅度');title('噪声信号')
```

```
subplot(2,2,2),plot(t,x);xlabel('时间'),ylabel('幅度');title('带噪声周期信号')
subplot(2,2,3),plot(tn,cn);xlabel('时间'),ylabel('Rn(t)');title('噪声信号的自相关')
subplot(2,2,4),plot(tx,c);xlabel('时间'),ylabel('Rx(t)');title('带噪声周期信号的自相关')
```

程序运行结果如图 8-20 所示。

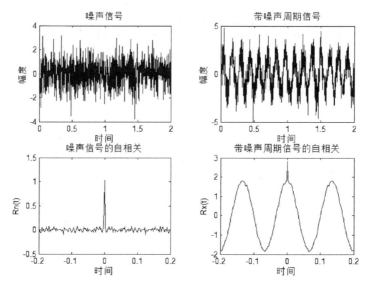

图 8-20　噪声信号及带噪信号的自相关函数

8.4　信　号　变　换

信号与系统的分析方法有时域和变换域分析方法。在很多情况下，变换域分析方法可以使在时域复杂的求解问题简单化。连续时间信号与系统的变换域分析方法包括傅里叶变换和拉普拉斯变换，离散时间信号与系统的变换域分析方法包括傅里叶变换和 z 变换，将求解差分方程的问题转换为求解代数方程的问题。

8.4.1　z 变换

1. z 变换与 z 反变换的定义

连续系统一般采用微分方程、拉普拉斯变换的传递函数和频率特性等概念进行研究。一个连续信号 $x(t)$ 的拉普拉斯变换 $X(s)$ 是复变量 s 的有理分式函数，而微分方程通过拉普拉斯变换后也可以转换为 s 的代数方程，从而可以大大简化微分方程的求解。从传递函数可以得到系统的频率特征，因此，拉普拉斯变换作为基本工具将连续系统研究中的各种方法联系在一起。计算机控制系统中的采样信号也可以进行拉普拉斯变换，从中找到了简化运算的方法。

连续信号 $x(t)$ 通过采样周期为 T 的理想采样开关采样后，采样信号 $x_1(t)$ 表示为

$$x_1(t) = \sum_{k=-\infty}^{+\infty} x(kT)\delta(t-kT)$$

对 $x_1(t)$ 进行拉普拉斯变换，得到

$$X_1(s) = \sum_{k=-\infty}^{+\infty} x(kT)\mathrm{e}^{-ksT}$$

由上式可以看出，$X_1(s)$ 是 s 的超越函数，具有较复杂的非线性关系，因此，引入 z 变换，令

$z=e^{sT}$，用序列 $x(n)$ 代替 $x_1(t)$，则得到

$$X(z) = \sum_{n=-\infty}^{+\infty} x(n)z^{-n}$$

称为序列 $x(n)$ 的双边 z 变换。z 变换实际上是拉普拉斯变换的特殊形式，它是对采样信号做 $z=e^{sT}$ 的变量置换。

序列 z 变换存在的条件为

$$|X(z)| = \left| \sum_{n=-\infty}^{+\infty} x(n)z^{-n} \right| \leqslant \sum_{n=-\infty}^{+\infty} |x(n)z^{-n}| = \sum_{n=-\infty}^{+\infty} |x(n)||z^{-n}| < +\infty$$

满足上式的 z 取值范围称为 z 变换的收敛域，它通常为 z 平面上的一个环形域，即

$$R_{x^-} < |z| < R_{x^+}$$

定义 $X(z)$ 的 z 反变换为 $\qquad x(n) = \dfrac{1}{2\pi j} \oint_c X(z)z^{n-1} \mathrm{d}z$

其中，c 为收敛域内一条环绕原点的逆时针闭合围线。

求 z 反变换的方法主要有 2 种：留数法和部分分式展开法。

（1）留数法

由留数定理可知，若函数在围线 c 上连续，在 c 内有 K 个极点 z_k，则有

$$x(n) = \frac{1}{2\pi j} \oint_c X(z)z^{n-1} \mathrm{d}z = \sum_k \mathrm{Re}s \left[X(z)z^{n-1} \right]_{z=z_k}$$

若函数在围线 c 外有 M 个极点 z_m，且分母多项式中 z 的阶次比分子多项式高二阶或二阶以上，则有

$$x(n) = -\sum_m \mathrm{Re}s[X(z)z^{n-1}]_{z=z_m}$$

当极点为一阶极点时的留数为

$$\mathrm{Re}s[X(z)z^{n-1}]_{z=z_r} = [(z-z_r)X(z)z^{n-1}]_{z=z_r}$$

当极点为 m 阶极点时的留数为

$$\mathrm{Re}s[X(z)z^{n-1}]_{z=z_r} = \frac{1}{(m-1)!} \frac{\mathrm{d}^{m-1}}{\mathrm{d}z^{m-1}} [(z-z_r)^m X(z)z^{n-1}]_{z=z_r}$$

（2）部分分式展开法

$X(z)$ 是 z 的有理分式，则 $X(z)$ 可分解为部分分式

$$X(z) = \frac{B(z)}{A(z)} = X_1(z) + X_2(z) + \cdots + X_K(z)$$

对 $X(z)$ 求 z 反变换，得到 $\qquad x(n) = \mathrm{IZT}[X(z)] = \mathrm{IZT}[X_1(z)] + \mathrm{IZT}[X_2(z)] + \cdots + \mathrm{IZT}[X_K(z)]$

即将 $X(z)$ 展成一些简单的部分分式之和，通过查表得到各部分的逆变换，再相加便得到原序列 $x(n)$。设 $X(z)$ 只有 N 个一阶极点，则 $X(z)$ 可展开为

$$X(z) = A_0 + \sum_{m=1}^{N} \frac{A_m z}{z - z_m}$$

由上式得到 $\qquad \dfrac{X(z)}{z} = \dfrac{A_0}{z} + \sum_{m=1}^{N} \dfrac{A_m}{z - z_m}$

式中，$X(z)/z$ 在极点 $z=0$ 的留数就是系数 A_0，在极点 $z=z_m$ 的留数就是系数 A_m。

$$A_0 = \mathrm{Res} \left[\frac{X(z)}{z} \right]_{z=0} \qquad A_m = \mathrm{Res} \left[\frac{X(z)}{z} \right]_{z=z_m}$$

求出系数后，查表即可得到序列 $x(n)$。

2. MATLAB 函数

MATLAB 提供了计算 z 变换的函数 ztrans() 和 z 反变换的函数 iztrans()，其调用格式为

$$F=ztrans(f) \quad f=iztrans(F)$$

其中，F 表示 z 域表达式的符号，f 表示时域表达式的符号，可用函数 sym() 实现。

留数法求 z 反变换可用 residuez() 函数实现，调用格式如下

$$[R,P,K]= residuez(B,A)$$

其中，B 和 A 分别为 $X(z)$ 中分子多项式和分母多项式的系数向量，R 为留数向量，P 为极点向量，K 为直接项系数，仅在分子多项式最高次幂大于等于分母多项式最高次幂时存在。

例 8-21 求 $x(n)=\left[\left(\dfrac{1}{2}\right)^n+\left(\dfrac{1}{3}\right)^n\right]u(n)$ 的 z 变换。

解 MATLAB 程序 ex8_21.m 如下

```
%ex8_21.m
clear;close all
syms n;
f=0.5^n+(1/3)^n;           %定义离散信号
F=ztrans(f)                % z 变换
pretty(F);
```

运行结果如下

```
>>F =
2*z/(2*z-1)+3*z/(3*z-1)
        z          z
  2 --------- + 3 -------
     2 z - 1       3 z - 1
```

上述程序中，pretty() 函数可以显示函数的习惯书写形式。

例 8-22 求 $x(n)=\sin(an+b)$ 的 z 变换。

解 MATLAB 程序 ex8_22.m 如下

```
%ex8_22.m
clear;close all
syms a b n
f = sin(a*n+b)         %定义离散信号
F=ztrans(f)            % Z 变换
pretty(F)
```

运行结果如下

```
>> f =
sin(a*n+b)
F =
(sin(b)*z-sin(b)*cos(a)+cos(b)*sin(a))*z/(1+z^2-2*z*cos(a))

(sin(b) z - sin(b) cos(a) + cos(b) sin(a)) z
-------------------------------------------
2
1 + z   - 2 z cos(a)
```

例 8-23 求 $X(z) = \dfrac{z(z-1)}{z^2 + 2z + 1}$ 的 z 反变换。

解 MATLAB 程序 ex8_23.m 如下

```
%ex8_23.m
clear;close all
syms k z
Fz=z*(z-1)/(z^2+2*z+1);        %定义 Z 反变换表达式
fk=iztrans(Fz,k)                % Z 反变换
pretty(fk);
```

运行结果如下

```
>> fk =
(-1)^k+2*(-1)^k*k
        k        k
    (-1)   + 2 (-1)   k
```

3. 系统的频率响应

设系统的初始状态为零，系统对输入为单位脉冲序列 $\delta(n)$ 的响应输出称为系统的单位脉冲响应 $h(n)$。对 $h(n)$ 进行傅里叶变换，得到：

$$H(e^{j\omega}) = \sum_{-\infty}^{\infty} h(n)e^{-j\omega n} = \left| H(e^{j\omega}) \right| e^{j\varphi(\omega)}$$

其中，$\left| H(e^{j\omega}) \right|$ 称为系统的幅频特性函数，$\varphi(\omega)$ 称为系统的相位特性函数。$H(e^{j\omega})$ 表示的是系统对特征序列 $e^{j\omega}$ 的响应特性。在 MATLAB 中可以利用 freqz() 函数计算系统的频率响应。函数调用格式如下

① [h,w]=freqz(b,a,n)

其中，b 和 a 分别为离散系统的系统函数的分子和分母多项式的系数向量，n 为正整数，取 2 的幂次方，默认值为 512，返回值 h 为离散系统频率响应在 0～π 范围内 n 个频率等分点的频率响应值，向量 w 为在 0～π 范围内 n 个频率等分点。

② [h,w]=freqz(b,a,n,'whole')

其中，返回值 h 为离散系统频率响应在 0～2π 范围内 n 个频率等分点的频率响应值，向量 w 为在 0～2π 范围内的 n 个频率等分点。

利用 freqz() 函数计算系统的频率响应后，可以利用 abs() 函数和 angle() 函数，得到系统的幅频和相频特性。其中幅频特性以分贝的形式给出，频率特性曲线的横轴采用的是归一化频率，即 Fs/2=1。

例 8-24 已知某离散系统的系统函数为 $H(z) = \dfrac{z-2}{z^2 + 2z + 1}$，对其进行频域分析。

解 MATLAB 程序 ex8_24.m 如下

```
%ex8_24.m
clear;close all
b=[1 -1.2];a=[1 2];[h,w]=freqz(b,a,512,'whole');
mag=abs(h);ang=angle(h);
subplot(1,2,1),plot(w,mag);title('离散系统幅频响应')
xlabel('\omega/\pi'),ylabel('|H(e^j^\omega)|'); grid
subplot(1,2,2),plot(w,ang);title('离散系统相频响应')
```

程序运行结果如图 8-21 所示。

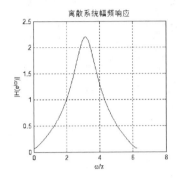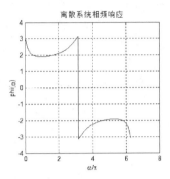

图 8-21　离散系统的幅频响应和相频响应

8.4.2　傅里叶变换

1. 傅里叶变换的定义与性质

设 $x(n)$ 是一个长度为 M 的有限长序列，则 $x(n)$ 的 N 点离散傅里叶变换(Discrete Fourier Transform，DFT)为

$$X(k) = \sum_{n=0}^{N-1} x(n)\mathrm{e}^{-\mathrm{j}(2\pi/N)kn}$$

傅里叶反变换定义为
$$x(n) = \frac{1}{N}\sum_{n=0}^{N-1} X(k)\mathrm{e}^{\mathrm{j}(2\pi/N)kn}$$

傅里叶变换具有以下性质。

（1）线性

对于序列 $x_1(n)$ 和 $x_2(n)$，若有
$$\mathrm{DFT}[x_1(n)] = X_1(k), \ \mathrm{DFT}[x_1(n)] = X_1(k)$$
则
$$\mathrm{DFT}[ax_1(n) + bx_2(n)] = aX_1(k) + bX_2(k)$$

其中，a、b 为任意常数。

（2）序列的圆周移位

定义
$$y(n) = x(n-m)_N R_N(n)$$
若
$$\mathrm{DFT}[x(n)] = X(k), \ y(n) = x(n-m)_N R_N(n)$$
则
$$\mathrm{DFT}[y(n)] = W_N^{nk} X(k)$$

（3）共轭对称性

若给定整数 M，序列 $x(n)$ 满足
$$x(n) = \pm x^*(M-n) \quad -\infty < n < +\infty$$

则称序列 $x(n)$ 关于 $M/2$ 共轭对称或共轭反对称。

由傅里叶变换的对称性质可知，给定整数 M，任何序列 $x(n)$ 都可分解成关于 $M/2$ 共轭对称的序列 $x_e(n)$ 和共轭反对称的序列 $x_o(n)$ 之和，即
$$x(n) = x_e(n) + x_o(n)$$

其中
$$x_e(n) = \frac{1}{2}[x(n) + x^*(M-n)], \quad x_o(n) = \frac{1}{2}[x(n) - x^*(M-n)]$$

若将 $x(n)$ 表示为

$$x(n) = x_r(n) + jx_i(n) \quad 0 \leqslant n \leqslant N-1$$

则

$$\mathrm{DFT}[x_r(n)] = \frac{1}{2}\mathrm{DFT}[x[n] + x^*(n)] = \frac{1}{2}[X(k) + X^*(N-k)] = X_{ep}(k)$$

$$\mathrm{DFT}[jx_i(n)] = \frac{1}{2}\mathrm{DFT}[x(n) - x^*(n)] = \frac{1}{2}[X(k) - X^*(N-k)] = X_{op}(k)$$

由 DFT 的线性性质可得

$$X(k) = \mathrm{DFT}(x(n)) = X_{ep}(k) + X_{op}(k)$$

若将 $x(n)$ 表示为

$$x(n) = x_{ep}(n) + x_{op}(n) \quad 0 \leqslant n \leqslant N-1$$

则

$$\mathrm{DFT}[x_{ep}(n)] = \frac{1}{2}\mathrm{DFT}[x(n) + x^*(N-n)] = \frac{1}{2}[X(k) + X^*(k)] = \mathrm{Re}[X(k)]$$

$$\mathrm{DFT}[x_{op}(n)] = \frac{1}{2}\mathrm{DFT}[x(n) - x^*(N-n)] = \frac{1}{2}[X(k) - X^*(k)] = j\mathrm{Im}[X(k)]$$

由 DFT 的线性性质可得
$$X(k) = \mathrm{DFT}(x(n)) = X_R(k) + jX_j(k)$$

（4）循环卷积定理

设序列 $x_1(n)$ 和 $x_2(n)$ 长度为 N，若
$$Y(k) = X_1(k)X_2(k)$$

则
$$y(n) = \left[\sum_{m=0}^{N-1} x_1(m)x_2(n-m)_N\right]R_N(n) = \left[\sum_{m=0}^{N-1} x_2(m)x_1(n-m)_N\right]R_N(n) = x_1(n) \otimes x_2(n)$$

由上式可知，圆周卷积与周期卷积在主值区间的结果相同，求圆周卷积可以通过将序列延拓成周期序列，进行周期卷积，然后取主值的方法实现。

MATLAB 中，fft()函数 ifft()函数用于求傅里叶变换与傅里叶反变换，函数调用格式如下
$$X=fft(x,N) \quad x=ifft(X,N)$$
其中 X 为信号 x 的 N 点傅里叶变换，x 为 X 的傅里叶反变换。

例 8-25 $x(t)=3\sin 2\pi 100t + \pi/4 + 2\cos 2\pi 50t$，取 $N=128$，对 t 从 0～1 秒采样，用 fft 做快速傅里叶变换，绘制相应的频谱图。

解 MATLAB 程序 ex8_25.m 如下

```
%ex8_25.m
clear;close all
N=128;                          % 采样点数
T=1;                            % 采样时间终点
t=linspace(0,T,N);             % N 个采样时间
x=3*sin(2*pi*10*t+pi/4)+2*cos(2*pi*50*t);
dt=t（2）-t（1）;                % 采样周期
f=1/dt;                         % 采样频率(Hz)
X=fft(x);                       % 计算 x 的快速傅里叶变换 X
F=X(1:N/2+1);                   % F(k)=X(k)(k=1:N/2+1)
f=f*(0:N/2)/N;                  % 使频率轴 f 从零开始
plot(f,abs(F))
xlabel('频率');ylabel('幅度');grid
title('频谱图')
```

程序运行结果如图 8-22 所示。

例 8-26 $x(t)=2\sin 2\pi f_1 t + \sin 2\pi f_2 t$。其中，$f_1 = 100\mathrm{Hz}$，$f_2 = 300\mathrm{Hz}$。在信号 x 中加入噪声，并对原信号及加噪信号进行频谱分析。

解 MATLAB 程序 ex8_26.m 如下

```
%ex8_26.m
clear;close all
fs=1000; t=0:1/fs:0.6                    %采样频率为1000Hz
f1=100;f2=300;x=sin(2*pi*f1*t)+sin(2*pi*f2*t);
subplot(2,2,1);plot(x); title('原始信号')
xlabel('时间'); ylabel('幅度');grid
N=512;
yn=fft(x,N);                             %对信号 x 进行 512 点的傅里叶变换
Fn=yn(1:N/2+1);                          %取前 N/2 个点
fn=fs*(0:N/2)/N;                         %设置频率轴坐标
subplot(2,2,3),plot(fn,abs(Fn));title('原始信号频谱')
xlabel('频率');ylabel('幅度');grid
x=x+randn(1,length(x));                  %在信号中加入噪声
subplot(2,2,2),plot(x);title('含噪信号')
xlabel('时间'); ylabel('幅度');grid
y=fft(x,N);F=y(1:N/2+1);f=fs*(0:N/2)/N;
subplot(2,2,4),plot(f,abs(F));title('含噪信号频谱')
xlabel('频率');ylabel('幅度');grid
```

程序运行结果如图 8-23 所示。

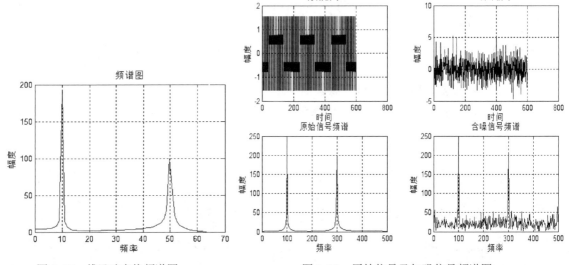

图 8-22　傅里叶变换频谱图　　　　图 8-23　原始信号及加噪信号频谱图

2．频率分辨率与 DFT 参数的选择

在 DFT 问题中，频率分辨率是指在频率轴上所能得到的最小频率间隔

$$\Delta f = f_s / N$$

其中，f_s 为采样频率，N 为采样点数。

即最小频率间隔反比于序列的数据长度 N。若在 $x(n)$ 中有两个频率分别为 f_1 和 f_2 的信号，对 $x(n)$ 用矩形窗截断时，要分辨出这两个频率，N 必须满足

$$\frac{2f_s}{N} < |f_2 - f_1|$$

例 8-27　设一序列中含有两个频率成分，f_1=2Hz，f_2=2.05Hz，采样频率取为 f_s=10Hz，$x(n) = \sin(2\pi f_1 n / f_s) + \sin(2\pi f_2 n / f_s)$，根据上面的结论，要区分出这两个频率成分，必须满足

$N > 400$。

① 取 $x(n)$ $(0 \leqslant n \leqslant 128)$ 时，计算 $x(n)$ 的 DFT $X(k)$;

② 取 $x(n)$ $(0 \leqslant n \leqslant 512)$ 时，计算 $x(n)$ 的 DFT $X(k)$

解 MATLAB 程序 ex8_27.m 如下

```
%ex8_27.m
clear;close all
N=128;fs=10;n=0:N-1;f1=2;f2=2.05;
x=sin(2*pi*f1*n/fs)+sin(2*pi*f2*n/fs);xk=fft(x);mxk=abs(xk(1:N/2));
subplot(2,2,1),plot(n,x);xlabel('序列号');ylabel('幅度');grid;title('x(n) 0<=n<128')
k=(0:N/2-1)*fs/N;
subplot(2,2,2),plot(k,mxk);xlabel('频率');ylabel('幅度');grid;title('128 点 FFT 变换频谱图')
M=512;n1=0:M-1;x1=sin(2*pi*f1*n1/fs)+sin(2*pi*f2*n1/fs);y=fft(x1);mx=abs(y(1:M/2));
subplot(2,2,3),plot(n1,x1);xlabel('序列号');ylabel('幅度');grid;title('x(n) 0<=n<512')
k1=(0:M/2-1)*fs/M;
subplot(2,2,4),plot(k1,mx);xlabel('频率');ylabel('幅度');grid;title('512 点 FFT 变换频谱图')
```

程序运行结果如图 8-24 所示。

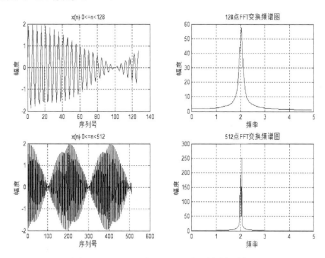

图 8-24 128 点和 512 点采样频谱图

由仿真结果可以看出，当 N=128 时，不能区分出信号的两个频率成分，而当 N=512 时，可以区分出信号的两个频率成分。

8.4.3 离散余弦变换

设 $f(x)$ 为一维离散函数，则 $f(x)$ 的离散余弦变换定义为

$$F(u) = \sqrt{\frac{2}{N}} \sum_{x=0}^{N-1} f(x) \cos\left[\frac{\pi}{2N}(2x+1)u\right] \quad u = 1, 2, \cdots, N-1$$

$$F(0) = \sqrt{\frac{1}{N}} \sum_{x=0}^{N-1} f(x) \quad u = 0$$

其反变换定义为

$$f(x) = \sqrt{\frac{1}{N}} F(0) + \sqrt{\frac{2}{N}} \sum_{u=0}^{N-1} F(u) \cos\left[\frac{\pi}{2N}(2x+1)u\right] \quad x = 1, 2, \cdots, N-1$$

其中
$$g(x,0)=\sqrt{\frac{1}{N}}, \quad g(x,u)=\sqrt{\frac{2}{N}}\cos\left[\frac{\pi}{2N}(2x+1)u\right]$$

MATLAB 中，dct()函数和 idct()函数用于进行 DCT 变换与反变换，函数调用格式如下

$$y=dct(x) \quad 和 \quad x=dct(y)$$

其中，x 为输入序列，y 为 x 的 DCT 结果。

例 8-28　对信号进行离散余弦变换与反变换。

解　MATLAB 程序 ex8_28.m 如下

```
%ex8_28.m
clear;close all
n=1:100;x=2*sin(2*pi*n/20)+3*cos(2*pi*n/10);
y=dct(x);x1=idct(y);
subplot(1,3,1),plot(x),title('原始信号')
subplot(1,3,2),plot(y),title('DCT 变换')
subplot(1,3,3),plot(x1),title('DCT 反变换')
```

程序运行结果如图 8-25 所示。

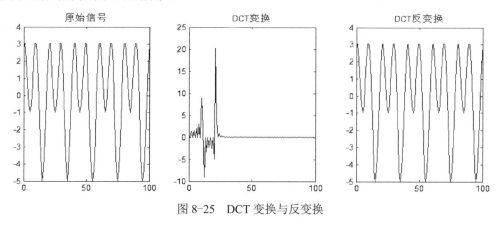

图 8-25　DCT 变换与反变换

8.5　基于 MATLAB 工具箱的信号处理

前面几节介绍了利用 MATLAB 对信号进行处理的函数，这些 MATLAB 的信号处理工具箱（Signal Processing Toolbox）中的函数都是直接在 MATLAB 命令行窗口中执行并显示结果的。为了进一步方便用户，在 MATLAB 的信号处理工具箱中也提供了三套基于图形界面的对信号进行处理的工具。即滤波器设计与分析工具（Filter Design & Analysis Tool）、信号处理工具（Signal Processing Tool）和窗口设计与分析工具（Window Design & Analysis Tool）。下面将对它们分别予以介绍。

8.5.1　滤波器设计与分析工具

在 MATLAB 中，可以通过以下几种方法启动滤波器设计与分析工具：

（1）在 MATLAB 的命令窗口中直接键入 fdatool 命令。

（2）在 MATLAB 6.x/7.x 操作界面左下角的"Start"菜单中，单击"Toolboxs→Signal Processing"命令子菜单中的"Filter Design & Analysis Tool（fdatool）"选项；

（3）在 MATLAB 8.x/9.x 操作界面的应用程序（APPS）页面中，单击信号处理工具箱（Signal Processing Toolbox）中的滤波器设计与分析工具。

通过以上操作，便可打开如图 8-26 所示 Filter Design & Analysis Tool 窗口。

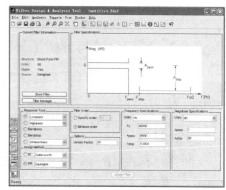

利用图 8-26 中的窗口命令便可进行滤波器的设计与分析。图 8-26 所示的窗口分为两大部分：一部分是滤波器特性区，在此窗口的上半部分，用来显示滤波器的各种特性；另一部分则是滤波器设计区，位于窗口的下半部，用来设置滤波器的设计参数。其中，滤波器设计部分主要包括如下选项组。

图 8-26　Filter Design & Analysis Tool 窗口

（1）滤波器响应类型（Response Type）选项组：包括低通（Lowpass）、高通（Highpass）、带通（Bandpass）、带阻（Bandstop）和一些特殊的 FIR 滤波器等选项。

（2）设计方法（Design Method）选项组：可选择的方法包括 IIR 滤波器的巴特沃思法（Butterworth）、切比雪夫 I 型和 II 型法（Chebyshev Type I 和 Chebyshev Type II）、椭圆滤波器法（Elliptic）、最小 P 范数法（Least Pth-norm）和约束最小 P 范数法（Constr. Least Pth-norm），以及 FIR 滤波器的等纹波法（Equiripple）、最小二乘法（Least Squares）、窗口法（Windows）和约束最小二乘法（Constr. Least Squares）等。

（3）滤波器阶数（Filter Order）选项组：用户可以指定滤波器的阶数（Specify order）。若指定滤波器的阶数为 N，则在 Specify order 中填入 N-1。也可以选择 Minimum order 单选按钮，则此时 Simulink 会根据所选择的滤波器类型自动使用最小阶数。

（4）频带设定（Frequency Specifications）选项组：定义待设定的滤波器频带的各参数。包括数字滤波器的采样频率、滤波器的截止频率。具体的选项由 Response Type 选项组和 Design Method 选项组中的设置确定。

（5）幅值设定（Magnitude Specifications）选项组：定义滤波器通带和阻带中的幅值衰减情况。其中当采用窗函数法设计滤波器时，通带截止频率处的幅值衰减定义为 6dB。

另外，在 Simulink 中，利用信号处理模块集（Signal Processing Blockset）中的信号滤波模块库（Filtering）中的数字滤波器设计模块（Digital Filter Design）也可实现滤波器的设计与分析，该模块的参数设置窗口与图 8-26 完全一样。

8.5.2　信号处理工具

在 MATLAB 中，可以通过以下几种方法启动信号处理工具（Signal Processing Tool）：

（1）在 MATLAB 的命令窗口中直接键入 sptool 命令

（2）在 MATLAB 6.x/7.x 操作界面左下角的"Start"菜单中，单击"Toolboxs→Signal Processing"命令子菜单中的"Signal Processing Tool(sptool)"选项；

（3）在 MATLAB 8.x/9.x 操作界面的应用程序（APPS）页面中，单击信号处理工具箱（Signal Processing Toolbox）中的信号处理工具（Signal Processing Tool）。

通过以上操作，便可打开如图 8-27 所示 Signal

图 8-27　Signal Processing Tool 窗口

Processing Tool 窗口。

利用图 8-27 中的窗口命令便可对信号进行相应的处理。

8.5.3　窗口设计与分析工具

在 MATLAB 中，可以通过以下几种方法启动窗口设计与分析工具（Window Design & Analysis Tool）：

（1）在 MATLAB 的命令窗口中直接键入 wintool 命令

（2）在 MATLAB 6.x/7.x 操作界面左下角的 "Start" 菜单中，单击 "Toolboxs→Signal Processing" 命令子菜单中的 "Window Design & Analysis Tool（wintool）" 选项；

（3）在 MATLAB 8.x/9.x 操作界面的应用程序（APPS）页面中，单击信号处理工具箱（Signal Processing Toolbox）中的窗口设计与分析工具（Window Design & Analysis Tool）。

通过以上操作，便可打开如图 8-28 所示 Window Design & Analysis Tool 窗口。

利用图 8-28 中的窗口命令便可进行窗口的设计与分析。

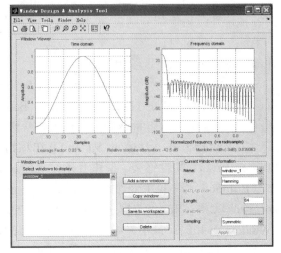

图 8-28　Window Design & Analysis Tool 窗口

小　　结

本章主要对信号与系统中基本的信号表示、信号的基本运算及信号变换方法进行介绍，通过本章的学习应重点掌握 MATLAB 信号表示方法、信号变换的基本原理及 MATLAB 实现方法。

习题

8-1　产生一个 10s 的 5Hz 的正弦波，信号采样频率为 10kHz。

8-2　产生一个随机序列，并计算它的均值、方差和自相关函数。

8-3　信号 $x(t)=\sin(2\pi100t)+3\cos(2\pi50t)$，对该信号加入均值为 0，方差为 0.5 的高斯白噪声，并对加噪前后的信号进行频谱分析。

第9章 MATLAB 在通信系统中的应用

通信系统可定义为由信源、信道、信宿所组成的用以完成信息传输过程的技术系统的总称。信源的任务是将信息变换为适于在信道上传输的信号，一般会经过信源编码、信道编码和调制等处理。信道是连接信源和信宿的通道，是信号传输经过的介质。信宿是信息的目的地，信号最终在信宿变为信息。由于信号在信道上传输会受信道及外界环境的影响，导致到达信宿的信号和从信源发出的信号可能发生变化，使得这一传输过程变得不可靠。通信系统的任务就是通过信源编码、信道编码、调制解调等手段在不可靠的信道上传输信号。本章将介绍 MATLAB 在实现通信系统仿真中所涉及的基本模块的用法及示例。

9.1 信源及其编译码

9.1.1 基本信号发生器

通信系统可分为模拟通信系统和数字通信系统两大类，相应的信号表示也分为模拟信号和数字信号。在 MATLAB 中我们用连续时间信号和离散时间信号分别表示模拟信号和数字信号，关于这两类信号已在 8.1 节和 8.2 节做过介绍，本节将综合使用前面介绍的函数生成一些通信系统中常见的信号。

对一个正弦信号我们可以用下列公式表示：

$$s = A\sin(2\pi ft + \omega) \tag{9-1}$$

其中：A 为信号的幅值；f 为信号的频率；t 为时间；ω 为信号的相位。

上述模拟信号在 MATLAB 中将以离散形式出现，即时间 t 将以 Δt 为间隔等距离采样，$1/\Delta t$ 称为采样频率，由采样定理可知，$1/\Delta t$ 应大于等于 $2f$。ω 应取弧度制。

例 9-1 在[0,10]区间生成一个周期为 2π 的正弦信号。

解 MATLAB 程序如下

```
%ex9-1.m
A=1;            %信号幅值
t=0:0.2:10;     %采样间隔为 0.2 秒，时长为 10 秒
f=1/(2*pi);     %信号频率为 1/(2π)，即周期为 2π
w=pi/2;         %信号相位
s=A*sin(2*pi*f*t+w)
```

其他常见信号的生成和正弦信号类似，在此只列出 MATLAB 函数。

（1）锯齿波（三角波）

函数 sawtooth（t,width）生成周期为 2π、幅度为[-1, 1]的锯齿波；width 取值为[0, 1]，最大值出现在 width*2π，即从 0 到 width*2π 信号从-1 到 1 线性递增，width*2π 到 2π 信号从 1 到-1 线性递减。width=0.5 时生成三角波。

（2）方波信号

函数 square（t,duty）生成周期为 2π、峰值为+1 到-1 的方波；duty 为正值信号所占的百分比。

（3）白噪声信号

函数 wgn（m,n,p）生成 $m \times n$ 的高斯白噪声，p 为以 dBW 为单位的噪声强度。

（4）在信号中叠加白噪声

信号在信道中传输会引入信道噪声，最常见的噪声类型为高斯白噪声，函数 awgn（x,snr）用来模拟信道产生的噪声。x 为输入信号；snr 为噪声的信噪比，单位为 dB。

9.1.2 信源编码

通过通信原理可知，信源产生信号后如果直接对信号进行信道传输，其传输效率是非常低的，为了提高通信效率和符号的平均信息量，有必要对信号进行编码变换。通过对信源输出符号序列的统计特性，来寻找把信源输出符号序列变换为最短的码字序列的方法，使各码元所载荷的平均信息量最大，同时又能保证无失真地恢复原来的符号序列。例如采用霍夫曼（Huffman）编码，将出现频率高的码字赋予较短的编码，而对出现频率低的码字赋予较长的编码，可以有效地降低平均码长，提高编码效率。除了 Huffman 编码以外还有很多信源编码方案，如：脉冲编码调制（Pulse Code Modulation，PCM）、差分脉冲编码调制（Differential Pulse Code Modulation，DPCM）、增量调制（Differential Modulation，DM）、算术编码、LZW 编码等。

1. 信号量化

信号的采样过程实现了信号在时间尺度的离散化，而为了完成数字通信还需对信号进行空间尺度的离散化，即量化过程。量化是将信号的幅度范围分割成有限个固定区域，每个区域选取一个代表值，凡是落在这一区域内的信号都用这个代表值替换。按输入输出间隔是否均匀，可将 PCM 分成两大类。

（1）均匀量化

如果采用相等的量化间隔处理采样得到的信号值，那么这种量化称为均匀量化。均匀量化就是采用相同的"等分尺"来度量采样得到的幅度，也称为线性量化。

（2）非均匀量化

用均匀量化方法量化输入信号时，无论是对大的输入信号还是小的输入信号一律都采用相同的量化间隔。为了适应幅度大的输入信号，同时又要满足精度要求，就需要增加量化间隔，这将导致增加样本的位数。但是，有些信号（例如话音信号），大信号出现的机会并不多，增加的样本位数就没有充分利用。为了克服这个不足，就出现了非均匀量化的方法，这种方法也叫做非线性量化。

非线性量化的基本想法是，对输入信号进行量化时，大的输入信号采用大的量化间隔，小的输入信号采用小的量化间隔。

例 9-2 实现对一组信号的量化，并绘图显示原始信号和量化以后的信号。

解 MATLAB 程序如下。

```
%ex9_2.m
partition = [0,1,3];codebook = [-1, 0.5, 2, 3];
samp = [-2.4, -1, -.2, 0, .2, 1, 1.2, 1.9, 2, 2.9, 3, 3.5, 5];
[index, quantized] = quantize(samp, partition, codebook); x=1:length(samp);
plot(x,samp, '-o', x, quantized, 'xr');legend('原始信号','量化信号')
```

运行以上程序后可得如图 9-1 所示曲线。

MATLAB 的 quantiz 函数实现了对输入信号按照指定的分区和分区码书（分区代表值）进行量化的过程。其用法如下

$$[\text{indx, quantv}] = \text{quantiz}（\text{sig, partition, codebook}）$$

其中，sig 为输入信号；partition 为分区边界值；codebook 为分区码书（分区代表值）；indx 为 0 为起始值的分区序号；quantv 为信号对应的量化值。

例 9-3 将 9.1.1 节产生的正弦信号量化为 8 个分区。

解 MATLAB 程序如下

```
%ex9_3.m
A=1;t=0:0.2:10;f=1/(2*pi);w=pi/2;s=A*sin(2*pi*f*t+w);
partition = linspace(-0.9,0.9,7);codebook = linspace(-1,1,8);
[index,quants] = quantize(s,partition,codebook);
plot(t,s,'-o',t,quants,'rx');legend('原始信号','量化信号');axis([-.2 10 -1.2 1.2])
```

运行以上程序后可得如图 9-2 所示曲线。

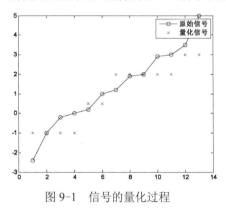

图 9-1　信号的量化过程

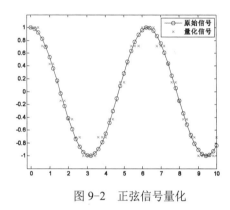

图 9-2　正弦信号量化

2．量化参数的优化

quantize()函数除了对信号进行量化以外还可以实现对量化误差的计算，其用法为：

$$[\text{indx, quantv, distor}] = \text{quantize}(\text{sig, partition, codebook})$$

其中第三个返回值 distor 为本次量化操作的均方误差。如将上例中 quantiz 函数所在行用下面语句代替，就可求出本次量化的均方误差。

```
>>[index,quants, distor] = quantize(s,partition,codebook);distor
distor =
        0.0069
```

对同一组信号，不同的量化区间和量化值会产生不同的量化效果。MATLAB 的 lloyds()函数可以实现对信号量化的最优设计。

$$[\text{partition, codebook}] = \text{lloyds}(\text{training\_set, ini\_codebook})$$

其中，partition 为返回的量化区间；codebook 为返回的量化值；training_set 为输入训练数据；ini_codebook 为初始量化值

例 9-4 将例 9-1 中的正弦信号用 lloyds()函数优化量化区间，并和原量化区间做对比。

解 在例 9-1 的基础上使用 lloyds()函数重新计算量化区间和量化值，并计算其均方误差。

```
%ex9_4.m
A = 1;t = [0:0.2:10];f = 1/(2*pi);w = pi/2;s = A*sin(2*pi*f*t+w);
partition = linspace(-0.9,0.9,7);codebook = linspace(-1,1,8);
[partition2,codebook2] = lloyds(s,codebook);
[index,quants,distor] = quantize(s,partition,codebook);
```

```
[index2,quant2,distor2] = quantize(s,partition2,codebook2);
[distor, distor2]
```

运行结果：

```
ans =
    0.0069    0.0047
```

通过两者均方误差值可以看出，用 lloyds()函数优化的量化方案比之前的量化方案有了很大提高。

3．PCM A 律、μ 律压扩

对上述量化过程得到的量化值赋予一个长度为 N 的二进制数，就完成了一次编码过程。如上例中 N=3，8 个量化值可依次赋予{000, 001, 010, 011, 100, 101, 110, 111}。

在语音信号的非线性量化中，采样输入信号幅度和量化输出数据之间定义了两种对应关系，一种称为 A 律压扩（A-law companding）算法，另一种称为 μ 律压扩（μ-law companding）算法。这两种压扩方案的设计出发点是，在数据值较小的地方采用较小的量化区间，而在数据值较大的地方采用较大的量化区间。

G.711 标准建议的 A 律压扩主要用在中国大陆和欧洲等地区的数字电话通信中，按下面的式子确定量化输入和输出的关系：

$$F_A(x) = \begin{cases} \text{sgn}(x)\dfrac{A|x|}{1+\ln A}, & 0 < |x| \leqslant 1/A \\ \text{sgn}(x)\dfrac{1+\ln(A|x|)}{1+\ln A}, & 1/A < |x| \leqslant 1 \end{cases} \tag{9-2}$$

式中，x 为输入信号幅度，规格化成-1≤x≤1；sgn(x)为 x 的极性，x<0 时为-1，否则为 1；A 为确定压缩量的参数，它反映最大量化间隔和最小量化间隔之比，通常取 A=87.6。

G.711 标准建议的 μ 律压扩主要用在北美和日本等地区的数字电话通信中，按下面的式子（归一化）确定量化输入和输出的关系：

$$F_\mu(x) = \text{sgn}(x)\dfrac{\ln(1+\mu|x|)}{\ln(1+\mu)} \tag{9-3}$$

式中，x 为输入信号幅度，规格化成-1≤x≤1；sgn(x)为 x 的极性，x<0 时为-1，否则为 1；μ 为确定压缩量的参数，它反映最大量化间隔和最小量化间隔之比，取 100≤μ≤500，通常取 μ=255。

由于 μ 律压扩的输入和输出关系是对数关系，所以这种编码又称为对数 PCM。具体计算时，用 μ=255，可以把对数曲线变成 8 条折线以简化计算过程。

对于采样频率为 8kHz，样本精度为 13 比特、14 比特或者 16 比特的输入信号，使用 μ 律压扩编码或者 A 律压扩编码，经过编码器之后每个样本的精度为 8 比特，输出的数据率为 64kbps。这就是 CCITT 推荐的 G.711 标准：话音频率脉冲编码调制（Pulse Code Modulation（PCM）of Voice Frequencies）。通常的听觉主观感觉认为 G.711 的 8 位压扩量化有不低于 12 位均匀量化 A/D 的信噪比及动态范围。

MATLAB 的 compand()函数实现了 A 律和 μ 律的压缩和扩展操作，其用法如下

out = compand(in, param, v, method)

其中，in 为输入待压扩的信号；param 为 A 律或 μ 律的参数，通常 A 律取值为 87.6，μ 律取值为 255；v 为输入信号的峰值；method 为压扩算法选择，'mu/compressor'为 μ 律压缩，'mu/expander'为 μ 律扩展，'A/compressor'为 A 律压缩，'A/expander'为 A 律扩展。

下面用一个例子比较一下线性量化和 μ 律压扩的结果。

例 9-5 对一个指数信号，比较线性量化和 μ 律压扩两者的量化效果。

解 MATLAB 程序如下

```
%ex9_5.m
Mu = 255;                                    % μ律参数
sig = -4:.1:4;sig = exp(sig); V = max(sig);
% 1. 采用线性量化方案
[index,quants,distor] = quantiz(sig,0:floor(V),0:ceil(V));
% 2.  采用非线性方案
compsig = compand(sig,Mu,V,'mu/compressor');        %采用μ律算法压缩 sig 信号
[index,quants] = quantiz(compsig,0:floor(V),0:ceil(V));
newsig = compand(quants,Mu,max(quants),'mu/expander'); %采用μ律算法解缩 quants 信号
distor2 = sum((newsig-sig).^2)/length(sig);
[distor, distor2]          % 显示两种方案的均方差
plot(sig); hold on;plot(compsig,'r--');legend('线性量化','非线性量化')
```

运行以上程序后可得如图 9-3 所示曲线。

4．DPCM

预测编码是根据相邻离散信号之间存在一定关联性这一特点，利用前面一个或多个信号预测下一个信号，对实际值和预测值的差（预测误差）进行编码。如果预测比较准确，误差就会很小。在同等精度要求条件下，就可以用较少的比特进行编码，达到压缩数据的目的。

线性预测分析（Linear Predictive Analysis，LPA）的基本思想是：信号的每个取样值能够用过去若干个取样值的线性组合（预测值）来逼近。

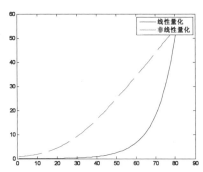

图 9-3　线性量化和非线性量化对比

$$\hat{a}_i = a_{i-3} \times w_{i-3} + a_{i-2} \times w_{i-2} + a_{i-1} \times w_{i-1}$$
$$e_i = d(a_i - \hat{a}_i) \tag{9-4}$$

式中，a_i 为 i 时刻的信号值，w_i 为权重，$\hat{a}_i$ 为 a_i 的预测值；$d()$ 为距离测度函数，e_i 为预测值和真实值的差值。

通过使实际语音信号取样值和线性预测样值之间的均方误差最小，来决定唯一的一组预测器系数。这里的预测器系数就是线性组合中所用的加权系数。

LPA 的实现方法为：用线性预测误差滤波器来实现，线性预测误差滤波器的传递函数为：

$$A(z) = 1 - \sum_{i=1}^{p} \alpha_i z^{-i} \tag{9-5}$$

式中，p 为预测器阶数；α_i 为线性预测器系数

差分脉冲编码调制（DPCM）的思想是，根据过去的样本去估算下一个样本信号的幅度大小，然后对实际信号值与预测值之差进行量化编码，从而减少了样本信号的位数。

它与脉冲编码调制（PCM）不同的是，PCM 是直接对采样信号进行量化编码，而 DPCM 是对实际信号值与预测值之差进行量化编码，存储或者传送的是差值而不是幅度绝对值，这就降低了传送或存储的数据量。此外，它还能适应大范围变化的输入信号。

DPCM 的编码框图见图 9-4。图中，$f(n)$ 为输入信号，$f'(n)$ 为预测信号，$\hat{f}(n)$ 为目标信号，$e(n)$ 为 $f(n)$ 和 $f'(n)$ 的差值信号，$e'(n)$ 为 $e(n)$ 量化后的输出信号。目标信号为解码端最终得到的信号。预测器的输入为目标信号 $\hat{f}(n)$。

图 9-4 中，各信号之间的关系如下

图 9-4 DPCM 编码框图

$$e(n) = f(n) - f'(n) \tag{9-6}$$

$$\hat{f}(n) = f'(n) + e'(n) \tag{9-7}$$

$$f'(n) = \sum_{i=1}^{N} a_i \hat{f}(n-i) \tag{9-8}$$

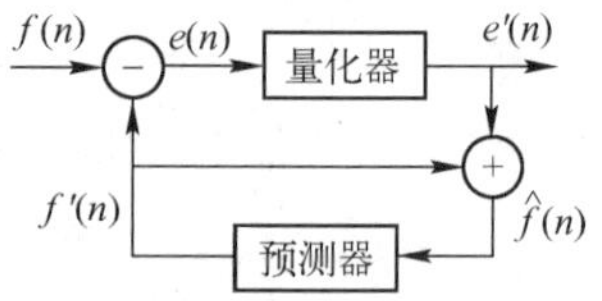

DPCM 的优点是算法简单，硬件容易实现，缺点是对信道噪声很敏感，会产生误差扩散。同时，DPCM 的压缩率也比较低。

MATLAB 中，下列函数用于支持 DPCM 编解码：

indx = dpcmenco(sig, codebook, partition, predictor)

[indx, quanterr] = dpcmenco(sig, codebook, partition, predictor)

sig = dpcmdeco(indx, codebook, predictor)

[sig, quanterr] = dpcmdeco(indx, codebook, predictor)

其中，dpcmenco()为编码器；dpcmdeco()为解码器；sig 为待编码信号；codebook 为码本；partition 为码本区间；predictor 为预测器系数。

如果预测器为 m 阶线性预测器，则有下列关系。

$$y(k) = p(1)x(k-1) + p(2)x(k-2) + \cdots + p(m)x(k-m) \tag{9-9}$$

其中，$x(n)$ 为预测器输入信号；$p(n)$ 为预测器加权系数；$y(k)$ 为 k 时刻的预测值。

函数中 predictor 参数可用下列公式赋值

$$predictor = [0, p(1), p(2), p(3), \cdots, p(m-1), p(m)] \tag{9-10}$$

其中，quanterr 为预测器误差；返回值 indx 为码本区间的索引值。

例 9-6 设计一个 DPCM 编码器，其预测器为一阶滤波器；用该编码器对一个正弦波信号进行编码，比较编解码信号并计算均方误差。

解 MATLAB 程序如下

```
%ex9_6
predictor = [0 1];                                    %预测器结构为：y(k)=x(k-1)
partition = [-1:.1:.9];codebook = [-1:.1:1];
t = [0:pi/50:2*pi];x = sin(3*t);
encodedx = dpcmenco(x,codebook,partition,predictor);  %使用 DPCM 编码器对 x 进行编码
decodedx = dpcmdeco(encodedx,codebook,predictor);     %使用 DPCM 解码器对 encodedx 进行解码
plot(t,x,t,decodedx,'kx');legend('原始信号','解码信号');
distor = sum((x-decodedx).^2)/length(x) % 求均方误差
```

运行以上程序后可得以下结果和如图 9-5 所示曲线。

```
distor =
        0.0034
```

在 DPCM 编码中预测器和码本的设计直接关系到编码的误差大小，MATLAB 中 dpcmopt()函数用于优化 DPCM 的预测器、码本和码本区间，其用法如下

predictor = dpcmopt(training_set, ord)

[predictor,codebook,partition] = dpcmopt(training_set,ord,clength)

[predictor,codebook,partition] = dpcmopt(raining_set,ord,ini_codebook)

其中，training_set 为训练集；ord 为预测器阶数；clength 为码本长度；ini_codebook 为初始码本；返回值 predictor 为优化的预测器系数；codebook 为优化的码本值；partition 为优化的码本区间。

例 9-7 用 dpcmopt() 对上例中的信号进行 DPCM 编解码，并计算均方误差。

解 MATLAB 程序如下

```
%ex9_7.m
t = [0:pi/50:2*pi];
x = sin(3*t);                                    % 生成原始信号
initcodebook = [-1:.1:1];                        % 构造初始码书
% 使用 1 阶预测器优化初始码书
[predictor,codebook,partition] = dpcmopt(x,1,initcodebook);   %使用 DPCM 对 x 进行量化
encodedx = dpcmenco(x,codebook,partition,predictor);         %使用 DPCM 对 encodedx 进行解码
decodedx = dpcmdeco(encodedx,codebook,predictor);
plot(t,x,t,decodedx,'--');legend('原始信号','解码信号');
distor = sum((x-decodedx).^2)/length(x) % 计算均方误差
```

运行以上程序后可得以下结果和如图 9-6 所示曲线。

```
distor =
          6.9715e-004
```

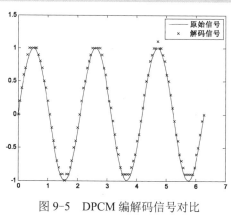

图 9-5 DPCM 编解码信号对比

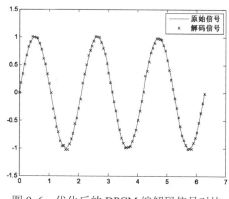

图 9-6 优化后的 DPCM 编解码信号对比

5. 算术编码

算术编码是一种无损数据压缩方法，也是一种熵编码。和其他熵编码方法不同的地方在于，其他的熵编码方法通常是把输入的消息分割为符号，然后对每个符号进行编码，而算术编码是直接把整个输入的消息编码为一个数，一个满足（$0.0 \leqslant n < 1.0$）的小数 n。

算术编码用到两个基本的参数：符号的概率和它的编码间隔。由于所有符号的概率和为 1，则可将 $[0,1)$ 区间按照符号的概率值分割为和符号空间数量相等的区间，每一个符号对应一个和其概率值相等的区间。在编码过程中始终有一个"当前区间" $[L, H)$，对这个区间按符号概率进行分割，下一个输入信号对应的区间就是下一步的"当前区间"。

算术编码可按如下步骤执行：

（1）编码器在开始时将"当前区间" $[L, H)$ 设置为 $[0, 1)$。

（2）对每一个输入信号，编码器按以下步骤进行处理：

① 编码器将"当前区间"分为子区间，一个符号对应一个区间；

② 选择当前信号对应的子区间，并使它成为新的"当前区间"。

（3）最后输出的"当前区间" $[L, H)$ 为算术编码区间，在这个区间中找一个容易变成二进制的数，把它转换成二进制小数，去掉"0."后的 0、1 序列即为算术编码结果。在最后选取的"当前区间"内的任意点都可以作为算术编码的结果，因此算术编码的值不是唯一的，判

断所选点的好坏标准是二进制小数的长度越小越好。

例 9-8 已知一个信源发生 A, B, C, D 事件的概率分别为 0.4, 0.2, 0.3, 0.1，对已发生的一个序列"ABDCC"进行算术编码。

解 已知 4 个信源符号的概率分别为{0.4,0.2,0.3,0.1}，根据这些概率可把间隔[0,1）分成 4 个子间隔：[0,0.4)，[0.4,0.6)，[0.6,0.9)，[0.9,1)。按图 9-7 所示步骤进行编码。

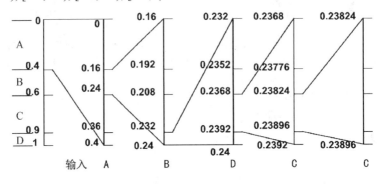

图 9-7　算术编码示例

初始"当前区间"为[0,1）。第一个输入 A 对应的区间为[0,0.4），将"当前区间"设为[0,0.4），并对这个区间按信源符号的概率划分为 4 个区间；第二个输入 B 在"当前区间"的子区间为[0.16,0.24），将"当前区间"更新为此区间，并划分子区间；第三个输入 D 在"当前区间"的子区间为[0.232,0.24），将"当前区间"更新为此区间，并划分子区间；第四个输入 C 在"当前区间"的子区间为[0.2368,0.2392），将"当前区间"更新为此区间，并划分子区间；第五个输入 C 在"当前区间"的子区间为[0.23824,0.23896），将"当前区间"更新为此区间。

到此为止得到区间[0.23824,0.23896）。在这个区间内随便选择一个容易变成二进制的数，例如 0.23828125，将它变成二进制数 0.00111101，去掉前面没有意义的 0 和小数点，编码输出 00111101，这就是信息被压缩后的结果。

MATLAB 中 arithenco()函数可实现算术编码。

$$code = arithenco(seq, counts)$$

其中，counts 为信源符号出现的次数（概率）；seq 为输入序列，用信源符号的序号代替；返回值 code 为编码后的二进制字符串。

例 9-9 使用算术编解码函数对例 9-8 中的信源事件进行算术编码。

解 MATLAB 程序如下

```
%ex9_9.m
seq = [1 2 4 3 3];counts = [4 2 3 1];code = arithenco(seq,counts)
dseq = arithdeco(code,counts,length(seq))
```

运行结果：

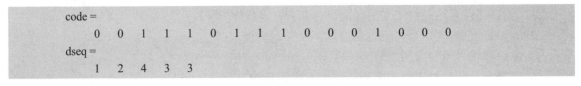

算术编码的特点为：

① 不必预先定义概率模型，模式具有自适应的优点；

② 信源符号概率接近时，算术编码效率高于其他编码方法。

③ 算术编码绕过了用一个特定的代码替代一个输入符号的想法，用一个浮点输出数值代替一个符号流的输入。

但在实际应用中需注意下列问题：

① 由于实际的计算机的精度不可能无限长，运算中会出现溢出问题，但多数机器都有 16 位、32 位或者 64 位的精度，因此这个问题可使用比例缩放方法解决。

② 算术编码器对整个消息只产生一个码字，这个码字是在间隔[0,1）中的一个实数，因此译码器在接收到表示这个实数的所有位之前不能进行译码。

③ 算术编码也是一种对错误很敏感的编码方法，如果有一位发生错误就会导致整个消息译错。

6．霍夫曼（Huffman）编码

Huffman 编码的理论基础是 Huffman 定理。Huffman 定理（1952 年由 Huffman 提出）为：在变长编码中,对出现概率大的信源符号赋于短码字，而对于出现概率小的信源符号赋于长码字。如果码字长度严格按照所对应符号出现概率大小逆序排列，则编码结果平均码字长度一定不大于任何其他排列方式。

在用霍夫曼编码算法对信号编码时首先需要统计所有信源符号的出现概率。通过信源符号的出现概率构造一个二叉树。首先，对信源符号按出现概率从大到小依次排列，选取出现概率最小的两个进行合并，并将两者的概率相加构成一个新的合并概率；从新的合并概率和剩余的符号概率中再找概率值最小的两个进行合并，一直到合并概率值为 1。在这个过程中会构造一个二叉树，对二叉树的每个分支分别赋予"0"或"1"，从二叉树的根到叶子节点经过的分支上的"0"、"1"值就是叶子节点所对应的信源符号的码字。例如，有 7 个信源符号，其出现概率如表 9-1 所示，求霍夫曼编码码字。

表 9-1　信源符号出现概率

信源符号	a1	a2	a3	a4	a5	a6	a7
出现概率	0.20	0.19	0.18	0.17	0.15	0.10	0.01

上述信源的霍夫曼编码过程可用图 9-8 表示。

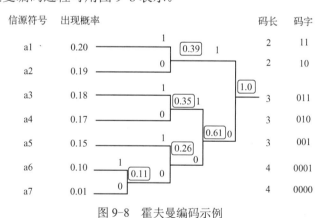

图 9-8　霍夫曼编码示例

与霍夫曼压缩算法相关的 MATLAB 函数有如下几个：

[dict, avglen] = huffmandict(sym, prob)

enco = huffmanenco(sig, dict)

deco = huffmandeco(comp, dict)

其中，huffmandict()函数为构造霍夫曼字典函数，sym 为信源符号，prob 为信源符号的概率；返回值 dict 为 Cell 类型的信源符号和其码字的关系表，avglen 为平均码长。huffmanenco()和huffmandeco()分别为霍夫曼编码和解码函数，其中 sig 可以为数字矢量或 Cell 矢量。

例 9-10 对表 9-1 中信源符号计算各自的霍夫曼码字，并对 a3 a5 a1 a3 a2 a2 a1 a6 a7 a2 a4 a5 a4 a2 a1 进行编码然后解码。

解 MATLAB 程序如下

```
%ex9_10.m
sig = {'a3' 'a5' 'a1' 'a3' 'a2' 'a2' 'a1' 'a6' 'a7' 'a2' 'a4' 'a5' 'a4' 'a2' 'a1'};    %编码序列
symbols = {'a1' 'a2' 'a3' 'a4' 'a5' 'a6' 'a7'};                                        %符号列表
p = [0.20 0.19 0.18 0.17 0.15 0.10 0.01];                                              %符号概率
[dict avglen]= huffmandict(symbols,p);                                                 %生成字典
hcode = huffmanenco(sig,dict)                                                          %编码
dhsig = huffmandeco(hcode,dict);                                                       % 解码
avglen
```

运行结果：

```
hcode =
0 0 0 0 1 0 1 0 0 0 0 1 1 1 1 1 0 0 1 1 0 0 1 1 1 1 1 0 0 1 0 1 0 0 0 1 1 1 1 0
avglen =
          2.7200
```

用表格形式展示 dict 的值（见表 9-2）。

在构造霍夫曼二叉树时，可能会出现多个概率相等的概率，在概率合并时就会出现不同的合并方案，最后会导致出现不同的二叉树，因此霍夫曼的编码方法并不唯一。

表 9-2　霍夫曼编码符号-码字对应表

符号	a1	a2	a3	a4	a5	a6	a7
码字	1 0	1 1	0 0 0	0 0 1	0 1 0	0 1 1 0	0 1 1 1

霍夫曼编码的缺点：

① 没有错误保护功能；

② 无法随机读取压缩文件中间的内容再译码，只能顺序读取再译码。

9.2　差错控制编译码

差错控制编码也称为纠错编码。在实际信道上传输数字信号时，由于信道传输特性不理想及加性噪声的影响，接收端所收到的数字信号不可避免地会发生错误。为了在已知信噪比情况下达到一定的比特误码率指标，首先应该合理设计基带信号，选择合适的调制解调方式，采用时域、频域均衡，使比特误码率尽可能降低。但实际上，在许多通信系统中的比特误码率并不能满足实际的需求。此时则必须采用信道编码（即差错控制编码）才能将比特误码率进一步降低，以满足系统指标要求。

随着差错控制编码理论的完善和数字电路技术的飞速发展，信道编码已经成功地应用于各种通信系统中，并且在计算机、磁记录与各种存储器中也得到日益广泛的应用。差错控制编码的基本实现方法是在发送端将被传输的信息附上一些监督码元，这些多余的码元与信息码元之间以某种确定的规则相互关联（约束）。接收端按照既定的规则校验信息码元与监督码元之间的关系，一旦传输发生差错，则信息码元与监督码元的关系就受到破坏，从而接收端可以发现

错误乃至纠正错误。因此，研究各种编码和译码方法是差错控制编码所要解决的问题。编码涉及到的内容也比较广泛，前向纠错编码（FEC）、线性分组码（汉明码、循环码）、理德-所罗门码（RS 码）、BCH 码、FIRE 码、交织码，卷积码、TCM 编码、Turbo 码等都是差错控制编码。

9.2.1 差错控制方式

传输信道中常见的错误有以下三种：

（1）随机错误。错误的出现是随机的，一般而言错误出现的位置是随机分布的，即各个码元是否发生错误是互相独立的，通常不是成片地出现错误。这种情况一般是由信道的加性随机噪声引起的。因此，一般将具有此特性的信道称为随机信道。

（2）突发错误。错误的的出现是一连串出现的。通常在一个突发错误持续时间内，开头和末尾的码元总是错的，中间的某些码元可能错也可能对，但错误的码元相对较多。例如，移动通信中信号在某一段时间内发生衰落，造成一串差错；汽车发动时电火花干扰造成的错误；光盘上的一条划痕；等等。这样的信道我们称之为突发信道。

（3）混合错误。既有突发错误又有随机差错的情况。这种信道称之为混合信道。

差错控制一股分为检错法和纠错法。检错法是指在传输中仅仅发送足以使接收端检测出差错的附加位，接收端检测到一个差错就要求重新发送数据。纠错法是指在传输中发送足够的附加位，使接收端能以很高的概率检测并纠正大多数差错。检错法只能检测到数据传输过程中有错误发生，却不能纠正这些错误。错误的纠正方法有两种：一种方法是当通过检验码发现有错误时，接收方要求数据的发送方重新发送整个数据单元；另一种方法是采用错误纠正码进行数据传输，自动纠正发生的错误。

1. 检错重发方式（ARQ）

采用检错重发方式，发送端经编码后发出能够发现错误的码，接收端收到后经检验如果发现传输中有错误，则通过反向信道把这一判断结果以否认信号（NAK）的方式反馈给发送端。然后，发送端把信息重发一次，直到接收端确认并发出确认信号（ACK）为止。采用这种差错控制方法需要具备双向通道，一般在计算机数据通信中应用。检错重发方式分为三种类型。

（1）停发等待重发，发对或发错，发送端均要等待接收端的回应。特点是系统简单，时延长。

（2）返回重发，无 ACK 信号，当发送端收到 NAK 信号后，重发错误码组以后的所有码组，特点是系统较为复杂，时延减小。

（3）选择重发。无 ACK 信号，当发送端收到 NAK 信号后，重发错误码组，特点是系统复杂，时延最小。

2. 前向纠错方式（FEC）

发送端经编码发出能纠正错误的码，接收端收到这些码组后，通过译码能发现并纠正误码。前向纠错方式不需要反馈通道，特别适合只能提供单向信道的场合，特点是时延小，实时性好，但系统复杂。但随着编码理论和微电子技术的发展，编译码设备成本下降，加之有单向通信和控制电路简单的优点，在实际应用中日益增多。

3. 混合纠错检错方式（HEC）

混合纠错检错方式是前向纠错方式和检错重发方式的结合，发送端发出的码不但有一定的纠错能力，而且对于超出纠错能力的错误要具有检错能力。这种方式在实时性和复杂性方面是前向纠错和检错重发方式的折中，因而近年来在数据通信系统中采用较多。

4. 反馈校验方式（IRQ）

反馈校验方式（IRQ）又称回程校验。收端把收到的数据序列全部由反向信道送回发送端，发送端比较发送数据与回送数据，从而发现是否有错误，并把认为错误的数据重新发送，直到发送端没有发现错误为止。

优点：不需要纠错、检错的编译器，设备简单。

缺点：需要反向信道；实时性差；发送端需要一定容量的存储器。IRQ 方式仅适用于传输速率较低、数据差错率较低的控制简单的系统中。

9.2.2　分组码

分组码是一类重要的纠错码，它把信源待发的信息序列按固定的 K 位一组划分成消息组，再将每一消息组独立变换成长为 $n(n>K)$ 的二进制数字组，称为码字。如果消息组的数目为 M（显然 $M \leqslant 2^K$），由此所获得的 M 个码字的全体便称为码长为 n、信息数目为 M 的分组码，记为 (n, M)。把消息组变换成码字的过程称为编码，其逆过程称为译码。

分组码就其构成方式可分为线性分组码与非线性分组码。

线性分组码是指 (n, M) 分组码中的 M 个码字之间具有一定的线性约束关系，即这些码字总体构成了 n 维线性空间的一个 K 维子空间。称此 K 维子空间为 (n, K) 线性分组码，n 为码长，K 为信息位。此处 $M=2^K$。

非线性分组码 (n, M) 是指 M 个码字之间不存在线性约束关系的分组码。d 为 M 个码字之间的最小距离。非线性分组码常记为 (n, M, d)。非线性分组码的优点是：对于给定的最小距离 d，可以获得最大可能的码字数目。非线性分组码的编码和译码因码类不同而异。

在分组码中，把码组中"1"的个数称为码组的重量，简称码重。把两个码组中对应位上数字不同的位数称为码组的距离，简称为码距，码距又称为汉明距离。最小码距为编码中各个码组之间距离的最小值。一种编码的最小距离的和其检错与纠错能力有如下关系：

（1）为检测 e 个错码，要求最小码距大于等于 $e+1$；

（2）为了纠正 t 个错码，要求最小码距大于等于 $2t+1$；

（3）为纠正 t 个错码同时检测 e 个错码，要求最小码距 $d_0 \geqslant e+t+1 (e>t)$。

1. 线性分组码

在一个 (n, K) 线性分组码中，n 位长度的码字中包含 K 位信息位和 $n-K$ 位校验位，校验位由信息位的线性组合而成。以一个（6，3）线性分组码为例，设该线性分组码为 $C=[c_1, c_2, c_3, c_4, c_5, c_6]$，其中 c_1, c_2, c_3 为信息位，c_4, c_5, c_6 为校验位，并设校验位和信息位的线性关系由下列方程组约束，式中运算符"+"为模二加运算。

$$\begin{cases} c_4 = c_1 + c_3 \\ c_5 = c_1 + c_2 + c_3 \\ c_6 = c_1 + c_2 \end{cases} \tag{9-11}$$

将上述方程组改写为

$$\begin{cases} c_1 + c_3 + c_4 = 0 \\ c_1 + c_2 + c_3 + c_5 = 0 \\ c_1 + c_2 + c_6 = 0 \end{cases} \tag{9-12}$$

用矩阵形式表示
$$\begin{bmatrix} 1 & 0 & 1 & 1 & 0 & 0 \\ 1 & 1 & 1 & 0 & 1 & 0 \\ 1 & 1 & 0 & 0 & 0 & 1 \end{bmatrix} \begin{bmatrix} c_1 \\ c_2 \\ c_3 \\ c_4 \\ c_5 \\ c_6 \end{bmatrix} = 0 \tag{9-13}$$

令 $H = \begin{bmatrix} 1 & 0 & 1 & 1 & 0 & 0 \\ 1 & 1 & 1 & 0 & 1 & 0 \\ 1 & 1 & 0 & 0 & 0 & 1 \end{bmatrix}$，可得 $HC^T = 0$，H 即为线性分组码的校验矩阵，也称监督矩阵。

H 可以分解为两个矩阵的组合，即 $H = [Q \mid I_3]$，$Q = \begin{bmatrix} 1 & 0 & 1 \\ 1 & 1 & 1 \\ 1 & 1 & 0 \end{bmatrix}$，$I_3 = \begin{bmatrix} 1 & 0 & 0 \\ 0 & 1 & 0 \\ 0 & 0 & 1 \end{bmatrix}$。

式（9-13）经过变换可得如下形式：
$$\begin{cases} c_1 = c_1 \\ c_2 = c_2 \\ c_3 = c_3 \\ c_4 = c_1 + c_3 \\ c_5 = c_1 + c_2 + c_3 \\ c_6 = c_1 + c_2 \end{cases} \tag{9-14}$$

令 $m = [c_1, c_2, c_3]$，$G = \begin{bmatrix} 1 & 0 & 0 & 1 & 1 & 1 \\ 0 & 1 & 0 & 0 & 1 & 1 \\ 0 & 0 & 1 & 1 & 1 & 0 \end{bmatrix}$，可得 $C = mG$，G 即为生成矩阵。

G 也可以分解为两个矩阵的组合，$G = [I_3 \mid P]$，$P = \begin{bmatrix} 1 & 1 & 1 \\ 0 & 1 & 1 \\ 1 & 1 & 0 \end{bmatrix}$，通过比较可知，$P = Q^T$。

上述（6，3）线性分组码的信息位长度为 3，共 8 种组合，而整个码字空间为 $2^6 = 64$，信息位和码字的对应关系可用表 9-3 表示。

在一个传输系统中，消息由生成矩阵生成码字 A，通过信道传输到达接收方。如果信道存在误差导致接收方得到的码字为 B，发送码字和接收码字之差为
$$E = B - A = [b_0, b_1, b_2, \cdots, b_{n-1}] - [a_0, a_1, a_2, \cdots, a_{n-1}] = [e_0, e_1, e_2, \cdots, e_{n-1}] \tag{9-15}$$
上式中 $e_i = \begin{cases} 0, & a_i = b_i \\ 1, & a_i \neq b_i \end{cases}$。

接收方通过校验矩阵公式可得校验码 S。
$$S = HB^T = H(A+E)^T = HA^T + HE^T \tag{9-16}$$
由于 $HA^T = 0$，所以 $S = HE^T$，即校验码 S 和错误误差 E 有确定关系。

如果第 i 位发生错误，E 为非空矩阵，S 将不为 0。并且不同位置错误所生成的校验码 S 也是不同的，就可以通过其对应关系找到错误的位置。以上述（6，3）线性分组码为例，列出错误位和校验码 S 的对应关系，如表 9-4 所示。

表 9-3 (6,3)线性分组码码表	
信息位(c_0, c_1, c_2)	码字($c_0, c_1, c_2, c_3, c_4, c_5$)
000	000000
001	001110
010	010011
011	011101
100	100111
101	101001
110	110100
111	111010

表 9-4 (6,3)线性分组码错误位和校验码对应关系

序号	错误码位	E						S		
		e_0	e_1	e_2	e_3	e_4	e_5	s_1	s_2	s_3
0	无错	0	0	0	0	0	0	0	0	0
1	b_0	1	0	0	0	0	0	1	1	1
2	b_1	0	1	0	0	0	0	0	1	1
3	b_2	0	0	1	0	0	0	1	1	0
4	b_3	0	0	0	1	0	0	1	0	1
5	b_4	0	0	0	0	1	0	0	1	0
6	b_5	0	0	0	0	0	1	0	0	1

在假定信道只发生 1 位错误的情况下，接收方通过计算校验码就能得知发生错误的位置。

例 9-11 一个（7,4）线性分组码的生成矩阵为

$$G = \begin{bmatrix} 1 & 0 & 0 & 0 & 1 & 0 & 1 \\ 0 & 1 & 0 & 0 & 1 & 1 & 1 \\ 0 & 0 & 1 & 0 & 1 & 1 & 0 \\ 0 & 0 & 0 & 1 & 0 & 1 & 1 \end{bmatrix}$$

（1）分别求 m_1=（0101），m_2=（0110），m_3=（1001）的码字。

（2）如果收到的码字为（1010010），判断其是否为有效码字。

解 （1）由 $c=mG$ 可求出 m_1 的码字为（0101100），m_2 的码字为（0110001），m_3 的码字为（1001110）。

（2）由校验矩阵和码字的关系可知，码字满足 $HC^{\mathrm{T}}=0$，$H=[Q\,|\,I_3]$，$Q=P^{\mathrm{T}}$，

$$P = \begin{bmatrix} 1 & 0 & 1 \\ 1 & 1 & 1 \\ 1 & 1 & 0 \\ 0 & 1 & 1 \end{bmatrix}, \quad H = [Q\,|\,I_4] = [P^{\mathrm{T}}\,|\,I_4] = \begin{bmatrix} 1 & 1 & 1 & 0 & 1 & 0 & 0 \\ 0 & 1 & 1 & 1 & 0 & 1 & 0 \\ 1 & 1 & 0 & 1 & 0 & 0 & 1 \end{bmatrix}。$$

由

$$HC^{\mathrm{T}} = \begin{bmatrix} 1 & 1 & 1 & 0 & 1 & 0 & 0 \\ 0 & 1 & 1 & 1 & 0 & 1 & 0 \\ 1 & 1 & 0 & 1 & 0 & 0 & 1 \end{bmatrix} \begin{bmatrix} 1 \\ 0 \\ 1 \\ 0 \\ 0 \\ 1 \\ 0 \end{bmatrix} = \begin{bmatrix} 0 \\ 0 \\ 1 \end{bmatrix} \neq \begin{bmatrix} 0 \\ 0 \\ 0 \end{bmatrix}$$

可知，码字（1010010）不是有效码字。

MATLAB 提供了分组编码函数 encode()，其调用格式如下

用法 1：code = encode(msg, n, k, 'linear/fmt', genmat)

用法 2：code = encode(msg, n, k,' cyclic/fmt', genpoly)

用法 3：code = encode(msg, n, k, 'hamming/fmt', prim_poly)

用法 4：code = encode(msg, n, k)

其中，msg 为待编码码字，可以为二进制或十进制格式，如上例中 m_1=（0101）可用 MATLAB 矩阵形式表示，m_1=[0, 1, 0, 1]。n 为码长，k 为信息位长度。第 4 个参数指定了所采用的分组

码类别及数据格式。'linear'为线性分组码，'cyclic'为循环码，'hamming'为汉明码。'fmt'选项可以是'binary'或'decimal'，分别代表二进制和十进制，'fmt'的缺省值为'binary'。如采用线性分组码则需要用 genmat 来指定生成矩阵。

例 9-11 的第一问可用如下 MATLAB 代码实现：

```
>>genmat = [1 0 0 0 1 0 1;0 1 0 0 1 1 1;0 0 1 0 1 1 0;0 0 0 1 0 1 1];%构造生成矩阵
>>m=[0 1 0 1;0 1 1 0;1 0 0 1];
>>code = encode(m,7,4,'linear/binary',genmat)
```

运行结果：

```
code =
    0    1    0    1    1    0    0
    0    1    1    0    0    0    1
    1    0    0    1    1    1    0
```

MATLAB 提供的分组码解码函数 decode()，其调用格式如下

用法 1：msg = decode(code,n,k,'hamming/fmt',prim_poly)

用法 2：msg = decode(ode,n,k,'linear/fmt',genmat,trt)

用法 3：msg = decode(ode,n,k,'cyclic/fmt',genpoly,trt)

用法 4：msg = decode(ode,n,k）

其中，返回值可以用下列形式得到更多信息。

$$[msg,err] = decode(\cdots)$$

$$[msg,err,ccode] = decode(\cdots)$$

$$[msg,err,ccode,cerr] = decode(\cdots)$$

其中，code 为待解码码字，n 为码长，k 为信息位长度。trt 为解码表，用于发生错误时对错误进行纠正。

返回值中，msg 为解码得到的信息；err 为错误发生标志，0 为无错误，非 0 表示发生错误；ccode 为纠正的码字；cerr 为检测到的错误位数。

在 MATLAB 中使用 gen2par()函数实现线性分组码的生成矩阵和校验矩阵的转换，调用格式为：

$$h = gen2par(g)$$

输入为生成矩阵时，输出为校验矩阵，反之，输入为校验矩阵时，输出为生成矩阵。

如上例中的生成矩阵 genmat，可用如下命令求出其校验矩阵。

```
>>parmat= gen2par(genmat)
parmat =
    1    0    0    0    1    0    1
    0    1    0    0    1    1    1
    0    0    1    0    1    1    0
    0    0    0    1    0    1    1
```

例 9-11 的第二问可用如下 MATLAB 代码实现：

```
>>[msg,err,ccode]=decode([1 0 1 0 0 1 0],7,4,'linear',genmat)
msg = 1    0    1    0
err = 1
ccode = 1    0    1    0    0    1    1
```

err 非零表示码字发生错误，解码得到的消息为（1010），正确的码字应为（1010011）。

2. 汉明码

汉明码是最早提出的一类线性分组码，已广泛应用于计算机和通信设备。它是由 R.W.汉明于 1950 年提出的。若码的均等校验矩阵 H 由 2^r-1 个、按任一次序排列且彼此相异的二进制 r 维列矢量构成。这样得到的线性分组码称为汉明码，其分组长为 $n=2^r-1$，信息位为 $k=n-r=2^r-1-r$，即为（2^r-1，2^r-1-r）码。

汉明码有如下特点：

（1）给定一个 r，可重组成线性分组码的监督矩阵 H，由 r 位二进制来标定一个发生错误的位置。由此可知，二进制 r 总共有 2^r 种组合，去掉一个全为 0 的位组合，则余下共有 2^r-1 种组合。故汉明码的最大码长为 $n=2^r-1$。

（2）r 是汉明码监督位的位数。故一个汉明码信息位的位数 $k=n-r=2^r-1-r$。

（3）汉明码的最小距离为 3，因此可以纠正 1 位错误，检出 2 位错误。

以（7，4）汉明码为例，$r=3$，$n=7$，$k=4$。设其生成矩阵为：

$$G = \begin{bmatrix} 1 & 0 & 0 & 0 & 1 & 1 & 0 \\ 0 & 1 & 0 & 0 & 1 & 0 & 1 \\ 0 & 0 & 1 & 0 & 0 & 1 & 1 \\ 0 & 0 & 0 & 1 & 1 & 1 & 1 \end{bmatrix}$$

根据 $C=mG$ 可得该（7,4）汉明码的全部码字，如表 9-5 所示。

MATLAB 的汉明码编码函数也是 encode()，其调用格式如下

表 9-5 (7,4)汉明码的全部码字

信息位 (c_0,c_1,c_2,c_3)	码字 $(c_0,c_1,c_2,c_3,c_4,c_5,c_6)$
0000	0000000
0001	0001111
0010	0010011
0011	0011100
0100	0100011
0101	0101010
0110	0110110
0111	0111001
1000	1000110
1001	1001001
1010	1010101
1011	1011010
1100	1100011
1101	1101100
1110	1110000
1111	1111111

$$\text{code} = \text{encode(msg, n, k, 'hamming/fmt', prim\_poly)}$$

其中 prim_poly 参数为本源多项式系数。

定义 设 $g(x)=b_0+b_1x+\cdots+b_{n-1}x^{n-1}+b_nx^n \neq 0$，$b_i \in Z$，$i=0,1,2,\cdots,n$

若 $b_0,b_1,\cdots,b_{n-1},b_n$ 没有异于 ± 1 的公因子，即 $b_0,b_1,\cdots,b_{n-1},b_n$ 是互素的，则称 $g(x)$ 为本源多项式。

MATLAB 中 gfprimdf()用于生成本源多项式系数，下列命令可生成阶数为 3 的本源多项式系数：

```
>>gfprimdf(3)
ans = 1    1    0    1
```

其本源多项式为 $1+x+x^3$。

MATLAB 中，汉明码编码解码函数为 decode()，其调用格式如下

$$\text{msg} = \text{decode(code,n,k,'hamming/fmt',prim\_poly)}$$

prim_poly 和编码函数的用法一致。

例 9-12 用 MATLAB 生成（7，4）汉明码的所有码字。

解 MATLAB 程序如下

```
%ex9_12.m
r=3;k=4;n=7;m=0:2^k-1;mmat=de2bi(m);primpoly=gfprimdf(r);
code=encode(mmat,n,k,'hamming',primpoly)
```

汉明码是一种完全码，即码字中前 4 位为信源码字，后 3 位为校验码字。

3. 循环码

一个 (n,k) 线性分组码 C，若它的任一码字经过任意移位后都是 C 的一个码字，则称 C 是一个循环码。循环码是一种无权码，即每位代码无固定权值，任何相邻的两个码组中，仅有一位代码不同。

循环码最大的特点就是码字的循环特性：循环码中任一许用码组经过循环移位后，所得到的码组仍然是许用码组。若 $(a_0,a_1,a_2,\cdots,a_{n-1},a_n)$ 为一循环码组，则 $(a_1,a_2,a_3,\cdots,a_n,a_0)$、$(a_2,a_3,a_4,\cdots,a_{n-1},a_n,a_0,a_1)$ 还是许用码组。

为了利用代数理论研究循环码，可以将码组用代数多项式来表示，这个多项式被称为码多项式，对于 n 重循环码 $A=(a_0,a_1,a_2,\cdots,a_{n-1})$，可以将它的码多项式表示为：

$$A(x) = a_0 + a_1 x + a_2 x^2 + \cdots + a_{n-1} x^{n-1} \tag{9-17}$$

码多项式中 x 的最高阶次为 $n-1$，对在循环移位过程中产生的大于 $n-1$ 的项，则应用 $1+x^n$ 除码多项式，其余数即为标准码多项式。

例如，码字 $A=$（1110001）对应的码多项式为 $A(x)=1+x+x^2+x^6$。

如果把码字 A 向右移 2 位得到 $A^2=$（0111100），则有 $A^2(x)=x^2(1+x+x^2+x^6)=x^2+x^3+x^4+x^8$。

$$\frac{x^2+x^3+x^4+x^8}{1+x^7} = \frac{x+x^2+x^3+x^4+x(1+x^7)}{1+x^7} = \frac{x+x^2+x^3+x^4}{1+x^7} + x$$

余式 $x+x^2+x^3+x^4$ 即为移位后的码多项式。

MATLAB 函数 cyclpoly() 可以生成循环码的码多项式系数，用法如下

$$pol = cyclpoly(n,k) \text{ 和 } pol = cyclpoly(n,k,opt)$$

其中，pol 为返回的码多项式系数，顺序为按指数递增排列；n 为码长，k 为消息位长度，opt 为选项，可指定生成的码多项式的码重，有下列选项。

opt = 'min'　生成具有最小码重的码多项式；

opt = 'max'　生成具有最大码重的码多项式；

opt = 'all'　生成给定码长的全部码多项式；

opt = L　生成具有码重为 L 的全部码多项式。

如要生成（7，4）循环码的码多项式系数可用下列代码实现

```
>>c1 = cyclpoly(7,4,'all')
c1 =    1    0    1    1
        1    1    0    1
```

由结果可知，（7，4）循环码的码多项式为 $1+x^2+x^3$，$1+x+x^3$。

循环码的码多项式确定后其校验矩阵和生成矩阵也就确定了，通过函数 cyclgen() 可以得到循环码的校验矩阵和生成矩阵。

$$h = cyclgen(n, p)$$

$$h = cyclgen(n, p, opt)$$

$$[h, g] = \text{cyclgen}(\cdots)$$

其中，n 为循环码码长；p 为生成多项式；opt 为选项，当 opt='system'时，生成系统循环校验矩阵，当 opt='nonsys'时，生成非系统循环循环校验矩阵。

返回值 h 为校验矩阵，g 为生成矩阵。

当 encode()函数的第 4 个参数为' cyclic/fmt'时，可实现循环码编码。

例 9-13 用(7, 4)循环码对码元 1～15 进行编码，并求校验矩阵和生成矩阵。

解 MATLAB 程序如下

```
%ex9_13.m
n=7;k=4;
msg=de2bi(1:15 ,'left-msb');          %使用'left-msb'选项可生成高位在左的二进制矩阵
code = encode(msg,n,k,'cyclic/binary')
[h, g]=cyclgen(7, [1 0 1 1 1])          %求校验矩阵和生成矩阵
```

9.3 调制与解调

在通信系统中，当信号的频率与信道的频率不一致时，信号无法直接通过信道传输。这时就需要通过某些方式将信号转换到信道的频率，这种转换就称为调制。反过来，将转换到信道频率的信号还原为原始信号的过程就称为解调。模拟调制和数字调制是两种基本调制技术。

9.3.1 模拟调制与解调

在模拟通信系统中常用的调试方法有幅度调制（AM，Amplitude Modulation）、频率调制（FM，Frequency Modulation）和相位调制（PM，Phase Modulation）。

1. 幅度调制（AM）

幅度调制是用调制信号去控制高频载波的振幅，使其按调制信号的规律变化的过程，常分为标准调幅（AM）、抑制载波双边带调制（DSB）、单边带调制（SSB）和残留边带调制（VSB）等。幅度调制器的一般模型如图 9-9 所示。

图中，$s(t)$为调制信号，$s_{AM}(t)$为已调信号，$h(t)$为滤波器的冲激响应，则已调信号的时域和频域表达式分别为

$$s_{\text{AM}}(t) = [s(t)\cos\omega_c t] * h(t) \tag{9-18}$$

$$S_{\text{AM}}(\omega) = \frac{1}{2}[S(\omega + \omega_c) + S(\omega - \omega_c)]H(\omega) \tag{9-19}$$

式中，$S(\ )$为调制信号 $s(t)$的频谱，ω_c为载波角频率。

由以上表达式可见，对于幅度调制信号，在波形上，它的幅度随基带信号规律而变化；在频谱结构上，它的频谱完全是基带信号频谱在频域内的简单搬移。由于这种搬移是线性的，因此幅度调制通常又称为线性调制，相应地，幅度调制系统也称为线性调制系统。

在图 9-9 的一般模型中，适当选择滤波器的特性，便可得到各种幅度调制信号，例如：

● 当滤波器为全通网络，即 $H(\omega) = 1$ 时，调制信号 $s(t)$叠加直流 A_0 后再与载波相乘，则输出的信号就是常规双边带调幅（AM），其调制器模型如图 9-10 所示。AM 信号的时域表示式为：

$$s_{\text{AM}}(t) = [A_0 + s(t)]\cos\omega_c(t) = A_0\cos\omega_c(t) + s(t)\cos\omega_c(t) \tag{9-20}$$

● 当滤波器为全通网络（$H(\omega) = 1$），且调制信号 $s(t)$中无直流分量时，则输出的已调信

号就是无载波分量的双边带调制信号，或称抑制载波双边带（DSB-SC）调制信号，简称双边带（DSB）信号，其调制器模型如图9-11所示。其时域表达式为：

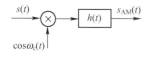 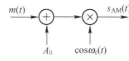

图9-9　幅度调制模型　　　　图9-10　AM调制模型　　　图9-11　DSB调制器模型

$$s_{DSB}(t) = s(t)\cos\omega_c t \tag{9-21}$$

MATLAB 提供了幅度调制函数 ammod()，其功能为将给定信号调制到指定的载波频率，用法如下

$$y = ammod(x, fc, fs)$$

$$y = ammod(x,fc,fs,ini\_phase)$$

$$y = ammod(x,fc,fs,ini\_phase,carramp)$$

其中，x 为待调制信号，其采样频率为 fs；fc 为载波频率；ini_phase 为调制信号 y 的初始相位，单位为弧度；carramp 为载波信号的幅度。

采样频率 fs 必须满足：fs>2*(fc+bw)，bw 为待调制信号 x 的带宽。

幅度解调函数 amdemod()用法如下。

$$z = amdemod(y,fc,fs)$$

$$z = amdemod(y,fc,fs,ini\_phase)$$

$$z = amdemod(y,fc,fs,ini\_phase,carramp)$$

$$z = amdemod(y,fc,fs,ini\_phase,carramp,num,den)$$

其中，y 是频率为 fc 的待解调信号；信号采样频率为 fs；ini_phase 为调制信号 y 的初始相位，单位为弧度；carramp 为载波信号的幅度。第 4 种用法中指定了一个低通滤波器，滤波器分子系数为 num，分母系数为 den。可通过[num,den] = butter(n,Wn)函数得到，n 为滤波器阶数，Wn 为归一化后的截止频率。缺省滤波器由[num,den] = butter(5,fc*2/fs)得到，即截止频率为 fc(Hz)的 5 阶低通滤波器。

例 9-14　将一个频率为 2Hz 的正弦波信号用频率为 50Hz 的载波进行幅度调制。

解　MATLAB 程序如下

```
%ex9_14.m
Fs0=2;                    %信号频率(Hz)
Fs = 8000;               % 信号采样率
Fc = 50;                 % 载波频率(Hz)
t = [0:1/Fs:1]';         % 采样时间为 1 秒
x = sin(2*pi*Fs0*t);
y = ammod(x,Fc,Fs);      % 调制信号
figure;subplot(2,1,1); plot(t,x);subplot(2,1,2); plot(t,y);
```

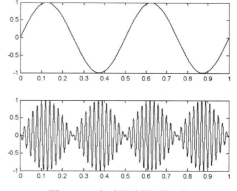

图9-12　幅度调制信号比较

运行以上程序可得如图9-12所示曲线。

例 9-15　在上例中对信号叠加一个 10dB 的高斯白噪声，并解调信号。

解　MATLAB 程序如下

```
%ex9_15.m
yn = awgn(y,10);         %叠加噪声
```

```
        z = amdemod(yn,Fc,Fs);    %解调
        figure;subplot(2,1,1);plot(t,yn);subplot(2,1,2);plot(t,z);
```

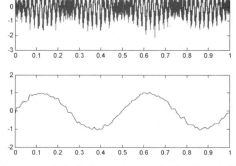

图 9-13　加入白噪声后的调制信号及解调信号

运行以上程序可得如图 9-13 所示曲线。

2．频率调制

频率调制是按照调制信号规律的变化来改变高频载波的频率进行信号传输的一种方式。相位调制是按照调制信号规律的变化来改变高频载波的相位。因为频率或相位的变化都可以看成是载波角度的变化，故调频和调相又统称为角度调制。

角度调制中，已调信号频谱不再是原调制信号频谱的线性搬移，而是频谱的非线性变换，会产生与频谱搬移不同的新的频率成分，故称为非线性调制。

在幅度调制中用信号的幅度来控制载波信号的幅度以达到传输信号的目的，而在频率调制中用信号的幅度来改变载波信号的频率，因此载波信号的频率不再是一个固定值，而是随信号的变化而变化。

频率调制的表达式为

$$s_{FM}(t) = A\cos\left[\omega_c t + K_F \int_{-\infty}^{t} s(\tau)d\tau\right] \tag{9-22}$$

式中，A 为载波的恒定振幅；ω_c 为载波角频率；K_F 为调频系数；$s(t)$ 为信号。

MATLAB 提供了 fmmod()和 fmdemod()函数用于频率调制和解调。

$$y = fmmod(x,fc,fs,freqdev)$$
$$y = fmmod(x,fc,fs,freqdev,ini\_phase)$$
$$z = fmdemod(y,fc,fs,freqdev)$$
$$z = fmdemod(y,fc,fs,freqdev,ini\_phase)$$

其中，x 为待调制信号；y 为调制信号；z 为解调信号；fc 为载波频率（Hz）；fs 为信号采样频率（Hz），需满足 fs>2*fc；freqdev 为调制信号的频率偏移（Hz）；ini_phase 为调制初始相位（弧度）。

例 9-16　对一个周期为 2pi 的三角波信号进行频率调制并从调制信号中解调原始信号。

解　MATLAB 程序如下

```
%ex9_16.m
Fs = 8000; Fc = 10;freqdev = 5;
t = [0:1/Fs:2*pi]';                      %采样时间为 2 秒
x = sawtooth(t,0.5);                     %生成三角波形
y = fmmod(x,Fc,Fs,freqdev);              %FM 调制
z = fmdemod(y,Fc,Fs,freqdev);            %FM 解调
figure;subplot(3,1,1); plot(t,x); axis([0 2*pi -1 1]);
subplot(3,1,2);plot(t,y); axis([0 2*pi -1 1]);subplot(3,1,3);plot(t,z); axis([0 2*pi -1 1]);
```

运行以上程序可得如图 9-14 所示曲线。图中第 1 幅为信号时域波形；第 2 幅为 FM 调制波形，可以看出正弦波在中间稠密而两边稀疏，反映在频率上就是中间的频率大，两边的频率小；第 3 幅为解调后的信号波形，除了在两边有一些偏离以外，其他地方和原始波形较为吻合。

3．相位调制

相位调制也属于角度调制，其表达式具有和频率调制类似的形式：

$$s_{PM}(t) = A\cos[\omega_c t + K_P s(t)] \qquad (9\text{-}23)$$

式中，K_P 为调相系数。

MATLAB 提供了 pmmod()和 pmdemod()函数用于相位调制和解调。

$$y = pmmod(x,fc,fs,phasedev)$$
$$y = pmmod(x,fc,fs,phasedev,ini\_phase)$$
$$z = pmdemod(y,fc,fs,phasedev)$$
$$z = pmdemod(y,fc,fs,phasedev,ini\_phase)$$

其中，x 为待调制信号；y 为调制信号；z 为解调信号；fc 为载波频率（Hz）；fs 为信号采样频率（Hz），需满足 fs>2*fc；phasedev 为调制信号的频率偏移（Hz）；ini_phase 为调制初始相位（弧度）。

例 9-17　对信号 $x = \sin(2\pi t) + \sin(4\pi t)$ 进行相位调制，对叠加 10dB 高斯白噪声的调制信号进行解调，对比原始信号和解调信号。

解　MATLAB 程序如下

```
%ex9_17.m
Fs = 100;                              % 采样频率为100Hz
t = [0:2*Fs+1]'/Fs;                    % 采样时间为 2 秒
x = sin(2*pi*t) + sin(4*pi*t);         % 信号由两个正弦波组成
Fc = 10;                               % 载波频率为 10Hz
phasedev = pi/2;                       % 相位偏移为 pi/2
y = pmmod(x,Fc,Fs,phasedev);           % 调制
y = awgn(y,10,'measured',103);         % 叠加 10dB 噪声
z = pmdemod(y,Fc,Fs,phasedev);         % 解调
figure;subplot(3,1,1);plot(t,x);axis([0 2 -2 2]);title('原始信号);
subplot(3,1,2);plot(t,y); axis([0 2 -2 2]);title('已调信号');
subplot(3,1,3);plot(t,z); axis([0 2 -2 2]);title('解调信号');
```

运行以上程序可得如图 9-15 所示曲线。

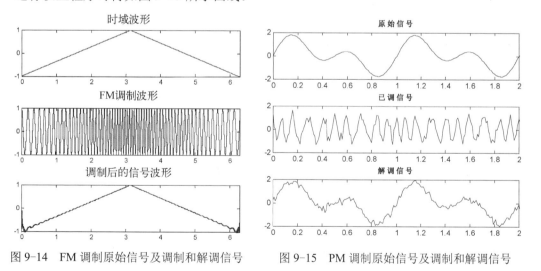

图 9-14　FM 调制原始信号及调制和解调信号　　图 9-15　PM 调制原始信号及调制和解调信号

9.3.2　数字调制与解调

数字通信系统按调制方式可以分为基带传输和通带传输。由于数字基带信号的功率一般处

于从零开始的低频段，在很多实际的信道中不能直接进行传输，而需要借助载波调制进行频谱搬移，将数字基带信号变换成适合信道传输的数字频带信号进行传输，这种调制方式称为数字调制。

一个典型的高频简谐波 $C(t) = A\cos(\omega_c t + \theta)$ 由三个参量决定：振幅 A、角频率 ω_c 及初相位 θ。根据调制信号控制的载波信号参量的不同，有三种基本的调制方式。调制信号控制载波信号的振幅 A 的变化，称为调幅或幅移键控（ASK，Amplitude-Shift Keying）；调制信号控制载波信号的角频率 ω_c 的变化，称为调频或频移键控（FSK，Frequency-Shift Keying）；调制信号控制载波信号的初相位 θ 的变化，称为调相或相移键控（PSK，Phase-Shift Keying）。其中调幅、调频和调相为模拟调制技术，幅移键控、频移键控和相移键控为数字调制技术。常见的数字调制技术还有差分相移键控（DPSK，Different Phase-Shift Keying）、正交幅度调制（QAM，Quadrature Amplitude Modulation）、最小频移键控（MSK，Minimum Shift Keying）、多电平正交调幅（MQAM，Multiple Quadrature Amplitude Modulation）、网格编码调制（TCM，Trellis Coded Modulation）、残留边带调制（VSB，Vestigial Sideband）、高斯频移键控（GFSK，Gaussian Frequency-Shift Keying）、正交频分复用调制（OFDM，Orthogonal Frequency Division Multiplexing）等。

1. 幅移键控

幅移键控（ASK）是幅度调制的数字形式。当用数字信号去调制正弦载波的幅度时，AM 就变成了 ASK。

（1）2ASK 调制原理

二进制振幅调制（2ASK）就是用二进制数字信号去控制正弦载波的幅度，而其频率和初始相位保持不变。其信号表达式为

$$s_{2ASK}(t) = s(t)\cos\omega_c t \qquad (9\text{-}24)$$

式中，ω_c 为载波角频率；$s(t)$ 为单极性不归零矩形脉冲序列，其表达式为

$$s(t) = \sum_n a_n g(t - nT_s) \qquad (9\text{-}25)$$

式中，$g(t)$ 是幅度为 A、周期为 T_s 的矩形脉冲；a_n 为二进制调制信号。

由于二进制调制信号 a_n 只有 0 或 1 两个电平，有载波输出时表示信号为 "1"，无载波输出时表示信号为 "0"。2ASK 信号的时间波形随二进制基带信号 a_n 通断而变化，所以又称为通断键控信号。

2ASK 信号的产生方法通常有两种：模拟调制法（相乘器法）和键控法。模拟调制法就是用基带信号与载波相乘，进而把基带信号调制到载波上进行传输。键控法由 $s(t)$ 来控制电路的开关进而实现调制。两种方法的调制如图 9-16 和图 9-17 所示。

图 9-16　2ASK 模拟调制框图(相乘器法)　　　　图 9-17　2ASK 键控法调制框图

例 9-18　对二进制信号[0 1 0 1 1]用 ASK 进行调制。

解　首先构造出原始二进制信号的矩形脉冲信号，先设定系统的采样频率为 200Hz，载波频率为 10Hz，采样时间为 1 秒。因此，每个原始信号持续 0.2 秒，即矩形脉冲信号的宽度为 0.2 秒（40 个样点）。接下来构造载波信号，并用矩形脉冲信号和载波信号相乘，得到 2ASK

调制后的信号。MATLAB 程序如下

```
%ex9_18.m
s=[0 1 0 1 1];Fc=10;Fs=200;
t=0:1/Fs:1-1/Fs;        %采样时间为 1 秒
sc=sin(2*pi*Fc*t);
Pw=Fs/5;                %脉冲宽度。采样时间为 1 秒，传输 5 个信号，每个信号占 1/5 个采样点
ss=rectpulse(s,pw);     %矩形脉冲整形，生成矩形脉冲信号
sm=sc.*ss;              %用载波信号对矩形脉冲整形调制
subplot(311);stairs(t,ss);axis([0 1 -0.2 1.2]);title('二进制信号 a(n)=[0 1 0 1 1]');
subplot(312);plot(t,sc);axis([0 1 -1.2 1.2]);title('载波信号 sc(t)');
subplot(313);plot(t,sm);axis([0 1 -1.2 1.2]);title('2ASK 调制信号 sm(t)');
```

程序运行结果如图 9-18 所示。

（2）2ASK 解调原理

2ASK 有两种基本解调方法：相干解调法（同步检测法）和非相干解调法（包络检波法）。相干解调需要将载频位置的已调信号频谱重新搬回原始基带位置，因此用相乘器与载波相乘来实现。相乘后的信号只要滤除高频部分就可以了。为确保无失真还原信号，必须在接收端提供一个与调制载波严格同步的本地载波，这是整个解调过程能否顺利完好进行的关键。两种解调原理框图如图 9-19 和图 9-20 所示。

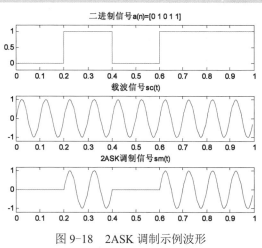

图 9-18　2ASK 调制示例波形

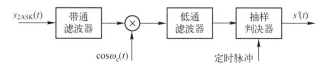

图 9-19　相干解调法(同步检测法)原理框图

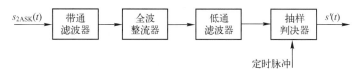

图 9-20　非相干解调法(包络检波法)原理框图

例 9-19　对例 9-18 的 2ASK 调制的信号进行解调。

解　MATLAB 程序如下

```
%ex9_19.m   %本程序接 ex9_18.m 继续运行
figure；at=sm.*sin(2*pi*fc*t);       %相干解调，与载波频率相乘
at=at-mean(at);                       %信号减去均值
subplot(311);plot(t,at);title('和载波信号相乘后的信号');
%设计低通滤波器
wp=0.5*2*Fc/Fs;                       %通带截止频率
ws=1.5*2*Fc/Fs;                       %阻带截止频率
Rp=2;                                 %Rp 是通带波纹
```

```
As=45;                              %As 是阻带衰减
[N,wc]=buttord(wp,ws,Rp,As,'s');    %计算巴特沃斯滤波器阶次和截至频率
[B,A]=butter(N,wc,'s');             %频率变换法设计巴特沃斯低通滤波器
af = filter(B,A,at);                %对信号进行低通滤波
subplot(312);plot(t,af);title('通过低通滤波后的信号');
ad = intdump(af,pw);                %对信号积分清除
ad(find(ad>0))=1;                   %抽样判决，大于 0 判断为 1
ad(find(ad<0))=0;                   %抽样判决，小于 0 判断为 0
sd=rectpulse(ad,pw);                %矩形脉冲整形，生成矩形脉冲信号
subplot(313);stairs(t,sd);axis([0 1 -0.2 1.2]);title('抽样判决后的信号')
```

程序执行完成后 ad 变量为解码所得信号，其值为[0 1 0 1 1]，与原始信号相同。将其用矩形脉冲整形后所绘图形为图 9-21 的第 3 幅图形。

2．频移键控

频移键控是用数字信号去调制载波的频率，不同的信号用不同频率的载波来进行调制的方法。最常见的二进制频移键控是用两个频率承载二进制数据 1 和 0 的 FSK 系统，记作 2FSK。

（1）2FSK 调制原理

在 2FSK 中，载波的频率随着二进制基带信号在 ω_1 和 ω_2 两个频率点间变化。当信号为 0 时，用 ω_1 频率做载波信号，当信号为 1 时，用 ω_2 频率做载波信号。其表达式为

$$s_{2FSK}(t) = s(t)\cos(\omega_1 t + \theta_n) + \overline{s(t)}\cos(\omega_2 t + \phi_n) \qquad (9\text{-}26)$$

式中，$s(t)$ 为单极性不归零矩形脉冲序列

$$s(t) = \sum_n a_n g(t - nT_s) \qquad (9\text{-}27)$$

式中，$g(t)$ 是幅度为 A、周期为 T_s 的矩形脉冲；a_n 为二进制调制信号；$\overline{s(t)}$ 为对 $s(t)$ 取反的脉冲序列。θ_n 和 ϕ_n 分别为 ω_1 和 ω_2 的初始相位。

2FSK 的调制方式有两种，即模拟调频法和键控法。模拟调频法是用一个矩形脉冲序列对载波进行调频，其原理图见图 9-22。键控法则是利用二值开关电路对两个频率源 ω_1 和 ω_2 进行选通，其原理图如图 9-23 所示。

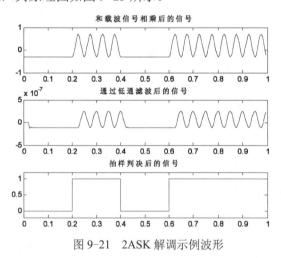

图 9-22　2FSK 模拟调频法原理图

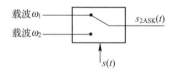

图 9-21　2ASK 解调示例波形

图 9-23　2FSK 键控法原理图

FSK 信号的调制可用 MATLAB 提供的 fskmod()函数实现，其一般用法如下。

　　　　y = fskmod(x,M,freq_sep,nsamp)和　　 y = fskmod(x,M,freq_sep,nsamp,Fs)

其中，M 为调制器阶数，需为 2 的整数幂，也就是系统中载波信号的个数，当 M=2 时即为

2FSK；x 为调制信号，值的范围需为[0，M-1]；freq_sep 为 M 个载波信号之间的频率间隔。在第一种用法中没有指定系统采样频率，默认值为 1Hz，根据采样定理，M 和 freq_sep 需满足：$(M-1)\times freq\_sep \leqslant 1$。在第二种用法中 Fs 为系统采样频率，M 和 freq_sep 需满足：$(M-1)\times freq\_sep \leqslant Fs$。nsamp 为输出 y 的每个符号所包含的样点数量，需为大于 1 的正整数。

例 9-20 设计一个 4-FSK 调制系统，并对一组随机信号进行调制。

解 调制信号用随机方式生成，显示其时域波形并无太大意义，因此不绘制时域波形，只绘制调制以后的频域波形。MATLAB 程序如下

```
%ex9_20.m
M = 4;                          %调制器阶数为 4
freqsep = 8;                    %载波信号之间的频率间隔为 8Hz
nsamp = 8;                      %每个输出信号用 8 个值表示
Fs = 32;                        %系统采样频率为 32Hz
x = randint(1000,1,M);          %生成 1000 个随机整数信号
y = fskmod(x,M,freqsep,nsamp,Fs);   %调制
ly = length(y);freq = [-Fs/2 : Fs/ly : Fs/2 - Fs/ly];
Syy = 10*log10(fftshift(abs(fft(y))));
plot(freq,Syy);axis([-20 20 -20 40]);titile('4-FSK 调制后的频谱');
```

从运行结果的频谱（图 9-24）可以看出，调制后信号的频率分为 4 个频谱区间，实现了题目要求。

（2）2FSK 解调原理

2FSK 的解调方式有两种：相干解调方式和非相干解调方式。

非相干解调是指将经过调制后的 2FSK 数字信号通过两个频率不同的带通滤波器 ω_1、ω_2 滤出不需要的信号，然后再将这两种经过滤波的信号分别通过包络检波器检波，最后将两种信号同时送至抽样判决器，同时外加抽样脉冲，最后解调出来的信号就是调制前的输入信号。其原理图如图 9-25 所示。

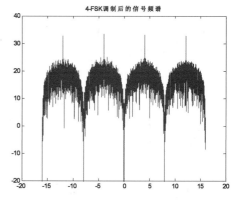

图 9-24 4-FSK 调制后的频域波形

相干解调是根据已调信号由两个载波 ω_1、ω_2 调制而成，先用两个带通滤波器对已调信号进行滤波，分别将滤波后的信号与相应的载波 ω_1、ω_2 相乘进行相干解调，再分别通过低通滤波器和抽样判决器即可。原理图如图 9-26 所示。

FSK 的解调函数为 fskdemod()，其用法如下。

z = fskdemod(y,M,freq_sep,nsamp) 和 z = fskdemod(y,M,freq_sep,nsamp,Fs)

其中，参数 M，freq_sep，nsamp 的用法和 fskmod()函数一致。区别在于第一个输入 y 为 FSK 已调信号，输出 z 为解调信号。

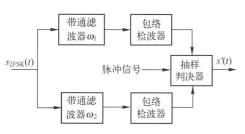

图 9-25 2FSK 非相干解调原理图

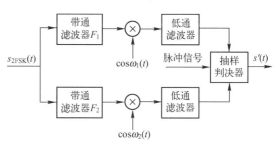

图 9-26 2FSK 相干解调原理图

例 9-21 将例 9-20 中已调制信号通过一个 E_b/N_o=5dB 的高斯白噪声信道，计算实际 BER，并和理论 BER 进行比较。

解 程序代码接 ex9_20.m，在经过调制的信号 y 中叠加 E_b/N_o=5dB 的高斯白噪声，用 biterr()函数计算解调信号和原始信号的比特误码率，再用 berawgn()函数计算此调制解调系统的理论比特误码率。

```
%ex9_21.m
k = log2(M);
EbNo = 5;%5dB 的 Eb/No
rx = awgn(y,EbNo+10*log10(k)-10*log10(nsamp),'measured',[],'dB');    %信号通过高斯白噪声信道
rrx = fskdemod(rx,M,freqsep,nsamp,Fs);                              %解调
[num,BER] = biterr(x,rrx)                                          %实际比特误码率
BER_theory = berawgn(EbNo,'fsk',M,'noncoherent')                  %计算理论比特误码率
```

上述程序运行结果为：

```
num =
        72
BER =
      0.0360
BER_theory =
        0.0339
```

结果表明，在 1000 个信号中有 72 个发生了错误，每个信号长度为 2bit，所以总的 BER=72/（2*1000）=0.036。与理论信道的误码率 0.0339 非常接近。

3. 相移键控

相移键控（PSK）是用载波的相位信息进行调制的一种方法。而二进制相移键控（2PSK）是相移键控的最简单的一种形式，它用两个初相相隔为 180°的载波来传递二进制信息，也被称为 BPSK。在 2PSK 中通常用 0°和 180°来分别代表 0 和 1。其时域表达式为

$$s_{2PSK} = s(t)\cos\omega_c t \tag{9-28}$$

式中，$s(t)$为双极性数字基带信号

$$s(t) = \sum_n a_n g(t - nT_s) \tag{9-29}$$

式中，$g(t)$为幅度为 A，周期为 T_s 的矩形脉冲；a_n 为+1 或-1。

（1）2PSK 调制原理

2PSK 信号调制有模拟调制法和键控法两种方法。通常用已调信号载波的 0°和 180°分别表示二进制数字基带信号的 1 和 0。模拟调制法用两个反相的载波信号进行调制。键控法是用载波的相位来携带二进制信息的调制方式。

两种方法的原理图分别如图 9-27 和图 9-28 所示。

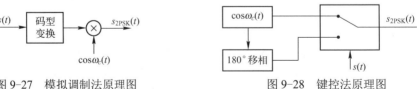

图 9-27 模拟调制法原理图   图 9-28 键控法原理图

MATLAB 提供了 PSK 调制函数 pskmod()和解调函数 pskdemod()，但在 R2010b 版本中这两个函数已被列为"废除"函数，虽然还能够使用，但已强烈建议不要再使用。后文介绍的

2DPSK、QAM、MSK 实现函数也有类似情况，将不随原理介绍部分引入函数说明。这个版本中已采用新的模块 modem 来实现 PSK 调制和解调，调用函数为 modem.pskmod() 和 modem.pskdemod()。关于 modem 模块的使用方法将在后文加以统一介绍。

（2）2PSK 解调原理

由于 2PSK 的幅度是恒定的，必须进行相干解调。经过带通滤波的信号在相乘器中与本地载波相乘，然后用低通滤波器滤除高频分量，再进行抽样判决。判决器是按极性来判决的。即正抽样值判为 1，负抽样值判为 0。2PSK 信号的相干解调原理图如图 9-29 所示。

由于 2PSK 信号的载波恢复过程中存在着 180°的相位模糊，即恢复的本地载波与所需相干载波可能相同，也可能相反，这种相位关系的不确定性将会造成解调出的数字基带信号与发送的基带信号正好相反，即"1"变成"0"和"0"变成"1"，判决器输出数字信号全部出错。这种现象称为 2PSK 方式的"倒 π"现象或"反相工作"。

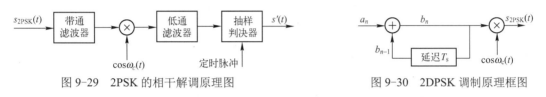

图 9-29　2PSK 的相干解调原理图　　　　　图 9-30　2DPSK 调制原理框图

4．二进制差分相移键控

二进制差分相移键控（2DPSK）用前后相邻码元的载波相位相对变化来表示数字信息。这种相位的相对变化只有通过和相邻码元计算才能得到。在调制时需将码元进行转换，变为差分码，设差分码为 b_n，和码元 a_n 有如下关系

$$\begin{cases} b_n = a_n \oplus b_{n-1} \\ a_n = b_n \oplus b_{n-1} \end{cases} \tag{9-30}$$

式中，$\oplus$ 表示模二和运算。

系统实现时只需将 2PSK 表达式中的 $s(t)$ 信号换为下式即可

$$s(t) = \sum_n b_n g(t - nT_s) \tag{9-31}$$

（1）2DPSK 调制原理

2DPSK 调制是指，先对二进制数字基带信号进行差分编码，这个过程只需使用模二加法器和延迟器（延迟一个码元宽度）即可以实现，然后对变换出的差分码进行绝对调相。其调制原理图如图 9-30 所示。

（2）2DPSK 解调原理

2DPSK 信号解调有相干解调法和差分相干解调法。相干解调法的解调原理是，先对 2DPSK 信号进行相干解调，恢复出相对码，再通过码反变换器变换为绝对码，从而恢复出发送的二进制数字信息。在解调过程中，若相干载波产生180°相位模糊，解调出的相对码将产生倒置现象，但是经过码反变换器后，输出的绝对码不会发生倒置现象，从而解决了载波相位模糊的问题。

差分相干解调不需要恢复本地载波，只需将 2DPSK 信号延迟一个码元时间间隔，然后与 2DPSK 信号相乘。相乘的结果反映了前后码元的相对相位关系，再经低通滤波后直接抽样判决即可恢复出原始的数字信息。

两种解调方式的原理框图如图 9-31 和图 9-32 所示。

5．正交幅度调制

正交幅度调制（QAM）是一种矢量调制，输入的信息先映射到一个复平面，形成复数调

制信号，其实部和虚部分别用两个频率相同但相位相差 90°的载波信号进行调制，然后相加得到 QAM 信号。一个 M 进制 QAM 信号幅度和载波的关系可用下式表示。

$$s_m(t) = A_c \cos(2\pi f_c t) + A_s \sin(2\pi f_c t) \tag{9-32}$$

式中，f_c 是载波频率，A_c，A_s 是幅度值，代表 2^M 个电平（幅值）。

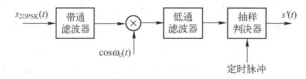

图 9-31　2DPSK 差分相干解调原理框图

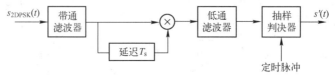

图 9-32　2DPSK 相干解调原理图

QAM 的输入信息通常用格雷码进行变换。

格雷码（Gray Code）是一种二进制编码方案，在这种编码方案中其任意两个相邻的代码只有一位二进制数不同，并且最大数和最小数之间也只有一位不同。例如，十进制数 1 和 2 的二进制数分别为 01 和 10，这两个相邻数之间有 2 位不同，不符合格雷码的要求。但如果把十进制数 2 用 11 表示，01 和 11 之间就只有一位不同了。一个 2 位的格雷码可以用 00, 01, 11, 10 来表示。任意相邻两个数之间只有 1 位不同，并且最大数和最小数也只有 1 位不同。

格雷码广泛应用于调制系统。为了提高传输系统的可靠性，信号在进行调制前通常要转换成对应的格雷码。不同的调制系统其格雷码转换方案是不同的。例如，一个 8-PSK 调制系统，对于十进制整数 0 至 7 的格雷码为 0,1,3,2,6,7,5,4。在 MATLAB 中可用 bin2gray()函数实现转换，其用法为

$$y = bin2gray(x,modulation,M)$$

其中，x 为输入整数；y 为输出格雷码；modulation 为调制方式，可为'qam','pam', 'fsk', 'dpsk'或 'psk'；M 为调制阶数，需为 2 的整数幂。例如，当执行下列代码时可生成 8-QAM 调制方式下，当输入为 0:7 时的格雷码（以整数方式表示）。

```
>>[y] = bin2gray([0:7],'qam',8)
y =
      0    1    2    3    6    7    4    5
```

数字通信领域中，通常在复平面上观察数字信号，以直观地表示信号之间的相互关系。数字信号之所以能够用复平面上的点表示，是因为数字信号本身有着复数的表达形式。虽然信号一般都需要调制到较高频率的载波上传输，但是最终的检测依然是在基带上进行的。因此已经调制的带通数字信号 $s(t)$ 可以用其等效低通形式 $s_L(t)$ 表示。一般来说，等效低通信号是复数，用 $X(t)+Y(t)i$ 表示。带通信号 $s(t)$ 可以通过将 $s_L(t)$ 乘上载波再取实部得到。因此 $s_L(t)$ 的实部 $X(t)$ 可以看作是对余弦信号 $\cos(2\pi f_c t)$ 的幅度调制，$s_L(t)$ 的虚部 $Y(t)$ 可以看作是对正弦信号 $\sin(2\pi f_c t)$ 的幅度调制。$\sin(2\pi f_c t)$ 与 $\cos(2\pi f_c t)$ 正交，因此 $X(t)$ 和 $Y(t)$ 是 $s(t)$ 上相互正交的分量。通常又将前者称作同相分量（I），后者称为正交分量（Q），这两个分量是正交的，且互不相干。信号以 I 分量和 Q 分量为坐标轴的位置图示就是星座图。

例如，8-QAM 调制方式下，当输入为 0:7 时其格雷码的星座图如图 9-33 所示。

常见的多进制 QAM 还有 16-QAM、64-QAM 等，其星座图如图 9-34 所示。

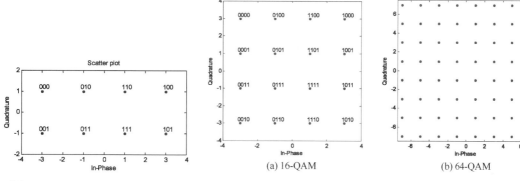

图 9-33 8-QAM 的格雷码星座图   图 9-34   16-QAM 和 64-QAM 星座图

(a) 16-QAM   (b) 64-QAM

6．最小频移键控

最小频移键控（Minimum Frequency Shift Keying，MSK）是二进制连续相位 FSK 的一种特殊形式。在 FSK 方式中，相邻码元的频率不变或者跳变一个固定值。在两个相邻的频率跳变的码元之间，其相位通常是不连续的，而 MSK 是使其相位始终保持连续的一种调制。所谓"最小"是指这种调制方式能以最小的调制指数（0.5）获得正交信号。MSK 又称快速移频键控（FFSK），"快速"指的是对于给定的频带，它能比 PSK 传送更高的比特速率。

MSK 是恒定包络连续相位频率调制，信号表达式为

$$s_{\text{MSK}}(t) = \cos\left(\omega_c t + \frac{\pi a_k}{2T_s}t + \phi_k\right) \tag{9-33}$$

式中，$kT_s \leqslant t \leqslant (k+1)T_s$，$k$ 为码元序号。

令 $$\theta_k(t) = \frac{\pi a_k}{2T_s}t + \phi_k \tag{9-34}$$

则式（9-33）可表示为 $$s_{\text{MSK}}(t) = \cos\left(\omega_c t + \theta_k(t)\right) \tag{9-35}$$

式中，$\theta_k(t)$ 称为附加相位函数；ω_c 为载波角频率；T_s 为码元宽度；a_k 为第 k 个输入码元，取值为 ±1；ϕ_k 为第 k 个码元的相位常数。

7．MATLAB 调制解调模块

（1）调用方式

MATLAB 采用模块方式实现对数字调制技术的支持，调用方式为

$$h = modem.<type>(\cdots)$$

其中，modem 为调制解调模块名称，h 为返回的结构体对象；<type>为调制或解调模块类型说明，由调制名称和调制或解调方式构成。例如，要构造一个 PSK 调制器，则<type>值为 pskmod，PSK 解调器对应的<type>值为 pskdemod。Modem 模块支持的类型见表 9-6。

<type>后是指定类型的参数。类型的参数以"键-值"对的形式表示，如上表中 qammod 类型的基本用法参数：（'M', 16, 'SymbolOrder', 'gray'）表示调制阶数"M"为 16，符号码序 'SymbolOrder'采用格雷码。

（2）构造调制器

表 9-7 的第一列为 modem 模块支持的调制器类型，不同的类型使用的参数会略有不同，但基本用法是类似的。以 PSK 调制器为例，调用格式如下。

$$h = modem.pskmod(M)$$

构造 M 阶 PSK 调制器，返回值 h 为调制器对象。

$$h = modem.pskmod(M, phaseoffset)$$

构造带相位偏移值为 phaseoffset（弧度）的 M 阶 PSK 调制器，返回值 h 为调制器对象。

$$h = modem.pskmod(property1, value1, \cdots)$$

构造具有"属性(operty)值(value)"的 PSK 调制器，返回值 h 为调制器对象。

$$h = modem.pskmod(pskdemod\_object)$$

从 PSK 解调对象 pskdemod object 中提取属性值来构造 PSK 调制器，PSK 调制器的特有属性设为默认值。

$$h = modem.pskmod(pskdemod\_object, property1, value1, \cdots)$$

从 PSK 解调对象 pskdemod_object 中提取属性值来构造 PSK 调制器，并设置调制器的"属性(property)=值(value)"特性。

构造 PSK 调制器的属性值有下列选项。

表 9-6　MODEM 模块类型说明

类　型	说　明
pskmod	PSK 调制器
qammod	QAM 调制器
oqpskmod	OQPSK 调制器
genqammod	GENQAM 调制器
dpskmod	DPSK 调制器
mskmod	MSK 调制器
pskdemod	PSK 解调器
qamdemod	QAM 解调器
oqpskdemod	OQPSK 解调器
genqamdemod	GENQAM 解调器
dpskdemod	DPSK 解调器
mskdemod	MSK 解调器

表 9-7　PSK 调制器属性及其说明

属性	说明
M	调制器阶数，默认值为 2
PhaseOffset	相位偏移(弧度)，默认值为 0
Constellation	信号星座图
SymbolOrder	信号码序。'binary':二进制码序；'gray'：格雷码序；'user-defined':自定义码序。默认值为'binary'
SymbolMapping	当 SymbolOrder 的值为'user-defined'时自定义的符号映射图
InputType	输入信号的类型。'bit':二进制类型；'integer'：整数类型。默认为'integer'

例如，执行下列代码将会创建一个 PSK 调制器。

```
>>h = modem.pskmod(8, pi/8)
h =
        Type:           'PSK Modulator'
        M:    8
        PhaseOffset:    0.3927
        Constellation:  [1x8 double]
        SymbolOrder:    'Binary'
        SymbolMapping:  [0 1 2 3 4 5 6 7]
        InputType:      'Integer'
```

返回值 h 为结构体，包含了调制器的所有信息，其中 Constellation 成员为数组形式的星座图坐标，用 scatterplot() 函数可以画出其星座图，见图 9-35。

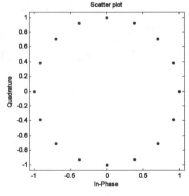

图 9-35　16-PSK 星座图

```
>>scatterplot(h.Constellation);
```

（3）构造解调器

解调器和调制器的使用格式类似，还以 PSK 解调器的构造为例加以说明。

$$h = modem.pskdemod(M)$$
$$h = modem.pskdemod(M, phaseoffset)$$
$$h = modem.pskdemod(property1, value1, \cdots)$$
$$h = modem.pskdemod(pskmod\_object)$$
$$h = modem.pskdemod(pskmod\_object, property1, value1, \cdots)$$

以上用法可构造一个 PSK 解调器,其中,后两种用法实现了从调制器的对象中构造解调器,pskmod_object 是调制器构造的对象。PSK 解调器参数的含义和调制器类似,但属性(property)/值(value)有不同的地方,见表 9-8。

表 9-8   PSK 解调器属性及其说明

属 性	说 明
M	调制器阶数,默认值为 2
PhaseOffset	相位偏移(弧度),默认值为 0
Constellation	理想信号星座图,通过构造参数自动生成
SymbolOrder	信号码序。'binary':二进制码序; 'gray': 格雷码序; 'user-defined':自定义码序。默认值为'binary
SymbolMapping	当 SymbolOrder 的值为'user-defined'时自定义的符号映射图
OutputType	输出信号的类型。'bit':二进制类型; 'integer': 整数类型。默认为'integer'

(4)调制与解调

通过上述 modem 模块可以构造出某类型的调制或解调器对象,从对象的结构成员中可以查看其属性。但结构对象本身并不具备完成对数据的调制或解调功能,要完成调制或解调任务还需要使用 modulate()和 demodulate()函数。

Modulate()函数能够完成对数据的调制或解调处理,其执行的操作需要通过一个结构体指定,modem 模块的返回值就可以作为这种结构体使用。此函数的用法为

$$y = modulate(h, x)$$

其中,h 为一个结构体,结构体中特定的成员指定了 modulate()函数所做的操作及相关参数;x 为待处理信号;y 为处理后的结果。x 应符合 h.InputType 指定的类型,当 h.InputType = 'Bit' 时,x 必须为二进制数,即"0"或"1",并且 x 的数据长度应是 $\log_2$(h.M)的整数倍。数据处理的长度单位为 $\log_2$(h.M),x 的第一个数为信号的最高位,x 的第 $\log_2$(h.M)位为信号的最低位。当 h.InputType = 'Integer'时,x 中数的范围应为 0~h.M-1。当 x 为二维结构时,每一列数据被看作一个通道处理,x 的列数即为信号的通道数。

执行下列命令,一个 4-PSK 调制器的 h.InputType 分别为'Bit'和'Integer'时,处理同一个信号,观察其结果的不同。

```
>>x = [0 1 1 1]';h1 = modem.pskmod('M', 4, 'InputType', 'Bit');
>>y1 = modulate(h1, x)    %对信号 x 进行调制
>>h2 = modem.pskmod('M', 4, 'InputType','Integer');
>>y2 = modulate(h2, x)    %对信号 x 进行调制
```

运行结果为:

```
y1 =
      0.0000 + 1.0000i
     −0.0000 − 1.0000i
y2 =
      1.0000
```

```
               0.0000 + 1.0000i
               0.0000 + 1.0000i
               0.0000 + 1.0000i
```

从 y1 和 y2 可以看出，y1 有 2 个值，而 y2 有 4 个值。因为 h1 的输入数据类型为二进制，所以把 x 的前 2 个数组合成"01"，后 2 个数组合成"11"后进行调制；而 h2 的输入数据类型为整数，x 的每个数都作为一个独立的信号进行处理。

Demodulate()函数完成解调任务，其用法格式和 modulate()函数一样。

$$y = \text{demodulate}(h, x)$$

需要注意的是第一个参数应由 modem 模块的解调类型构造，第二个参数为待解调的信号。

下述命令可将上面调制的 y1 和 y2 信号进行解调，还原为原始信号。

```
>>hd1=modem.pskdemod('M',4,'OutputType','Bit');
>>hd2=modem.pskdemod('M',4,'OutputType','Integer');
>>x1=demodulate(hd1,y1),x2=demodulate(hd2,y2)
```

运行结果为：

```
x1 =  0
      1
      1
      1
x2 =  0
      1
      1
      1
```

从结果可以看出 x1 和 x2 与原始信号 x 完全相同，解调过程无误。

（5）其他相关函数

MATLAB 的通信工具箱包含大量模块和工具函数，通过这些现成的模块和函数可以大大降低研究人员编制仿真算法的工作量。由于篇幅和介绍侧重点所限，本小节只列出和调制解调相关的常用函数。

① rectpulse()

Rectpulse()函数为矩形脉冲整形函数，其用法为

$$y = \text{rectpulse}(x, \text{nsamp})$$

其中，x 为输入信号；nsamp 为正整数；y 为返回信号。函数将 x 的每一值重复 nsamp 次，实现了将 x 变为一个矩形波信号。

② intdump()

Intdump()函数为积分清除函数，用法为

$$y = \text{intdump}(x, \text{nsamp})$$

函数将输入信号 x 的每 nsamp 个值求均值。

③ upsample()

Upsample()函数为上采样函数，可以提高信号的采样率。Upsample()和 rectpulse()都实现了插入信号的作用，但前者插入的是 0 值，而后者插入的是原信号值。

函数有如下用法

$$y=\text{upsample}(x,n) \text{ 和 } y=\text{upsample}(x,n,\text{phase})$$

函数在 x 的每一个值中插入 n-1 个 0。第一种用法是在 x 的每一值后面插 0；而第二种用

法通过 phase 指定由 x 和 n-1 个 0 组成的 n 个值中 x 所处的位置。约定第一个位置的序号为 0，最后一个位置的序号为 n-1，phase 的范围必须为 0 到 n-1。

④ downsample()

Downsample()函数为降采样函数，即从一组数中按指定的间隔抽取出一组数。其用法为

$$y=downsample(x,n) 和 \quad y=downsample(x,n,phase)$$

第一种用法为，从 x 的每 n 个值中取第一个值作为抽取值。第二种用法指定了抽取的位置，phase 的含义和 upsample()函数中的 phase 一样。

通过下列命令可以直观地看出 downsample()的作用。

```
>>x = [1 2 3 4 5 6 7 8 9 10];y1 = downsample(x,3),y2 = downsample(x,3,2)
```

运行结果为

```
y1 =
    1    4    7    10
y2 =
    3    6    9
```

⑤ resample()

在信号处理和通信系统中经常会遇到改变信号采样率的场合，resample()函数提供了这样的功能。其基本用法为

$$y = resample(x,P,Q)$$

其中 x 为原始信号；P、Q 为正整数，指定了新的采样率为原始信号采样率的 P/Q 倍；y 为新采样率信号，其信号长度也是 x 信号长度的 P/Q 倍。

例 9-22 把信号的采样率从 48kHz 变为 22.05kHz。

解 首先确定采样率调整参数，因为 48:22.5=320:147，因此取 P=147，Q=320。

```
%ex9_22.m
% 将信号的采样率从 48kHz 转换到 22.05kHz
Fs=48000;                      %原始信号采样率
P = 147; Q = 320;
n = 0:48;                      % 信号样点长度为 1 毫秒，样点数为 49 个
x = sin(2*pi*1e3/Fs*n);        %构造原始信号
y = resample(x, P, Q);         %对信号重采样
t1=n./48e3;                    %计算信号时间轴数据
t2=(0:length(y)-1)./22.05e3;   %计算重采样后的信号时间轴
plot(t1,x,'.',t2,y,'o')
axis([0 0.001   -1.5 1.5])
legend('48KHz 原始信号','22.05KHz 重采样信号')
```

程序执行结果见图 9-36。

⑥ interp()

插值函数，提供了增加整数倍采样率的功能。

$$y = interp(x,r)$$

其中，r 为正整数，新信号 y 的采样率是 x 的 r 倍。

⑦ decimate()

降采样函数，提供了降低采样率的功能。

$$y=decimate(x,r)$$

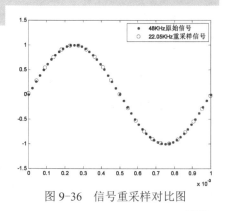

图 9-36　信号重采样对比图

其中，r 为正整数，新信号 y 的采样率是 x 的 1/r 倍。

例 9-23 使用 Modem 模块构造一个 16-QAM 调制解调系统，随后将调制后的信号通过一个高斯白噪声信道，对加噪信号解调并计算误码率。

解 MATLAB 程序如下

```
%ex9_23.m
M = 16;                                    % 调制器阶数
x = randi([0 M-1],5000,1);                 %生成随机信号
hMod = modem.qammod(M);                    %构造 16-QAM 调制器
scatterplot(hMod.Constellation);axis([-5 5 -5 5])
hDemod = modem.qamdemod(hMod);             %从调制器复制参数构造解调器
y = modulate(hMod,x);                      % 调制信号
ynoisy = awgn(y,15,'measured');            % 将已调信号通过高斯白噪声信道
scatterplot(ynoisy);axis([-5 5 -5 5])
z=demodulate(hDemod,ynoisy);               %解调信号
[num,rt] = symerr(x,z)                     %计算符号错误率
```

运行结果为:

```
num =
       101
rt =
       0.0202
```

绘图结果见图 9-37，其中，图（a）为调制器星座图，图（b）为叠加噪声后的调制信号分布散点图。

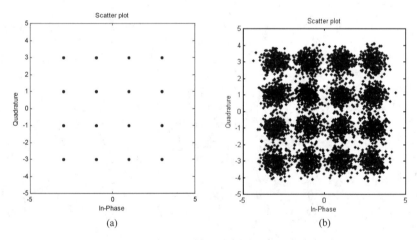

图 9-37   16-QAM 调制器星座图及含噪声分布图

9.4   基于 MATLAB 工具箱的数据通信

前面几节介绍了利用 MATLAB 对数据进行通信的函数，这些 MATLAB 的通信系统工具箱（Communications System Toolbox）中的函数都是直接在 MATLAB 命令行窗口中执行并显示结果的。为了进一步方便用户，在 MATLAB 的通信系统工具箱中也提供了一套基于图形界面的误码率分析工具（Bit Error Rate Analysis Tool）。

在 MATLAB 中，有以下几种方法启动误码率分析工具:

（1）在 MATLAB 的命令窗口中直接键入 bertool 命令。

（2）在 MATLAB 7.x 操作界面左下角的"Start"菜单中，单击"Toolboxs→Communications"命令子菜单中的"Bit Error Rate Analysis Tool（BERTool）"选项。

（3）在 MATLAB 8.x/9.x 操作界面的应用程序（APPS）页面中，单击通信系统工具箱（Communications System Toolbox）中的误码率分析工具（Bit Error Rate Analysis Tool）。

通过以上操作，便可打开如图 9-38 所示 Bit Error Rate Analysis Tool 窗口。

利用图 9-38 中的窗口命令便可对误码率进行分析。

图 9-38　Bit Error Rate Analysis Tool 窗口

小　　　结

本章主要对基本信号的生成方法、信源编码的基本概念、差错控制编码的基本原理和调制与解调技术的作用与目的进行介绍，通过本章的学习应重点掌握分组码的实现方法、基本模拟调制解调的实现方法和基本数字调制解调的实现方法及 MATLAB 实现方法。

习题

9-1　设计一个 12 位均匀量化系统，通过对一组数据的量化，比较它和 A-律系统的信噪比。

9-2　设计一个具有二阶预测器的 DPCM 编码器，用该编码器对一组随机信号编码，计算均方误差。

9-3　对信号[aabcdadcbaac]进行霍夫曼编码，列出码字，并计算平均码长。

9-4　设计一个(7,3)循环码，并求其生成矩阵和校验矩阵。

9-5　设计一个 FM 调制解调系统，并对一组随机信号进行调制/解调。

9-6　设计一个 2-FSK 调制系统，对一组随机信号进行调制，并通过一个 E_b/N_0=5dB 的高斯白噪声信道，计算误码率。

9-7　设计一个 4-DPSK 调制系统，画出星座图，并对一组随机信号进行调制并通过一个 15dB 的高斯白噪声信道，计算误码率。

第 10 章　MATLAB 在语音信号处理中的应用

语音信号处理是信息处理、计算机应用领域的热点问题，它是语言学、计算机科学、电子信息技术、通信技术、人工智能等学科的融合产物。语音信号处理的主要目的是实现语音特征参数的高效传输与存储，其内容包括语音信号分析、语音合成和语音识别等。MATLAB 在语音信号处理技术的发展过程中产生了重要的积极作用。本章将介绍语音信号处理的基本方法及 MATLAB 实现示例。

10.1　语音信号的产生与模型

10.1.1　语音的发音与听觉机理

1. 语音产生与感知

语音是人发音器官发出的具有一定意义的声音。语音学是研究人类语音的科学，包含发声语音学、声学语音学和感知语音学。构成语音的四要素包括音高、音强、音长、音色。

汉语是中国使用人数最多的语言，其音节可以分为声母、韵母、声调三部分。声母是指一个汉语音节开头的辅音；韵母是汉语音节除了开头声母以外的部分；声调是一种音节在读法上高低升降的变化。汉语中有 21 个声母、39 个韵母和 4 种声调。本节主要从声学的角度介绍发声机理、听觉特性和语音信号模型。

2. 发声机理

语音是通过呼吸系统、发声系统和构音系统的相互协调配合产生的，整个系统可以近似地比喻成声源滤波器模型，其中呼吸系统中的肺、气管及支气管，它们是产生语音的能量源；发声系统的咽喉部分包括声带和声门，声带振动以及声道的变形产生阻碍构成声源；构音系统中咽腔、口腔和鼻腔等，这些由声门到嘴唇的呼吸通道构成声道，是语音的谐振腔，也可以叫共鸣器，唇、齿、舌、面颊等其他发音器官，主要作用是改变谐振腔形状从而改变发音。图 10-1 为语音发音系统及发音器官示意图。

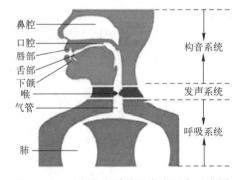

图 10-1　语音发音系统及发音器官示意图

根据声带振动的情况发音可分为浊音和清音。如果发声期间空气流过声带，声带振动产生声波，此时的语音为浊音；若发声期间声带舒展不振动，则产生的语音为清音。

3. 听觉特性

听觉系统在语音发音的过程中也起到关键的作用。空气振动形成的疏密波对人耳产生适宜刺激，但振动必须到达一定强度且频率在一定的范围内，才可被耳蜗所感知，引起听觉。通常人耳最敏感的频率范围为 1000～3000Hz。

（1）人耳的构造

人的听觉系统由外耳、中耳、内耳以及听觉神经纤维共同组成，外耳的主要作用是通过外耳道的共振效应实现声源定位和声音放大，中耳的主要作用是通过声阻抗变换实现声压放大及保护内耳，内耳的主要作用是将机械振动转换为神经信号。

（2）听觉感知

人耳听觉特性来自于听觉的主观感知，主要包括听阈、音调、音色、响度和遮掩效应。通常人耳听阈的振动频率范围为 16～20000Hz，而且对于其中每一种频率，都有一个刚好能引起听觉的最小振动强度；音调是人耳对声音高低的主观感受，音调主要与频率相关，且具有正相关关系；音色是人耳对各种频率、各种强度的声波的综合反应，主要由频谱决定；响度是人耳对声音强弱的主观感受程度，该感受与声压强度和声波频率均有直接关系；掩蔽效应是指当两个不同响度的声音同时进入人耳时，较高的频率成分会影响对较低的频率成分的感受，由于人耳不是高保真系统，掩蔽效应具有一定的局限性。

10.1.2 语音信号模型

语音的产生是由气流激励声道，最终从嘴唇或鼻孔辐射出来而形成的。传统的基于声道的语音信号产生模型就是从这一角度来描述语音的产生过程的。它包括激励模型、声道模型和辐射模型，激励模型对应肺部和气管产生的气流与声带共同作用形成的激励，声道模型对应声道的谐振腔调整，辐射模型对应嘴唇及鼻孔的辐射效应。语音信号产生的模型可以用图 10-2 表示。

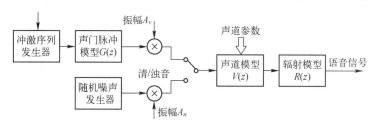

图 10-2　语音信号产生的模型

语音信号模型由激励模型 $G(z)$、声道模型 $V(z)$ 和辐射模型 $R(z)$ 组成。语音信号的传递函数由这三个函数级联而成，即：

$$H(z) = G(z)V(z)R(z) \tag{10-1}$$

1. 语音信号的线性模型

（1）激励模型

发音一般分为浊音和清音两大类，发不同的音时，激励的情况有所不同。

发浊音时，气流通过不断开启和关闭的声带，使声门处形成间歇的脉冲波，类似于斜三角形的脉冲，此时的激励源是一个以基音周期为周期的斜三角形的脉冲串。单个斜三角形脉冲的数学表达式为：

$$g(n) = \begin{cases} \dfrac{1}{2}\left[1 - \cos\left(\dfrac{n\pi}{N_1}\right)\right], & 0 \leqslant n \leqslant N_1 \\ \cos\left[\dfrac{\pi(n - N_1)}{2N_2}\right], & N_1 \leqslant n \leqslant N_1 + N_2 \\ 0, & \text{其他} \end{cases} \tag{10-2}$$

其中，N_1 为斜三角波上升部分的时间；N_2 为其下降部分的时间。如果将上述函数变换到频域可以看出，它表现出一个低通滤波器的特性。因此通常将它表示成 z 变换的全极点模型的形式：

$$G(z) = \frac{1}{(1 - g_1 z^{-1})(1 - g_2 z^{-1})} \tag{10-3}$$

其中，g_1 和 g_2 都接近于 1。这样，斜三角波脉冲串可以看作加权的单位脉冲经过上述的低通滤波器的输出。单位脉冲和幅值因子可以表示为下面的 z 变换形式：

$$E(z) = \frac{A_v}{1 - z^{-1}} \tag{10-4}$$

其中，A_v 是调节浊音的幅值或能量的参数。所以整个激励模型可以表示为：

$$U(z) = G(z)E(z) = \frac{A_v}{(1 - g_1 z^{-1})(1 - g_2 z^{-1})(1 - z^{-1})} \tag{10-5}$$

另一种情况是，在发清音时，声带处于松弛状态并不产生振动，气流通过声门直接进入声道，所有的清辅音都属于这种情况。无论是擦音还是塞音，声道都被阻碍形成湍流，所以激励信号相当于一个随机白噪声。这里应注意，简单地将语音信号分成受周期脉冲激励和受噪声激励两种情况，并不够严谨。有时即便将两种激励情况按照一定的比例叠加，也无法模拟某种语音，如浊擦音。为了更好地模拟激励信号，有人提出在一个基音周期中用多个斜三角波脉冲的方法，还有用多脉冲序列和随机噪声序列的自适应激励的方法等。

例 10-1 对周期三角波信号进行频谱分析。

解 MATLAB 程序 ex10_1.m 如下

```
% ex10_1.m
% 产生峰值为 1 的三角波，分析其 0～63 次谐波的幅值谱和相位谱
Fs =128;                        %采样频率
T = 1/Fs;                       % 采样周期
N = 128;                        % 采样点数
t = (0:N-1)*T;                  % 时间单位：
x=zeros(N);
for n=0:N-1
    b=fix((n)/(N/4));
    m=n+1;
    A=1/(N/4);
    if b==0
        x(m)=A*n;
    elseif b==1||b==2
        x(m)=A*(N/2-n);
    elseif b==3
        x(m)=A*(n-N);
    end;
end;
n=0:N-1;
subplot(3,1,1)
plot(t,x);
xlabel('时间/s');
ylabel('振幅');title('时域波形');grid on;
y=fft(x,N);                      %对信号进行快速傅里叶变换
mag=abs(y)*2/N;                  %求取傅里叶变换的振幅
f=n*Fs/N;
subplot(3,1,2)
```

```
plot(f(1:N/2),mag(1:N/2));              %绘出随频率变化的振幅
xlabel('频率/Hz');
ylabel('振幅');title('幅值谱');grid on;
p=mod(angle(y)*180/pi,360);
subplot(3,1,3)
plot(f(1:N/2),p(1:N/2));                %绘出随频率变化的相位
xlabel('频率/Hz');
ylabel('振幅');title('相位谱');grid on;
```

程序运行结果如图 10-3 所示。

（2）声道模型

对于声道的数学模型有两种观点：一种是将声道看作由多个不同截面积的声管，将其串联构成的系统，称为声管模型；另一种是将声道看作一个谐振腔，腔体的谐振频率是共振峰，这种声道的模型称为共振峰模型。由于人耳听觉的柯蒂氏器官的毛细胞是按着频率感受来排列其位置的，所以共振峰模型经常被使用。

一个二阶谐振器的传输函数可以写成：

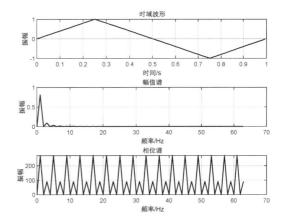

图 10-3 三角波的幅值谱和相位谱

$$V_i(z) = \frac{A_i}{1 - B_i z^{-1} - C_i z^{-2}} \quad (10\text{-}6)$$

实践表明：一般用前三个共振峰来代表一个元音。对于较复杂的辅音或鼻音需要用五个以上的共振峰。多个 V_i 叠加可以得到声道共振峰模型：

$$V(z) = \sum_{i=1}^{M} V_i(z) = \sum_{i=1}^{M} \frac{A_i}{1 - B_i z^{-1} - C_i z^{-2}} = \frac{\sum_{r=0}^{R} b_i z^{-r}}{1 - \sum_{k=1}^{N} a_k z^{-k}} \quad (10\text{-}7)$$

通常 $N > R$，且分子与分母无公因子及分母无重根。

（3）辐射模型

口和唇是声道的终端。从声道输出的是速度波，而语音信号是声压波，两者之比的倒数称为辐射阻抗 Z_L，可以用它来表示口唇的辐射效应，也包括头部的绕射效应等。从理论上推导这个辐射阻抗是非常复杂且困难的，但是如果认为口唇张开的面积远远小于头部的表面积，则可以得到辐射阻抗公式如下：

$$Z_L(\Omega) = \frac{\mathrm{j}\Omega L_r R_r}{R_r + \mathrm{j}\Omega L_r} \quad (10\text{-}8)$$

由辐射引起的能量损耗正比于辐射阻抗的实部，且口唇端的辐射效应在高频段较为明显，其频率曲线表现出一个高通滤波器的特性，辐射模型可表示为：

$$R(\Omega) = (1 - r z^{-1}) \quad (10\text{-}9)$$

其中，r 接近 1。在实际信号分析时，常在采样之后，插入一个一阶高通滤波器，起到预加重的作用。在语音合成时再进行去加重处理，即可恢复原来的语音。

2. 语音信号的非线性模型

语音信号模型一般可以用时变的线性系统来模拟。但许多学者发现在声道中传播的气流并

不总是以平面波的形式传播，而是有时分离有时附着在声道壁上。基于这种非线性现象的存在，提出语音信号的非线性模型来模拟语音产生的过程。

（1）调频-调幅模型

在该模型中，语音中单个共振峰的输出是以该共振峰频率为载频进行调频和调幅的结果，因而语音信号是由若干共振峰经这样的调制再叠加的，用能量分离算法将与每个共振峰对应的瞬时频率从语音中分离出来，由该瞬时频率可得到语音信号的某些特征。

对于一个载波频率为 f_c，频率调制信号为 $q(t)$，由 $a(t)$ 控制幅值，调频-调幅模型可以表示为：

$$r(t) = a(t)\cos\left(2\pi\left[f_c t + \int_0^t q(\tau)\mathrm{d}\tau\right] + \theta\right) \tag{10-10}$$

载频与每个共振峰对应，瞬时频率为瞬时相位的变化率，表明载频附近的频率随着调制信号而变化，因而 $r(t)$ 可看作语音信号中单个共振峰的输出，从而将信号看作若干共振峰调制信号的叠加。

（2）Teager 能量算子

Teager 能量算子在连续域和离散域的表达形式不同。在连续域中，Teager 能量算子可表示为信号 $s(t)$ 的一阶和二阶导数的函数，具有形式如下：

$$\Psi_\mathrm{C}\big[s(t)\big] = \left(\frac{\mathrm{d}s(t)}{\mathrm{d}\tau}\right)^2 - s(t)\frac{d^2 s(t)}{dt^2} \tag{10-11}$$

其中，$\Psi_\mathrm{C}[\,]$ 表示连续域的 Teager 能量算子，它在一定程度上对语音信号的能量提供一种测度，它可以表示出对单个共振峰能量的调制状态，也可以表示两个时间函数的相关性。

计算机处理语音信号时一般将上述公式进行离散化。在离散域中，常用差分来代替导数运算，上式可以改写如下：

$$\Psi_\mathrm{D}\big[s(n)\big] = s^2(n) - s(n+1)s(n-1) \tag{10-12}$$

其中，$\Psi_\mathrm{D}[\,]$ 表示离散域的 Teager 能量算子。从上式可以看出，能量算子输出的信号局部特性，只取决于原始语音信号及其差分，即计算能量算子在第 n 点处的输出，依赖于该样本点和它前后各一个延迟时刻的信号。这使得能量算子输出后的信号依然与原始信号保持相似的局部特性。利用 Teager 能量算子，可以把语音信号中的幅值调制部分与频率调制部分有效分离。

10.2 语音信号分析

10.2.1 语音信号的预处理

对语音信号进行分析，首先要提取出可表征语音本质的特征参数，再对特征参数进行有效处理。因此，语音分析中提取特征参数是语音信号处理的基础。语音信号实际是模拟信号，在进行数字处理之前先将模拟语音信号进行采样，将其离散化，采样周期应遵循奈奎斯特采样定理。语音的预处理包括：预加重、分帧和加窗等。

1. 预加重

对语音信号进行预加重的目的是去除口唇辐射的影响，对语音的高频部分进行加重，提高语音的高频分辨率。预加重的一般传递函数为 $H(z) = 1 - \alpha z^{-1}$，可以使用一阶 FIR 高通滤波器实现预加重，其中 α 为预加重系数，通常取 $0.9 < \alpha < 1.0$。当 $\alpha = 0.98$ 时，用差分方程实现预加重的方程为：$y(n) = x(n) - \alpha x(n-1)$。图 10-4 为该高通滤波器的幅频特性和相频特性。

例 10-2 利用 MATLAB 实现语音信号高频部分的提升。

解 MATLAB 程序 ex10_2.m 如下

```
% ex10_2.m
[x,sr]=audioread('speak102.wav');
ee=x(1500:1755);            %选取第1500～1755点的语音
r=fft(ee,1024);             %进行傅里叶变换
r1=abs(r);                  %取频谱的幅值
pinlv=(0:1:255)*8000/512;
yuanlai=20*log10(r1);
signal(1:256)=yuanlai(1:256);
[h1,f1]=freqz([1,-0.98],[1],256,4000);  %高通滤波器
pha=angle(h1);                          %高通滤波器的相位
H1=abs(h1);                             %高通滤波器的幅值
r2(1:256)=r(1:256);
u=r2.*h1';                              %时域卷积
u2=abs(u);
u3=20*log10(u2);
un=filter([1,-0.98],[1],ee);            %高频提升后的时域信号
figure(1);
subplot(2,1,1);plot(f1,H1);title('高通滤波器的幅频特性');
xlabel('频率/Hz');ylabel('幅度');
subplot(2,1,2);plot(pha);title('高通滤波器的相频特性');
xlabel('频率/Hz');ylabel('角度/rad');
figure(2);subplot(2,1,1);plot(ee);title('原始语音信号');
xlabel('样点数');ylabel('幅度');
subplot(2,1,2);plot(un);title('经高通滤波后的语音信号');
xlabel('样点数');ylabel('幅度');
figure(3);subplot(2,1,1);plot(pinlv,signal);title('原始语音信号频谱');
xlabel('频率/Hz');ylabel('幅度/dB');
subplot(2,1,2);plot(pinlv,u3);title('经高通滤波后的语音信号频谱');
xlabel('频率/Hz');ylabel('幅度/dB');
```

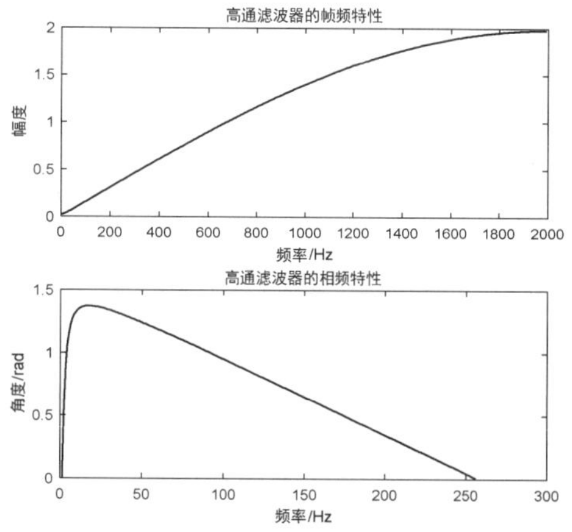

图 10-4　预加重时高通滤波器的
幅频特性和相频特性

该程序运行结果如图 10-5 所示。

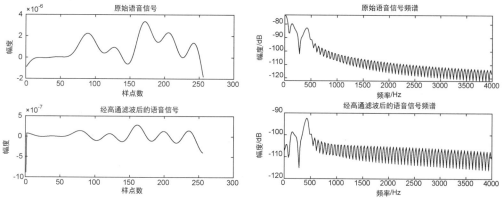

图 10-5　预加重前后语音信号及其频谱

程序运行后分别得到了一段语音预加重前后的信号及频谱的对比图,观察发现信号通过预加重后,频谱中高频部分的幅度得到提升。

2. 分帧

分析数据时,通常会进行分帧处理。由于发音器官的惯性运动,可认为在极小一段时间内(10~30ms)语音信号近似不变,即语音信号具有短时平稳性,但超出短时范围语音信号就会有变化。因此在分帧中,采用可移动的有限长度窗口进行加权的方法实现,为了帧与帧之间平稳过渡且保持连续性,往往设置在相邻两帧之间有部分重叠,如图10-6所示。

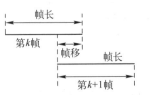

图10-6 语音信号分帧示意图

在 MATLAB 中有分帧函数 enframe、frame、segment、buffer2 等,其中 enframe 和 frame 是 voicebox 中的函数,应用较为广泛。

例 10-3 利用分帧函数 enframe 对语音信号进行分帧处理。

解 MATLAB 程序 ex10_3.m 如下

```
% ex10_3.m
function f = enframe(x,win,inc)
nx = length(x( : ));                        % 获取数据长度
nwin=length(win);                           % 取窗长
if(nwin = = 1)                               % 判断窗长是否为1
    len = win;                              % 是,帧长 = win
else
    len = nwin;                             % 否,帧长 = 窗长
if(nargin < 3)                               % 如果只有两个参数,设帧移 = 帧长
    inc = len;
end
nf = fix((nx – len + inc)/inc);             % 计算帧数
f = zeros(nf,len);                          % 初始化
indf = inc*(0 : (nf - 1)). ';               % 设置每帧在 x 中的位移量位置
inds = (1 : len);                           % 每帧数据对应1:len
f( : ) = x(indf( : ,ones(1,len)) + inds(ones(nf,1), :));   % 对数据分帧
if(nwin > 1)                                 % 若参数中包括窗函数,把每帧乘以窗函数
    win = win( : )';                         % 把 win 转成行向量
    f = f.*w(ones(nf,1), : );
end

调用格式:f= enframe(x,win,inc)
```

例 10-4 利用分帧函数 fra 对语音信号进行分帧处理。

解 MATLAB 程序 ex10_4.m 如下

```
% ex10_4.m
function f = fra(len,inc,x)                  % 对读入语音分帧, len 为帧长, inc 为帧重叠样点
fh = fix(((size(x,1)– len)/inc)+1);          % 计算帧数
f = zeros(fh,len);                           % 设一个零矩阵, 行为帧数, 列为帧长
i=1;n=1;
while i <= fh                                % 帧间循环
            j = 1;
        while j<=len                         % 帧内循环
```

```
                            f(i,j)=x(n);
                            j = j+1;n = n+1;
                    end
                    n = n- len+ inc;                    % 下一帧开始位置
                    i = i+ 1;
            end

            调用格式：f= fra(len,inc,x)
```

3. 加窗

语音信号经过采样后的 $x(n)$ 可看作是无限长的，进行分帧操作相当于乘以一个有限长的窗函数

$$y_m(n) = x(n)w(m-n) \tag{10-13}$$

式中，$w(m-n)$ 是一个窗函数，窗函数一般具有低通的特性，在语音信号分析中常用的窗函数有矩形窗和汉明窗。

矩形窗的窗函数：
$$w(n) = \begin{cases} 1 & 0 \leqslant n \leqslant N-1 \\ 0 & \text{其他} \end{cases} \tag{10-14}$$

例 10-5 绘制矩形窗的时域和幅度特性，窗长 $N = 61$。

解 MATLAB 程序 ex10_5.m 如下

```
% ex10_5.m
x=linspace(0,100,10001);           % 在 0～100 的横坐标间取 10001 个值
h = zeros(10001,1);                % 为矩阵 h 赋 0 值
h(1:2001) = 0;                     % 设置矩形窗
h(2002:8003) = 1;
h(8004:10001) = 0;
figure(1);
subplot(1,2,1)
plot(x,h, 'k');                    % 画时域波形图
title('矩形窗时域波形');
xlabel('样点数');
ylabel('幅度');
line([0,100],[0,0])                % 画出 x 轴
w1 = linspace(0,61,61);            % 取窗长内的 61 个点
w1(1:61) = 1;                      % 赋值 1，相当于矩形窗
w2 = fft(w1,1024);                 % 对时域信号进行 1024 个点的傅里叶变换
w3 = w2/w2(1);                     % 幅度归一化
w4 = 20*log10(abs(w3));            % 对归一化幅度取对数
w = 2*[0:1023]/1024;               % 频率归一化
subplot(1,2,2)
plot(w,w4, 'k')                    % 画幅度特性图
title('矩形窗幅度特性');
xlabel('归一化频率 f/fs');
ylabel('幅度/dB');
```

图 10-7 为程序运行后矩形窗的时域波形和幅度特性。

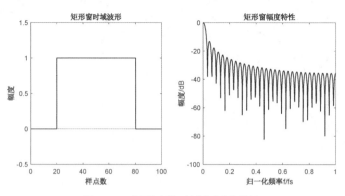

图 10-7　矩形窗的时域和幅度特性

汉明窗的窗函数：　$w(n) = \begin{cases} 0.54 - 0.46\cos[\dfrac{2\pi n}{N-1}], & 0 \leqslant n \leqslant N-1 \\ 0, & \text{其他} \end{cases}$　　　　（10-15）

例 10-6　绘制汉明窗的时域和频域波形，窗长 $N = 61$。

解　MATLAB 程序 ex10_6.m 如下

```
% ex10_6.m
x = linspace(20,80,61);            % 在 20～80 的横坐标间取 61 个值
h = hamming(61);                   % 取 61 个点的汉明窗值为纵坐标值
figure(1);
subplot(1,2,1);
plot(x,h, 'k');                    % 画时域波形图
title('汉明窗时域波形');
xlabel('样本数');ylabel('幅度');
w1 = linespace(0,61,61);          % 取窗长内的 61 个点
w1(1:61) = hamming(61);            % 加汉明窗
w2 = fft(w1,1024);                 % 对时域信号进行 1024 点傅里叶变换
w3 = w2/w2(1);                     % 幅度归一化
w4 = 20*log10(abs(w3));            % 对归一化幅度取对数
w = 2*[0:1023]/1024;              % 频率归一化
subplot(1,2,2)
plot(w,w4, 'k')                    % 画幅度特性图
axis([0,1,-100,0])
title('汉明窗幅度特性');
```

图 10-8 为程序运行后汉明窗的时域波形和幅度特性。

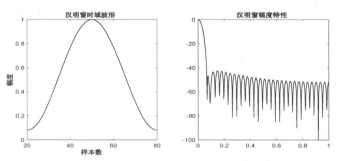

图 10-8　汉明窗时域和幅度特性

通过图 10-7 和图 10-8 比较可知，汉明窗主瓣宽度比矩形窗宽，但旁瓣要小，因此汉明窗

可以缓解频谱泄漏。理想情况下，窗函数主瓣越窄越好，旁瓣越低越好。

10.2.2 语音信号时域分析

语音信号分析可分为时域分析和频域分析等，其中时域分析方法较为常见且简单，它是直接将语音信号的时域波形提取特征参数进行分析的。

1. 短时能量

由于语音信号的能量随时间而变化，为了描述清音和浊音之间的能量差异，常对短时能量进行分析。定义第 i 帧语音信号 $y_i(n)$ 的短时平均能量公式为

$$E(i) = \sum_{n=0}^{L-1} y_i^2(n) \qquad 1 \leqslant i \leqslant f_n \qquad (10\text{-}16)$$

其中，L 为帧长，f_n 为分帧后的总帧数。

例 10-7　计算一段语音信号的短时能量，并分析不同窗长对短时能量的影响。

解　MATLAB 程序 ex10_7.m 如下

```
% ex10_7.m
clear all; clc; close all;
[yy,fs]=audioread('speak10_7.wav');      %读入音频文件
YY=fft(yy);                              %对语音进行傅里叶变换
subplot(4,1,1);
plot(yy,'b')                             %语音时域波形
ylabel('幅值')
title('语音波形'); hold on
x =audioread(' speak10_7.wav');
%计算 N = 50,帧移=50 时的语音能量
s = fra(50,50,x);                        % 对输入的语音信号进行分帧，其中帧长 50，帧移 50
s2 = s.^2;                               % 一帧内各样点的能量
energy = sum(s2,2);                      % 求一帧能量
subplot(4,1,2)
plot(energy)                             %画 N=50 时的语音能量图
xlabel('帧数')
ylabel('幅值')
title('短时能量');
legend('N=50');hold on
s = fra(400,400,x);
s2 = s.^2;
energy = sum(s2,2);
subplot(4,1,3)
plot(energy)                             %画 N=400 时的语音能量图
xlabel('帧数')
ylabel('幅值')
title('短时能量');
legend('N=400');hold on
s = fra(1000,1000,x);
s2 = s.^2;
energy = sum(s2,2);                      %画 N=1000 时的语音能量图
subplot(4,1,4)
plot(energy)
```

```
xlabel('帧数')
ylabel('幅值')
title('短时能量');
legend('N=1000')
```

该程序运行结果如图 10-9 所示。可以看出窗函数的不同窗长对短时能量的计算存在影响。在窗长较长 N=1000 时，这样的窗相当于很窄的低通滤波器，平滑作用较强但无法反映语音信号的时变特性；在窗长较短 N=50 时，很多瞬时变化的特性被保留，不能准确看出振幅包络的变化规律。图中 N=400 的曲线相对平滑较为合适。

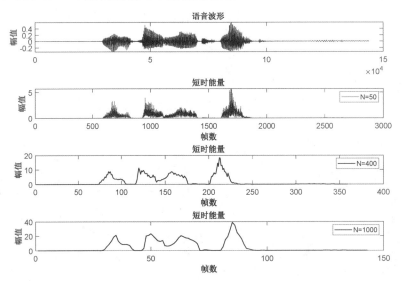

图 10-9　语音波形图和在不同窗长下短时能量函数

2. 短时平均幅度

短时能量存在一些缺点，对信号电平值过于敏感，计算信号样本的平方和时容易产生溢出。为了克服这个缺点，提出语音信号的短时平均幅度，定义为：

$$M(i) = \sum_{n=0}^{L-1} \left| y_i(n) \right| \qquad 1 \leqslant i \leqslant f_n \qquad (10\text{-}17)$$

其中，f_n 为分帧后的总帧数，$M(i)$ 表示一帧语音信号能量大小，它的优势是计算时不论采样值的大小，都不会因取二次方而造成较大差异。

例 10-8　计算一段语音信号的短时平均幅度，并分析不同窗长对短时平均幅值的影响。

解　MATLAB 程序 ex10_8.m 如下

```
% ex10_8.m
x =audioread('speak10_8.wav');
s = fra(50,50,x)                    % 语音短时平均幅度图
s3 = abs(s)
avap = sum(s3,2)
subplot(2,2,1)
plot(avap)                          %画 N=50 时的平均幅度图
xlabel('帧数')
ylabel('短时平均幅度 M')
legend('N = 50')
hold on
```

```
s = fra(100,100,x)
s3 = abs(s)
avap = sum(s3,2)
subplot(2,2,2)
plot(avap)                                    %画 N=100 时的平均幅度图
xlabel('帧数');ylabel('短时平均幅度');
legend('N = 100');hold on
s = fra(400,400,x)
s3 = abs(s)
avap = sum(s3,2)
subplot (2,2,3)
plot(avap)                                    %画 N=400 时的平均幅度图
xlabel('帧数');ylabel('短时平均幅度 M');
legend('N = 400');hold on
s = fra(800,800,x)
s3 = abs(s)
avap = sum(s3,2)
subplot (2,2,4)
plot(avap)                                    %画 N=800 时的平均幅度图
xlabel('帧数');ylabel('短时平均幅度 M')
legend('N = 800')
```

该程序运行结果如图 10-10 所示。

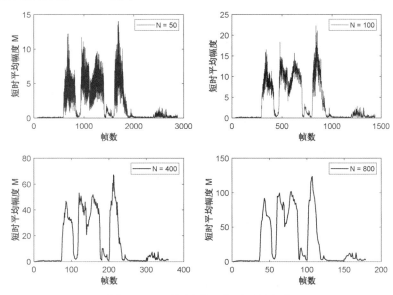

图 10-10　不同窗长下短时平均幅度

　　该程序中窗长 N 分别取 50、100、400 和 800，由图 10-10 可以看出，不同窗长对于计算短时平均幅度也同样有影响，但由于平均幅度相较于短时能量没有平方运算，因此其动态范围较小。

3. 短时平均过零率

　　短时平均过零率表示一帧语音中语音信号波形穿过横轴（零值）的次数。短时平均过零率是语音信号时域分析中的一种特征参数。对于连续时间语音信号，过零代表时域波形穿过时间轴；对于离散时间语音信号，过零意味着相邻的取样值改变符号。定义语音信号 $x(n)$ 分帧后得

到 $y_i(n)$，帧长为 L，短时平均过零率为

$$Z(i) = \frac{1}{2} \sum_{n=0}^{L-1} \left| \text{sgn} \{ y_i(n) - \text{sgn}[y_i(n-1)] \} \right|, \qquad 1 \leqslant i \leqslant f_n \qquad (10\text{-}18)$$

其中，f_n 为分帧后的总帧数，$\text{sgn}[\cdot]$ 是符号函数，即 $\text{sgn}[x] = \begin{cases} 1, x \geqslant 0 \\ -1, x < 0 \end{cases}$。

例 10-9 计算短时平均过零率。

解 MATLAB 程序 ex10_9.m 如下

```
% ex10_9.m
x = audioread('speak10_9.wav');
x = double(x);
FrameLen = 256;FrameInc =128;          % 设置帧长、帧移
tmp1 = enframe(x(1:end-1), FrameLen, FrameInc);
tmp2 = enframe(x(2:end) , FrameLen, FrameInc);   % 分帧
signs = (tmp1.*tmp2)<0;                 % 判断是否为过零点
diffs = (tmp1 -tmp2)>0.02;
zcr = sum(signs.*diffs, 2);             % 计算次数
figure;
subplot(2,1,1);
plot(x);
title('语音信号时域波形');
xlabel('样点数');
ylabel('幅度');
subplot(2,1,2);
plot(zcr);
xlabel('帧数');
ylabel('短时过零率');
title('语音信号的短时过零率');
```

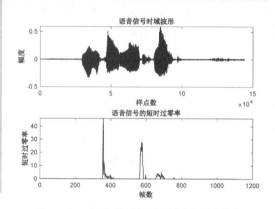

图 10-11 语音的时域波形和短时过零率

该程序运行结果如图 10-11 所示。

4. 短时自相关函数

短时自相关函数用于衡量语音信号自身时间波形的相似性。信号 $x(n)$ 分帧后，每帧数据的短时自相关函数定义为：

$$R_i(k) = \sum_{n=0}^{L-k-1} y_i(n) y_i(n+k) \qquad (10\text{-}19)$$

其中，L 为语音分帧的长度，k 为延迟量。

语音信号的短时自相关函数 $R_i(k)$ 主要用于端点检测及基音提取。若已知 X 为分帧后的数据，则可取任一帧数据进行短时自相关函数的分析：

```
u=X(:,i);              %取出一帧
R=xcorr(u);            %利用 xcorr 函数求出自相关函数
R=R(wlen:end);         %只取 k 值为正值的自相关函数
```

5. 短时平均幅度差函数

信号 $x(n)$ 分帧后，每帧数据的短时平均幅度差函数（Average Magnitude Difference Function, AMDF）定义为：

$$D_i(k) = \sum_{n=0}^{L-k-1} y_i(n+k) - y_i(n) \qquad (10\text{-}20)$$

对于一个周期为 P 的周期信号 $x(n)$，当 $k = 0, \pm P, \pm 2P, \cdots$ 时，$D_i(k) = y_i(n+k) - y_i(n) = 0$。因此，短时平均幅度差可用作基音周期的检测。当语音信号是浊音的时候，在基音周期的整数倍上 $D_i(k) \neq 0$，数值会随时间的增加有所减退。

若已知 X 为分帧后的数据，则可取任一帧数据进行短时平均幅度差函数的分析：

```
u=X( : , i );                                    %取出一帧
for k=1 : wlen
    amdfvec(k)=sum(abs(u(k:end) – u(1:end–k+1)))   %求每个采样点的幅度差再累加
end
```

10.2.3　语音信号频域分析

频域分析是将时域信号转换为频域信号进行分析，其优势是可展现出时域上无法表现出的特征参数。

1. 短时傅里叶变换

相关内容可参看本书 8.4.2 节。

2. 语谱图

语谱图可以直观、清晰地表示语音信号随时间变化的频谱特性。其水平方向是时间轴，垂直方向是频率，语谱图中条纹代表各个时刻的语音短时谱，且对应于信号的能量。语音信号的动态频谱特性可以通过语谱图体现出来，实现语音的可视化。

例 10-10　绘制一段语音的语谱图。

解　MATLAB 程序 ex10_10.m 如下

```
% ex10_10.m
filedir=[];                              % 设置路径
filename='speak10_10.wav';               % 设置文件名
fle=[filedir filename];                  % 构成完整的路径和文件名
%[x,Fs]=wavread(fle);                    % 读入数据文件
[x,Fs]=audioread(filename);              % 读入数据文件
wlen=200; inc=80; win=hanning(wlen);     % 设置帧长，帧移和窗函数
N=length(x); time=(0:N–1)/Fs;            % 计算时间
y=enframe(x,win,inc)';                   % 分帧
fn=size(y,2);                            % 帧数
frameTime=(((1:fn)–1)*inc+wlen/2)/Fs;    % 计算每帧对应的时间
W2=wlen/2+1; n2=1:W2;
freq=(n2–1)*Fs/wlen;                     % 计算 FFT 后的频率刻度
Y=fft(y);                                % 短时傅里叶变换
axes('Position',[0.07 0.72 0.9 0.22]);   % 画出语音信号的波形
plot(time,x,'k');
xlim([0 max(time)]);
xlabel('时间/s'); ylabel('幅值');
set(gcf,'Position',[20 100 600 500]);    % 画出语谱图
axes('Position',[0.1 0.1 0.85 0.5]);
imagesc(frameTime,freq,abs(Y(n2,:)));    % 画出 Y 的图像
axis xy; ylabel('频率/Hz');xlabel('时间/s');
```

```
title('语谱图');
m = 64;
LightYellow = [0.6 0.6 0.6];
MidRed = [0 0 0];
Black = [0.5 0.7 1];
Colors = [LightYellow; MidRed; Black];
colormap(SpecColorMap(m,Colors));
title('语音信号波形')
```

该程序运行结果如图 10-12 所示。

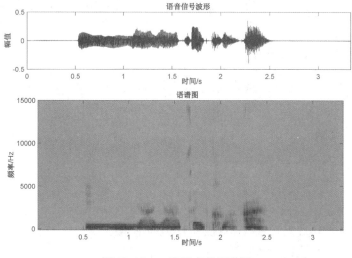

图 10-12　一段语音的语谱图

语谱图的时间分辨率和频率分辨率是由窗函数决定的。想要观察语音谐波的细节，需要减小窗函数的带通宽度以提高频率分辨率。图 10-13 中给出了同一段语音在不同带宽下的语谱图，其中图（a）～（c）的带宽依次增大。可以看出窗函数短、频带宽，时间分辨率较好，能突出共振峰的结构位置；窗函数长、频带窄，频率分辨率较好，能清楚地显示出谐波结构。因此，宽带语谱图可以得到较高的时间分辨率，反映频谱的快速变化过程；窄带语谱图可以得到较高的频率分辨率，反映语音特性有关的信息。

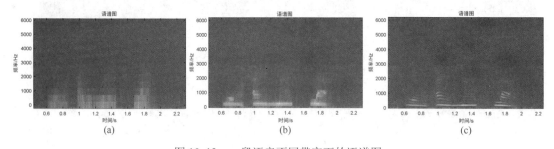

图 10-13　一段语音不同带宽下的语谱图

3．短时功率谱密度

信号经过傅里叶变换得到信号的频谱，功率谱密度函数（Power Spectrum Density, PSD）常用来反映信号的功率。对于语音这类非稳态的时变信号，常计算其短时功率谱密度函数。

下面为计算短时功率谱密度的程序：

```
function[Pxx] = pwelch_2(x,nwind,noverlap,w_nwind,w_noverlap,nfft)
x = x( : );
inc = nwind – noverlap;                                % 计算帧移
X = enframe(x,nwind,inc) ';                            % 分帧
frameNum = size(X,2);                                  % 计算帧数
% 用 pwelch 函数对每帧计算功率谱密度函数
for k = 1: frameNum
    Pxx( : ,k) = pwelch(X( : , k),w_nwind,w_noverlap, nfft);
End
```

例 **10-11**   对一段语音进行短时功率谱密度分析。

解   MATLAB 程序 ex10_11.m 如下

```
% ex10_11.m
filedir = [];                                          %设置路径
filename = 'speak10_11.wav';                           %设置文件名
fle = [filedir filename];                              %构成完整的路径和文件名
[wavin0,fs]= audioread(fle);                           %读入数据文件
nwind = 240; noverlap = 160; inc = nwind - noverlap;   %设置帧长为240，重叠为160，帧移为80
w_nwind = hanning(200); w_noverlap = 195;              %设置段长为200，段重叠为195
nfft = 200;                                            %FFT 长度为200
[Pxx] = pwelch_2(wavin0,nwind,noverlap,w_nwind,w_noverlap,nfft);
frameNum = size(Pxx,2);                                %取帧数
frameTime = frame2time(frameNum,nfft,inc,fs);          %计算每帧对应的时间
freq = (0:nfft/2)*fs/nfft;                             %计算频率刻度
imagesc(frameTime,freq,Pxx); axis xy
ylabel('频率/Hz');
xlabel('时间/s');
title('短时功率谱密度函数')
m = 256; LightYellow = [0.6 0.6 0.6];
MidRed = [0 0 0]; Black = [0.5 0.7 1];
Colors = [LightYellow; MidRed;Black];
colormap(SpecColorMap(m,Colors));
```

该程序运行结果如图 10-14 所示。

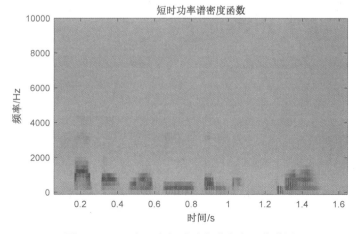

图 10-14   一段语音短时功率谱密度函数谱图

10.2.4 语音信号其他变换域分析

1. Mel 频率倒谱系数

Mel 频率倒谱系数（Mel Frequency Cepstrum Coefficient，MFCC）主要是根据人耳听觉特性，进行 Mel 尺度上的频域分析，从而构造的语音特征参数。由于人耳接收到的声音频率和人发出的声音频率是非线性的关系，因此用 Mel 频率尺度表示频率更能符合人耳的听觉特性。Mel 频率与实际频率的关系可表示为：

$$\text{Mel}(f) = 2595 \lg(1 + f / 700) \qquad (10\text{-}21)$$

其中，f 为频率，单位为 Hz，对应关系图如图 10-15 所示。

Mel 滤波器组是在语音的频谱范围内设置若干个带通滤波器 $H_m(k)$，$0 \leqslant m < M$，M 为滤波器的个数，其中的每个滤波器都具有三角形滤波特性。在 Mel 频率范围内，这些滤波器的中心频率为 $f(m)$ 且是等带宽的。每个带通滤波器的传递函数为

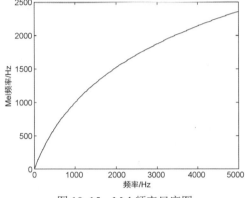

图 10-15　Mel 频率尺度图

$$H_m(k) = \begin{cases} 0, & k < f(m-1) \\ \dfrac{k - f(m-1)}{f(m) - f(m-1)}, & f(m-1) \leqslant k \leqslant f(m) \\ \dfrac{f(m+1) - k}{f(m+1) - f(m)}, & f(m) < k \leqslant f(m+1) \\ 0, & k > f(m+1) \end{cases} \qquad (10\text{-}22)$$

其中，$f(m)$ 定义为

$$f(m) = \left(\frac{N}{f_s} \right) F_{\text{mel}}^{-1} \left(F_{\text{mel}}(f_1) + m \frac{F_{\text{mel}}(f_h) - F_{\text{mel}}(f_1)}{M + 1} \right) \qquad (10\text{-}23)$$

在滤波器频率范围内，f_1 为最低频率；f_h 为最高频率；N 为 DFT（或 FFT）时的长度；f_s 为采样频率；F_{mel} 的逆函数 F_{mel}^{-1} 为

$$F_{\text{mel}}^{-1}(b) = 700(e^{b/1125} - 1) \qquad (10\text{-}24)$$

例 10-12　已知采样频率 f_s 为 4000Hz，利用 melbankm 函数设计个数为 24 的 Mel 滤波器组，并使用三角窗函数，要求最低频率 $f_l = 0$Hz，最高频率 $f_h = 0.5$Hz。

解　MATLAB 程序 ex10_12.m 如下

```
% ex10_12.m
bank=melbankm(24,256,4000,0,0.5,'t');
bank=full(bank);
bank=bank/max(bank(:));              % 幅值归一化
df=8000/256;                          % 计算分辨率
ff=(0:128)*df;                        % 频率坐标刻度
for k=1 : 24                          % 绘制 24 个 Mel 滤波器响应曲线
    plot(ff,bank(k,:),'k','linewidth',1.5); hold on;
end
hold off; grid;
xlabel('频率/Hz'); ylabel('相对幅值')
title('Mel 滤波器组的频率响应曲线'))
```

该程序运行结果如图 10-16 所示。

提取特征参数 MFCC 有助于发现语音信号的特点以及走向趋势。图 10-17 是原始语音信号和 MFCC 特征提取的对比图，可以看出 MFCC 特征提取图与原始语音信号的走势大致相同，但采样点数大幅度降低，也就是说在某种程度上可以用 MFCC 较少的采样点代替原始信号中较多的采样点。

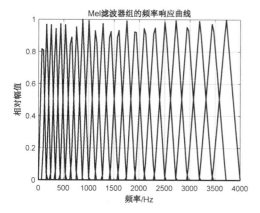

图 10-16　Mel 滤波器频率响应曲线

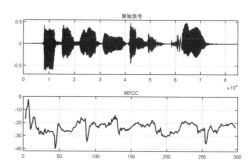

图 10-17　原始语音信号和 MFCC 特征提取对比图

2．小波和小波包变换

（1）小波变换

小波变换是一种新的变换域分析方法，它延续使用了短时傅里叶变换局部化的思想，克服了窗口大小不随频率改变等特点。小波变换可分为连续型小波变换和离散型小波变换。

小波变换是一个平方可积函数 $f(t)$ 与一个小波函数 $\psi(t)$ 的内积，该小波函数在时频域上具有良好局部性质。小波变换的表达式如下：

$$W_f(a,b) = \langle f, \psi_{a,b} \rangle = \frac{1}{\sqrt{a}} \int_{-\infty}^{\infty} f(t) \psi^* \left(\frac{t-b}{a} \right) \mathrm{d}t \qquad (10\text{-}25)$$

式中，$\langle *,* \rangle$ 表示内积；$a > 0$ 为尺度因子；b 为位移因子，$*$ 表示复数共轭；

$$\psi_{a,b}(t) = \frac{1}{\sqrt{a}} \psi \left(\frac{t-b}{a} \right) \qquad (10\text{-}26)$$

式中，$\psi_{a,b}(t)$ 是母小波 $\psi(t)$ 经移位和伸缩所产生的一族函数，称为小波基函数或简称小波基。从上式可看到，当 $a > 1$ 时，对函数 $\psi_{a,b}(t)$ 具有拉长的作用；当 $a < 1$ 时，对函数 $\psi_{a,b}(t)$ 具有缩短的作用；改变 b，则会影响函数 $f(t)$ 围绕 b 点的分析结果。

$\psi(t)$ 必须满足容许性条件：
$$\begin{cases} \int_{-\infty}^{\infty} \psi(t)\mathrm{d}t = 0 \\ \int_{-\infty}^{\infty} \dfrac{|\psi(\omega)|^2}{|\omega|} \mathrm{d}\omega = C_{\psi} < \infty \end{cases} \qquad (10\text{-}27)$$

式中，$\psi(\omega)$ 是 $\psi(t)$ 的傅里叶变换。

由式（10-27）可以得出，$\psi(t)$ 的时域波形具有衰减性和波动性，即其振幅在正负轴间振荡；从频谱上看，$\psi(\omega)$ 集中在一个较小的频带内，具有带通性。

$\psi_{a,b}(t)$ 中参数 a 的伸缩和参数 b 的平移为连续取值的小波变换称为连续小波变换，连续小波变换主要用于理论分析方面。

在实际应用中，需要对尺度因子 a 和位移因子 b 进行离散化处理，可以取：

$$a = a_0^m, b = nb_0 a_0^m \qquad (10\text{-}28)$$

式中，m, n 为整数；a_0 为大于 1 的常数；b_0 为大于 0 的常数；a 和 b 的选取与小波 $\psi(t)$ 有关。

离散小波函数表示为

$$\psi_{m,n}(t) = \frac{1}{\sqrt{a_0^m}} \psi\left(\frac{t - nb_0 a_0^m}{a_0^m}\right) = \frac{1}{\sqrt{a_0^m}} \psi\left(a_0^{-m} t - nb_0\right) \qquad (10\text{-}29)$$

相应的离散小波变换表示为

$$W_f(m,n) = \langle f, \psi_{m,n}(t) \rangle = \int_{-\infty}^{+\infty} f(t) \psi_{m,n}^*(t) \mathrm{d}t \quad (10\text{-}30)$$

特别地，当 $a_0 = 2$，$b_0 = 1$ 时，离散小波变换称为二进离散小波变换。这种二进离散小波变换简单方便，在实际时间序列处理中被广泛应用。表 10-1 列出了 MATLAB 中一些主要的一维小波变换分解和重构函数。

表 10-1　MATLAB 中一维小波变换分解和重构函数

函数名	函数功能
cwt	一维连续小波变换
dwt	单尺度一维离散小波变换
idwt	单尺度一维离散小波逆变换
wavedec	多尺度一维离散小波变换
waverec	多尺度一维离散小波重构
appcoef	提取一维离散小波变换近似分量
detcoef	提取一维离散小波变换细节分量

（2）小波包变换

小波包由两组正交小波基滤波器系数生成。如果 $\{h_k\}_{k \in Z}$ 和 $\{g_k\}_{k \in Z}$ 是一组共轭镜像滤波器，满足

$$\sum_{n \in Z} h_{n-2k} h_{n-2l} = \delta_{kl}, \qquad \sum_{n \in Z} h_n = \sqrt{2} \qquad (10\text{-}31)$$

$$g_k = (-1)^k h_{1-k}, \quad l, k \in Z \qquad (10\text{-}32)$$

即可定义一系列函数 $\{u_n(t)\}(n = 0, 1, 2, \cdots)$ 满足如下方程

$$\begin{cases} u_{2n}(t) = \sqrt{2} \sum_{k \in Z} h_k u_n(2t - k) \\ u_{2n+1}(t) = \sqrt{2} \sum_{k \in Z} g_k u_n(2t - k) \end{cases} \qquad (10\text{-}33)$$

把每一个如下形式的函数　$2^{-j/2} u_n(2^{-j}t - k), \; j, k \in Z, \; n \in Z_+$ 　$(10\text{-}34)$
称为一个小波包函数，其集合

$$\left\{2^{-j/2} u_n(2^{-j}t - k), \; j, k \in Z, n \in Z_+\right\} \qquad (10\text{-}35)$$

称为一个小波包库。其中，j 是尺度参数，k 是平移参数，n 是频率参数。当 $k = 0$ 时，$u_1(t)$ 为尺度函数；$u_1(t)$ 为小波函数 $\psi(t)$。从小波包库中选择能构成 $L^2(R)$ 空间的一个基函数系，称为 $L^2(R)$ 的一个小波包基。

对任意固定的 j 值，有　　　$\omega_n(t) = \left\{2^{-j/2} u_n\left(2^{-j}t - k\right), \; j, k \in Z, n \in Z_+\right\}$ 　$(10\text{-}36)$
均可构成 $L^2(R)$ 的一个正交基。这个正交基与 Fourier 基类似，称为子带基。

当 n 固定，例如 $n = 1$ 时，有　　$u_1(t) = \psi(t)$，$W_1(t) = \left\{2^{-\frac{j}{2}} u_1(2^{-j}t - k), j, k \in Z, \right\}$ 　$(10\text{-}37)$
即为 $L^2(R)$ 的标准正交小波基；而当 $n = 0$ 时，则构成 $L^2(R)$ 的一个框架。

在多分辨分析中，$L^2(R) = \bigoplus_{j \in Z} W_j$，表明多分辨分析是按照不同的因子 j 把 Hibert 空间 $L^2(R)$ 分解为所有子空间 $W_j(j \in Z)$ 的正交和。其中，W_j 为小波函数 $\psi(t)$ 的闭包（小波子空间）。表 10-2 列出了 MATLAB 中一维小波

表 10-2　MATLAB 中一维小波包变换的分解和重构函数

函数名	函数功能
wpdec	一维小波包分解
wprec	一维小波包分解的重构
wpcoef	分解一维小波包系数
wprcoef	分解一维小波包系数的重构

包变换的分解和重构函数。

例 10-13　利用小波包分解构成 Bark 滤波器，对一段语音数据进行 17 个 Bark 滤波器的滤波。

解　MATLAB 程序 ex10_13.m 如下

```matlab
% ex10_13.
filedir=[];                           % 设置语音文件路径
filename='speak10_13.wav';            % 设置文件名
fle=[filedir filename];               % 构成路径和文件名的字符串
% [xx, fs, nbits]=wavread(fle);       % 读入语音文件
[xx, fs]=audioread(fle);              % 读入语音文件
x=xx-mean(xx);                        % 消除直流分量
x=x/max(abs(x));                      % 幅值归一化
N=length(x);                          % 取信号长度
T=wpdec(x,5,'db2');                   % 对时间序列进行一维小波包分解
% 按指定的节点，对时间序列分解的一维小波包系数重构
y(1,:)=wprcoef(T,[5 0]);y(2,:)=wprcoef(T,[5 1]);
y(3,:)=wprcoef(T,[5 2]);y(4,:)=wprcoef(T,[5 3]);
y(5,:)=wprcoef(T,[5 4]);y(6,:)=wprcoef(T,[5 5]);
y(7,:)=wprcoef(T,[5 6]);y(8,:)=wprcoef(T,[5 7]);
y(9,:)=wprcoef(T,[4 4]);y(10,:)=wprcoef(T,[4 5]);
y(11,:)=wprcoef(T,[5 11]);y(12,:)=wprcoef(T,[5 12]);
y(13,:)=wprcoef(T,[4 7]);y(14,:)=wprcoef(T,[3 4]);
y(15,:)=wprcoef(T,[3 5]);y(16,:)=wprcoef(T,[3 6]);
y(17,:)=wprcoef(T,[3 7]);
subplot 511; plot(x,'k');
ylabel('/a/'); axis tight
for k=1 : 4
    subplot(5,2,k*2+1); plot(y((k-1)*2+1,:),'k');
    ylabel(['y' num2str((k-1)*2+1)]); axis tight;
    subplot(5,2,(k+1)*2); plot(y(k*2,:),'k');
    ylabel(['y' num2str(k*2)]); axis tight;
end
figure
for k=1 : 4
    subplot(5,2,(k-1)*2+1); plot(y((k-1)*2+9,:),'k');
    ylabel(['y' num2str((k-1)*2+9)]); axis tight;
    subplot(5,2,k*2); plot(y(k*2+8,:),'k');
    ylabel(['y' num2str(k*2+8)]); axis tight;
end
subplot(5,2,9); plot(y(17,:),'k');
ylabel('y17'); axis tight
```

该程序运行结果如图 10-18 所示。

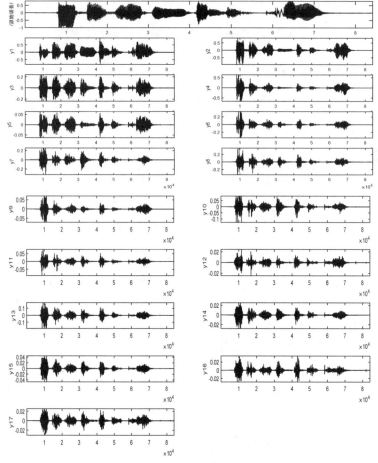

图 10-18　一段语音经小波包分解和重构后 17 个 Bark 滤波器的输出

10.3　语　音　合　成

语音合成是人机交互的重要组成部分，其目的是为了让计算机模拟人类说话。它是信号处理、语音学、人工智能等多领域的交叉学科。想要合成出高质量的语音，必须理解文字内容、掌握语音、语义学规则。

10.3.1　语音合成分类

语音合成技术可分为波形合成法、参数合成法、规则合成法。

1. 波形合成法

波形合成法通常分为两种方法：波形编码合成和波形编辑合成。波形编码合成方法与语音编码中的波形编解码方法类似，主要是将语音波形或对波形编码压缩后存储，在语音合成时再解码组合输出；波形编辑合成是选取语音库中自然语言的合成单元波形，对其进行编辑、拼接后合成，它采用语音编码技术，存储适当的语音单元，经过解码、编辑、拼接、平滑等处理再输出所需的语音。

波形合成法是一种相对简单的技术，通常只能合成有限词汇的语音段。在合成语音段时并不会对语音单元进行修改，只调正时长、强度等，因此语音单元之间的相互影响程度较小，合成语音质量较高。多应用于语音自动报时、报站和报警等。

2．参数合成法

参数合成法是语音合成中较为复杂的方法。为节省存储空间，先要对语音信号提取特征参数，以节约存储空间，再通过人工控制将参数合成。参数合成法常分为两种方法：发音器官参数合成和声道模型参数合成。发音器官参数合成方法是模拟人的发声过程，定义了唇、舌、声带等发音器官参数，由生理学参数估计声道截面积函数并计算声波；声道模型参数合成方法是用声道截面积函数和声道谐振特性合成语音，包括共振峰合成及基于线性预测编码（Linear Prencdictive Coding, LPC）、线谱对参数（Line Spectral Pair, LSP）等特征参数合成系统。声道模型参数合成方法的主要过程为：先录制语音库，应涵盖人类发音的所有读音，再提取声学特征参数，最后合成一个完整的语音库。由于压缩时会丢失关键信息，合成语音的音质问题仍需提升。

3．规则合成法

规则合成法是通过语音学规则产生语音，是一种较高级的合成方法。该方法存储的是最小语音单位的声学参数，其发音规则包括音素构成音节、音节构成词语、词语连成句子、韵律和音调控制等。这种方法合成的词汇量是无限多的。这类方法中较经典的算法是基音同步叠加技术（Pitch Synchronous Overlap Add, PSOLA），该方法可以灵活地拼接基音、音调等韵律特征，还能保留发音的主要特征，因此合成语音能达到较高的音质。

10.3.2　线性预测语音合成

线性预测分析是有效的语音分析技术之一，其重要性在于它能够较为精准地估计语音参数，如基音频率、共振峰、谱特征及声道截面积函数等。语音信号线性预测分析的基本思想：一个语音信号的采样值可以由若干个过去的语音信号采样值的加权线性组合来逼近。

1．LPC 基本原理

线性预测编码（LPC）是依据实际采样值与预测采样值两者误差值最小原则进行逼近的，其中加权系数为预测器的系数，当预测的误差达到最小值时得到一组预测器系数。线性预测分析也是由实际语音信号求 LPC 的过程。

LPC 语音合成是利用 LPC 语音分析的方法，通过语音样本值求出 LPC 系数，从而建立信号产生模型并合成语音。线性预测合成模型是一种原滤波器模型，由周期脉冲序列和白噪声序列构成激励信号源，经过选通、放大，再经过时变数字滤波器，最终输出合成的语音信号。

2．LPC 信号模型

语音信号的 LPC 合成模型如图 10-19 所示。

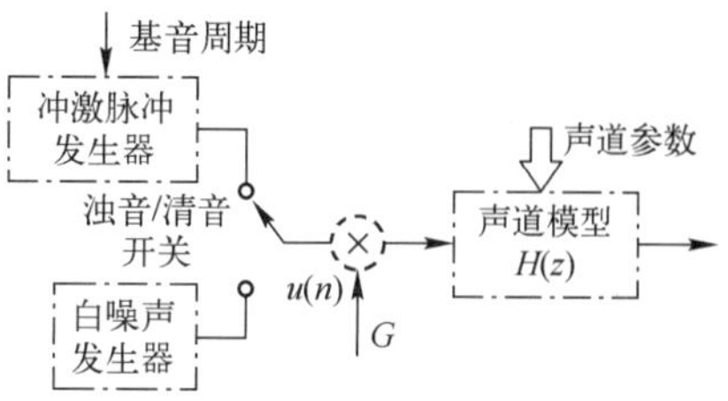

对于图 10-19 的模型，语音抽样信号 $x(n)$ 和激励信号之间的关系用下列简单的差分方程来表示

$$x(n) = \sum_{k=1}^{p} a_k x(n-k) + Gu(n) \quad （10\text{-}38）$$

图 10-19　LPC 语音信号合成模型

其中，$u(n)$ 表示模型的输入，a_k 是预测系数，G 是增益。对于浊音信号，模型的输入 $u(n)$ 可以用周期性的单位冲激序列来模拟；对于清音信号，模型的输入 $u(n)$ 可以用随机的白噪声序列来模拟。模型的传递函数 $H(z)$ 表达式为

$$H(z) = \frac{G}{A(z)} = \frac{G}{1 - \sum_{k=1}^{p} a_k z^{-k}} \quad （10\text{-}39）$$

$H(z)$ 也可以成为合成滤波器。线性预测误差滤波相当于逆逼近的过程，当调整滤波器 $A(z)$ 的参数线性预测误差逼近一个白噪声序列 $u(n)$ 时，$A(z)$ 和 $H(z)$ 相当于是等效的。

例 10-14 读入音频文件，取一帧数据（8001～8240），求线性预测系数，并求出预测系数的频谱和预测误差。

解 MATLAB 程序 ex10_14.m 如下

```
% ex10_14.m
filedir=[];                                  % 设置数据文件的路径
filename='speak10_14.wav';                   % 设置数据文件的名称
fle=[filedir filename];                       % 构成路径和文件名的字符串
[x,fs]=audioread(fle);                        % 读入语音数据
L=240;                                        % 帧长
y=x(8001:8000+L);                             % 取一帧数据
p=12;                                         % LPC 的阶数
ar=lpc(y,p);                                  % 线性预测变换
Y=lpcar2ff(ar,255);                          % 求 LPC 的频谱值
est_x=filter([0 -ar(2:end)],1,y);            % 用 LPC 求预测估算值
err=y-est_x;                                  % 求出预测误差
fprintf('LPC:\n');
fprintf('%5.4f   %5.4f   %5.4f   %5.4f   %5.4f   %5.4f   %5.4f\n',ar);
fprintf('\n');
pos = get(gcf,'Position');
set(gcf,'Position',[pos(1), pos(2)-200,pos(3),pos(4)+150]);
subplot(311); plot(x,'k'); axis tight;
title('元音/a/波形'); ylabel('幅值')
subplot(323); plot(y,'k'); xlim([0 L]);
title('一帧数据'); ylabel('幅值')
subplot(324); plot(est_x,'k'); xlim([0 L]);
title('预测值'); ylabel('幅值')
subplot(325); plot(abs(Y),'k'); xlim([0 L]);
title('LPC 频谱'); ylabel('幅值'); xlabel('样点')
subplot(326); plot(err,'k'); xlim([0 L]);
title('预测误差'); ylabel('幅值'); xlabel('样点')
```

该程序运行结果如图 10-20 所示。

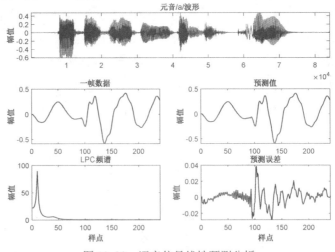

图 10-20　语音信号线性预测分析

10.3.3 基音同步叠加语音合成

基音同步叠加是一种波形编辑技术。之前介绍的语音合成技术在一定程度上过于依赖语音特征参数的提取技术，而目前的语音生成模型还不够完善，合成语音质量有待提升。基音同步叠加技术直接将语音波形数据库中的波形拼接起来，合成输出目标语音。这种语音合成技术用初始语音波形代替语音特征参数，合成的语音较为清晰自然。

1. 基音同步叠加 PSOLA 算法原理

基音同步叠加 PSOLA 算法的主要特点是：在拼接语音波形之前，通过 PSOLA 算法根据上下文的理解对拼接单元的韵律特征进行调整，使最后合成的波形保留了原始发音的语音特征，从而获得更清晰、更自然的语音。调整基音周期可以实现稳定波形的音长调节；调整加权波形数据及幅度包络可以实现音强的调节；调整波形的基音周期可以实现音高的调节。PSOLA 算法进一步增强了语音合成技术的实用性。

2. PSOLA 算法实现步骤

用 PSOLA 算法实现语音合成主要有三大步骤：

（1）基音脉冲标注

在语音合成前，先要对语音信号的基音周期及信号基音脉冲进行标注。对于浊音信号，基音标注都是在基音脉冲短时能量的波峰或波谷上。对于清音信号，基音标注相对于临近的浊音来说是过渡区域，大多数情况只需要对浊音信号进行标注。

假设已知语音信号的基音周期，则可以利用该基音周期在浊音信号部分找到基音脉冲标注备选位置，再通过动态规划法从备选位置矩阵中求取最佳路径，导出基音脉冲标注的位置。具体步骤如下：

① 在语音信号的时域波形上找出第一个浊音段的最大峰值，该最大峰值位置 t_m 是基音脉冲标注点其中的一个。

② 取出该浊音段最大峰值对应的基音周期 T_m。

③ 以 t_m 为中心，在左右两边区间 $[t_m-1.5T_m, t_m-0.5T_m]$ 和 $[t_m+0.5T_m, t_m+1.5T_m]$ 的范围内寻找基音脉冲标注点的备选值，在每个搜索区间内选三个峰值作为基音标注的备选值，并逐步扩展到整个浊音区间进行搜索。

④ 对基音脉冲标注点备选位置矩阵，通过动态规划求取最佳路径，使得相邻两帧之间标注距离最短，选出最短的一个峰值给出基音脉冲标注。

（2）时长基频修改

设语音信号为 $x(n)$，分帧后的每一帧信号可表示为

$$x_m(n) = h_m(t_m - n)x(n) \tag{10-40}$$

其中，$h_m(t)$ 为分析窗，通常采用汉明窗或者汉宁窗；t_m 为分析窗的中心位置，也就是基音脉冲标注的时间点。$h_m(t)$ 窗函数的长度一般取两倍的基音周期。

对时长进行修改时，可将时长修改因子设置为 α，则合成轴的时间长度变为分析轴的 α 倍，若基频不变，合成轴的基音周期也不会改变，但帧数应变为分析轴的 α 倍。如果用 t_q 表示合成轴的标注，用 t_m 表示分析轴的标注，则该方法的基本思路是寻找时间 t_m，使得点 t_m 与 t_q / α 间的距离最短。当 $\alpha < 1$ 时，相当于压缩语音段，相应删除某些帧的信号；当 $\alpha > 1$ 时，相当于拉长语音段，相应增加某些帧的信号。图 10-21 为当基频不变，$\alpha > 1$ 时，合成轴和分析轴的映射关系示意图。

对基频进行修改时，可将基频修改因子设置为 β，则合成轴的基音频率变为分析轴的 β

倍。当基音频率增加时，基音周期会随之减小，基音脉冲之间的间隔也会减小；反之，当基音频率降低时，基音周期会随之增大，基音脉冲之间的间隔也会增大。所以只修改基音频率，会使合成轴的时长发生变化，因此要结合时长修改因子调整合成语音的长度。当 $\beta < 1$ 时，基音频率降低，基音的周期增大；当 $\beta > 1$ 时，基音频率增大，基音的周期减小。综合两者考虑，实际的时长修改因子可改进为 $\alpha\beta$。图 10-22 为基音周期缩短且时长修改因子为 $\alpha\beta$ 的合成轴和分析轴的映射关系示意图。

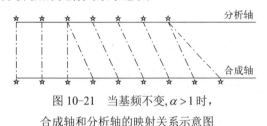

图 10-21　当基频不变，$\alpha > 1$ 时，
合成轴和分析轴的映射关系示意图

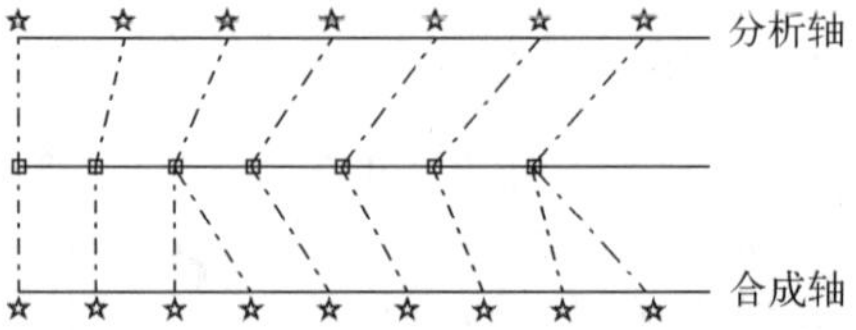

图 10-22　基音周期缩短且时长修改因子为 $\alpha\beta$ 的
合成轴和分析轴的映射关系示意图

（3）PSOLA 语音合成

经过上述对语音信号的基音脉冲标注，得到分析基音标注序列 $\{t_m\}, m = 1, 2, \cdots, M$，通过分析帧的映射得到合成基音标注序列 $\{t_q\}, q = 1, 2, \cdots, Q$，每个标注点都是合成窗的中心位置。

通过 t_m 将初始语音分解为 M 个帧信号，则初始语音信号 $x(n)$ 可表示为：

$$x(n) = \sum_{m=1}^{M} x_m(n) \tag{10-41}$$

其中，$x_m(n)$ 是一帧信号，可表示为

$$x_m(n) = h_m(t_m - n)x(n) \quad 1 \leqslant m \leqslant M \tag{10-42}$$

式中，$h_m(n)$ 为分析窗，M 为帧的数目。

合成语音信号同样可以通过基音标注 t_q 分解为

$$y(n) = \sum_{q=1}^{Q} y_q(n) \tag{10-43}$$

其中，$y_q(n)$ 是一帧合成信号，可表示为

$$y_q(n) = h_q(t_q - n)y(n) \quad 1 \leqslant q \leqslant Q \tag{10-44}$$

式中，$h_q(n)$ 为合成窗，Q 为合成帧的数目。

PSOLA 语音合成原理是使分析信号和合成信号的谱距离在最小均方差意义下为最小。首先定义分析信号与合成信号的谱距离：

$$D[x(n), y(n)] = \sum_{t_q} \frac{1}{2\pi} \int_{-\pi}^{\pi} \left| X_{t_m}(\mathrm{e}^{\mathrm{j}\omega}) - Y_{t_q}(\mathrm{e}^{\mathrm{j}\omega}) \right|^2 \mathrm{d}\omega \tag{10-45}$$

根据离散傅里叶变换（Discrete Fourier Transform, DFT）的特性，以及窗函数对称原理，即 $h_m(n) = h_m(-n)$，$h_q(n) = h_q(-n)$，可求出

$$D[x(n), y(n)] = \sum_{t_q} \sum_{-\infty}^{+\infty} \left| h_m(t_q - n)x_m(n - t_q + t_m) - h_q(t_q - n)y_q(n) \right|^2 \tag{10-46}$$

因为要使 $D[x(n), y(n)]$ 最小，所以可以求出

$$y(n) = \frac{\sum_{t_q} \alpha_q h_q(t_q - n)y_q(n)}{\sum_{t_q} h_q^2(t_q - n)} \tag{10-47}$$

上式在一定的近似情况下可简化为

$$y(n) = \sum_q \alpha_q y_q(n) \qquad (10\text{-}48)$$

其中，α_q 是能量补偿因子，可以调整合成语音的幅值，修改合成语音的声强。

例 10-15　读入语音数据，修改时长和基音频率，用 PSOLA 算法合成语音。

解　MATLAB 程序 ex10_15.m 如下

```
% ex10_15.m
global config;                              % 全局变量 config
config.pitchScale      = 2.0;               % 设置基频修改因子
config.timeScale       = 1.5;               % 设置时长修改因子
config.resamplingScale = 1;                 % 重采样
config.reconstruct     = 0;                 % 如果为真进行低通谱重构
config.cutOffFreq      = 500;               % 低通滤波器的截止频率
%config.fileOut         = [];               % 输出文件路径和文件名

global data;                                % 全局变量 data
data.waveOut    = [];                       % 按基频修改因子和时长修改因子调整的合成语音输出
data.pitchMarks = [];                       % 输入语音信号的基音脉冲标注
data.Candidates = [];                       % 输入语音信号基音脉冲标注的备选名单

filedir = [];                               % 设置数据文件的路径
filename = 'speak10_15.wav';                % 设置数据文件的名称
fle = [filedir filename];                   % 构成路径和文件名的字符串
[aa.fs] = audioread(fle);                   % 读取数据文件
aa = aa – mean(aa);                         % 消除直流分量
WaveIn = aa/max(abs(aa));                   % 幅值归一
N = length(WaveIn);
time = (0 : N-1)/fs;
[LowPass] = LowPassFilter(WaveIn, fs, config.cutOffFreq);   % 对信号进行低通滤波
PitchContour = PitchEstimation(LowPass, fs);                % 求出语音信号的基音轨迹
PitchMarking(WaveIn, PitchContour, fs);                    % 进行基音脉冲标注和 PSOLA 合成
Output = data.waveOut;
N1 = length(output);
time1 = (0: N1-1)/fs;
wavplay(aa.fs);
pause(1);
wavplay(output.fs);
subplot(211); plot(time.aa, 'k');
xlabel('时间/s'); ylabel('幅值');title('初始语音')
subplot(212); plot(time1.output, 'k');
xlabel('时间/s'); ylabel('幅值');title('PSOLA 合成语音')
```

该程序运行结果如图 10-23 所示。

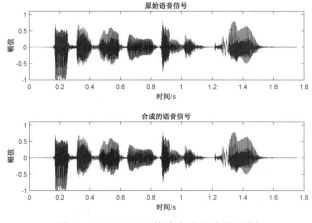

图 10-23 PSOLA 算法合成语音波形图

10.4 语 音 识 别

语音识别技术是一门交叉综合性学科，它涉及声学、通信信息学、语言学、生物学及模式识别等。语音识别系统的分类方式有多种，可以对单音节识别，也可以对词语及连续语音进行识别，进一步可对说话人识别或非特定说话人语音识别。尽管设计和实现的具体方法有所差异，但采用的基本技术是相似的。

10.4.1 语音识别系统

图 10-24 语音识别系统的基本结构

语音识别系统一般包括三大部分：预处理、特征提取和训练识别模型，如图 10-24 所示。

语音信号的预处理主要是针对原始语音信号进行预滤波、预加重、分帧加窗和端点检测等。

特征提取的基本思想是对预处理后的信号进行时域和频域的分析，提取出有代表性的参数进行训练识别，同时进行适当的数据压缩，目的是提高识别率和系统的性能。

语音的训练识别模型是对提取的语音特征进行训练和分类，最终输出识别结果。语音识别率的高低不仅取决于特征参数的质量优劣，同时识别模型本身也存在匹配的差异性。选择合适且性能好的识别模型是获得较高识别率的基础。不同的分类器模型适用于不同的数据集，各自算法都有其优势和局限性。下面对常用的训练识别模型做简要介绍。

10.4.2 语音识别模型

1. 隐马尔可夫模型

隐马尔科夫模型（Hidden Markov Model，HMM）作为语音识别系统的经典声学模型，具有很多优良特性。HMM 的状态跳转模型特性符合人类语音的短时平稳特性，方便对不断产生的语音信号进行统计建模。自从 1967 年 HMM 的理论被提出以来，它在语音信号处理及相关领域的应用范围变得越来越广泛，在语音识别领域起到核心角色的作用，它还广泛应用于参数合成、语言理解、机器翻译等其他领域。系统首先将原始语音信号经过特征提取进行矢量化，转换为相应的特征向量，在给定语音特征序列为 $O_t = \{o_1, o_2, \cdots, o_t\}$ 的情况下，配合声学模型和语言模型，根据最大后验概率准则，产生相应的词序列 $\tilde{W}$，其数学表示为

$$\tilde{W} = \arg_W \max P(W|O_t) = \arg_W \max \frac{P(O_t|W)P(W)}{P(O_t)} \tag{10-49}$$

其中，$P(W)$ 是语言模型，代表给定词序列 W 出现的概率；$P(O_t|W)$ 是声学模型，代表在给定词序列为 W 的情况下，输出声学特征为 O_t 的概率；$P(O_t)$ 是观察到声学特征 O_t 出现的概率，与词序列 W 的选择无关，故可被省略掉。因而，上式可变为：

$$\tilde{W} = \arg_W \max P(O_t|W)P(W) \tag{10-50}$$

对上式右边部分取对数，进一步简化得到：

$$\tilde{W} = \arg_W \max \{\log P(O_t|W) + \lambda \log P(W)\} \tag{10-51}$$

式中，$\log P(O_t|W)$ 代表声学得分，$\log P(W)$ 代表语言得分，分别通过相应的声学和语言模型计算得到。由于声学模型和语言模型通常分别是由声学特征训练库和文本语料库两个不同的语料训练得到的，故式中加入一个可调参数 λ 来权衡这两个模型对于词序列 W 选择的贡献程度。

2．支持向量机

支持向量机（Support Vector Machine, SVM）是 1995 年提出的一种分类算法，该算法在语音识别中表现出许多特有的优势，例如在解决小样本、非线性，以及高维度不可分等问题上表现出良好的性能。支持向量机的主要目标是构建一个能有效地将待分类输入样本无错误分开的最优分类面，使得特征向量从低维空间映射到高维空间，从而实现样本的线性可分问题。

假设 n 个观测样本为 $(x_1, y_1), (x_2, y_2), \cdots, (x_n, y_n)$，最优分类面的对下即是求解对下式中 w 和 b 的最优化问题：

$$\min_{w,b} \frac{1}{2}\|w\|^2, s.t. \quad y_i(wx_i + b) \geqslant 1, \quad i = 1, 2, \cdots, n \tag{10-52}$$

式中，w 和 b 是支持向量机的权值和偏向量，x_i 是第 i 个样本，y_i 是对应的类别标号。另外一部分样本可能会因位于分类超平面上或与分类面的距离太近而无法正确分类，此时需引入松弛变量 ε_i 和 ε_i^*，以及惩罚因子 C，得到：

$$\min \frac{1}{2}\|w\|^2 + C\sum_{i=1}^{n}(\varepsilon_i + \varepsilon_i^*) \tag{10-53}$$

其中，$C > 0$。为使 $\frac{1}{2}\|w\|^2$ 和 $\sum_{i=1}^{n}(\varepsilon_i + \varepsilon_i^*)$ 同时最小，引入拉格朗日函数：

$$L(w, b, \varepsilon, \alpha, r) = \frac{1}{2}\|w\|^2 + C\sum_{i=1}^{n}\varepsilon_i - \sum_{i=1}^{n}\alpha_i((y_i(wx_i + b) - 1) + \varepsilon_i) - \sum_{i=1}^{n}r_i\varepsilon_i \tag{10-54}$$

则上式可转化为对偶问题：$\quad \min \frac{1}{2}\sum_{i=1}^{n}\sum_{j=1}^{n}y_iy_j\alpha_i\alpha_j K(x_i, x_j) - \sum_{i=1}^{n}\alpha_j \tag{10-55}$

则

$$\sum_{i=1}^{n}y_i\alpha_i = 0, \quad 0 \leqslant \alpha_i \leqslant C, \quad i = 1, 2, \cdots, n \tag{10-56}$$

由凸规划问题的 Karush-Kuhn-Tucker（KKT）最优条件，求得决策函数为：

$$f(x) = \text{sgn}\left[\sum_{j=1}^{n}a_j^*y_j K(x_i, x_j) + b^*\right] \tag{10-57}$$

式中，sgn 为符号函数。

为了解决非线性划分问题，将训练向量 x_i 通过函数 ϕ 映射到一个高维以至无穷维的特征空间中，在特征空间中寻求最优解。在此过程中若能找到一个核函数 $K(\cdot, \cdot)$，满足：$K(x_i, x_j) = \phi(x_i) * \phi(x_j)$，则原空间中的函数可以用来进行变换空间中的点积运算，进而避免映

射 ϕ 的具体形式。

3. 神经网络

径向基函数（Radial Basis Function, RBF）神经网络是一种性能良好的前馈神经网络模型，是基于人脑的神经元细胞对外界反应的局部性而提出的，具有最佳逼近性能和全局最优的特性，能够以任意精度逼近任意连续函数。RBF 网络学习能力和容错性较强，分类准确率较高。

RBF 神经网络结构包含三层，分别是输入层、径向基层和输出层。其中，输入向量 X 由 n 个态势值元素组成，输出向量 Y 由 m 个态势值元素组成。

基函数采用高斯函数作为隐含层核函数时，RBF 神经网络隐含层第 i 个节点的输出为：

$$q_i = \exp\left[-\frac{\|X - C_i\|^2}{2\sigma_i^2} \right] \tag{10-58}$$

其中，X 为 n 维输入向量；C_i 为第 i 个隐节点的中心，$i = 1, 2, \cdots, h, h$ 的大小（隐节点的个数）由 RBF 神经网络学习训练得到。σ_i 是第 i 个基函数的控制参数。

第 K 个节点的网络输出层的线性组合为：

$$y_k = \sum_i^m w_{ki} q_i, \quad k = 1, 2, \cdots, p \tag{10-59}$$

其中，p 为输出层的节点数，w_{ki} 为 $q_i \rightarrow y_k$ 的连接权，由 RBF 神经网络训练得到。

RBF 神经网络的训练学习算法如下。

设有 p 组输入和输出样本 x_p, d_p，$p = 1, 2, \cdots, L$，则目标函数可定义为：

$$J = \frac{1}{2} \sum \|d_p - y_p\|^2 = \frac{1}{2} \sum_p \sum_k (d_{kp} - y_{kp})^2 \tag{10-60}$$

学习的目的是使 $J \leqslant \varepsilon$；上式中，y_p 是在 x_p 输入下网络的输出向量。RBF 神经网络的训练学习算法包括以下两个不同的阶段：

阶段一：确定隐含层径向基函数的中心，具体计算方法如下。

① 初始化。给定各隐节点的初始中心 $c_i(0)$。

② 相似匹配。计算欧氏距离以及最小距离的节点：

$$d_i(t) = \|x(t) - c_i(t-1)\|, 1 \leqslant i \leqslant h \tag{10-61}$$

$$d_{\min}(t) = \min d_i(t) = d_\tau(t) \tag{10-62}$$

③ 调整中心。

$$c_i(t) = c_i(t-1), 1 \leqslant i \leqslant h \ i \neq r \tag{10-63}$$

$$c_\tau(t) = c_\tau(t-1) + \beta(x(t) - c_\tau(t-1)), \ i = r \tag{10-64}$$

其中，β 是学习速率，$0 < \beta < 1$。

④ 将 t 值继续增加后再计算步骤②，重复以上过程，直至中心 c_r 的改变量趋于零为止。

阶段二：确定径向基函数的权值，采用最小二乘递推法，算法结果如下：

$$W_p(t) = W_p(t-1) + K(t)[d_p - q_p^{\mathrm{T}}(t) W_p(t-1)] \tag{10-65}$$

$$K(t) = p(t-1) q_p(t) \left[q_p^T(t) p(t-1) q_p(t) + \frac{1}{\Lambda(p)} \right]^{-1} \tag{10-66}$$

$$p(t) = [I - K(t) q_p^T(t)] p(t-1) \tag{10-67}$$

其中，$q_p = [q_{1p}(t), q_{2p}(t), \cdots, q_{hp}(t)]^T$，$I$ 是隐节点数，$\Lambda(p)$ 是加权因子。若第 P 个样本比第 $p-k(p > k, k > 1)$ 个可靠，则加权因子要大，可取 $\Lambda(p) = \lambda^{L-P}, 0 < \lambda < 1, p = 1, 2, \cdots, L$，$L$ 是样本数量。

基于神经网络的语音识别部分参考代码如下:

```
inputn_test=mapminmax('apply', input_test, inputps);        % 语音特征信号分类
fore=zeros (4,500);
for ii=1:1
    for i=1:500                                              %隐含层输出
        for j=1:1:midnum
            I(j)=inputn_test(:,i)'*w1(j,:)'+b1(j);
            Iout(j)=1/(1+exp(-I(j)));
        end
        fore(:,i)=w2'*Iout'+b2;
    end
end
output_fore=zeros(1,500);                                    %根据网络输出找出数据分类
for i=1:500
    output_fore(i)=find(fore(:,i)==max(fore(:,i)));
end

error=output_fore-output1(n(1501:2000))';                   %BP 网络预测误差
figure(1)                                                    %画出预测语音类别和实际语音类别的分类图
plot(output_fore,'r')
hold on
plot(output1(n(1501:2000))','b')
legend('预测语音类别','实际语音类别')
figure(2)                                                    %画出误差图
plot(error)
title('BP 网络分类误差','fontsize',12)
xlabel('语音信号','fontsize',12)
ylabel('分类误差','fontsize',12)
```

4. 随机森林

随机森林(Random forest, RF)是一种基于决策树分类器的集成学习算法,它大幅提高了单一决策树分类器在进行识别时的准确率和泛化能力,在很多领域中都表现出了较为出色的性能,并且得到了非常广泛的应用。

使用决策树分类时容易产生过度拟合的现象,而随机森林算法可以较好地解决这一问题。随机森林的基本思想是随机从训练样本中等概率地抽取特征,将其构成独立的决策树并重复此过程,直到构建足够多且相互独立的决策树,通过决策树的特定规定产生最后的分类结果。其原理图如图 10-25 所示。

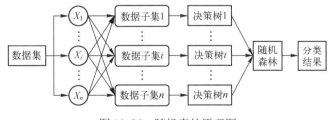

图 10-25　随机森林原理图

假设随机森林以 K 棵决策树 $\{h(X,\theta_k), k=1,2,\cdots,K\}$ 作为基分类器进行集成学习,其中 $\{\theta_k, k=1,2,\cdots,K\}$ 是一个随机变量序列,需符合以下原则:

（1）Bagging 算法：从原始样本集 X 随机抽取 K 个与原始样本集同样大小的训练样本集 $\{T_k, k = 1, 2, \cdots, K\}$，并且由每个训练样本集构造一个决策树作为基分类器。

（2）特征子空间：等概率地从样本中抽取子集，选择最优属性来分裂节点，以此方法进行决策树每个节点的分裂。

随机森林算法在构建每个决策树时，是相互独立地抽取训练样本集和属性子集的过程，所以随机变量序列 $\{\theta_k, k = 1, 2, \cdots, K\}$ 为相互独立分布的。把通过以上方法得到的 K 棵决策树进行组合，即可获得一个随机森林。此外，根据 bootstrap 的抽样原理可知，在对每棵决策树进行训练时，没有被抽取到的样本称为袋外样本（Out-of-Bag），在评价决策树的性能以及特征度量时会用到袋外样本。

设 X, Y 是两个随机向量，构成森林的一系列决策树为 $h_1(x), h_2(x), \cdots, h_k(x)$。定义边缘函数为：

$$\text{mg}(X, Y) = av_k(I(h_k(X) = Y)) - \max_{j \neq Y} av_k(I(h_k(X) = j)) \tag{10-68}$$

其中，$I(\cdot)$ 为示性函数，Y 和 j 为正确和不正确的分向量，$av_k(\cdot)$ 表示取平均。边缘函数越大，表明分类器的置信度越高。

定义泛化误差为

$$\text{PE}^* = P_{X,Y}(mg(X, Y) < 0) \tag{10-69}$$

其中，下标 X, Y 表明了概率的定义空间。

定义随机森林边缘函数为：
$$\text{mr}(X, Y) = P(h_k(X) = Y) - \max_{j \neq y} P(h_k(X) = j) \tag{10-70}$$

其中，$P(h_k(X) = Y)$ 为判断正确的分类的概率，$\max\limits_{j \neq y} P(h_k(X) = j)$ 为判断错误的其他分类的概率最大值。

随机森林的边缘函数的期望相当于分类器集合 $\{h(X)\}$ 的强度，定义式如下：

$$s = E(\text{mr}(X, Y)) = \frac{1}{n} \sum_{i=1}^{n} (Q(x_i, y) - \max_{j \neq y} Q(x_i, y_i)) \tag{10-71}$$

边缘函数的方差与随机森林的标准差的平方之比定义为平均相关度，即：

$$\overline{\rho} = \frac{\text{var}(mr)}{\text{sd}(h(*))^2} = \frac{\dfrac{1}{n} \sum\limits_{i=1}^{n} [Q(x_i, y) - \max\limits_{j \neq y} Q(x_i, y_j)]^2 - s^2}{\left(\dfrac{1}{K} \sum\limits_{k=1}^{K} \sqrt{p_k + \overline{p_k} + (p_k - \overline{p_k})^2} \right)^2} \tag{10-72}$$

其中
$$p_k = \frac{\sum\limits_{(x_i, y) \in O_k} I[h_k(x_i) = y]}{\sum\limits_{(x_i, y) \in O_k} I[h_k(x_i)]} \tag{10-73}$$

$p_k = P(h_k(x) = y_j)$ 的袋外估计

$$\overline{p_k} = \frac{\sum\limits_{(x_i, y) \in O_k} I(h_k(x_i) = \overline{y_j})}{\sum\limits_{(x_i, y) \in O_k} I(h_k(x_j))} \tag{10-74}$$

$\overline{p_k} = P(h_k(x) = \overline{y_j})$ 的袋外估计，$\overline{y_i} = \arg\max\limits_{j \neq y} Q(x, y_j)$ 为训练集中每一样本的 $Q(x, y_j)$ 估计。

随机森林部分训练参考代码如下：

```
load traindata.mat
load testdata.mat                          % 数据导入
depth = 11;numTrees = 100;                 % 构造参数
```

```
opts = RFopts(depth,numTrees);
m= forestTrain(traindata(:,1:6), traindata(:,7), opts);        % 训练随机森林模型
yhatTrain = forestTest(m, traindata(:,1:6));                   % 计算训练集的学习精度
disp(['训练集的学习精度：' num2str(sum(yhatTrain==traindata(:,7))./3345)])
yhatTest = forestTest(m,testdata(:,1:6));                      % 测试集的学习精度
disp(['测试集的学习精度：' num2str(sum(yhatTest==testdata(:,7))./366)])
```

小　　结

本章主要对语音信号的生成模型、语音信号分析、语音合成和语音识别技术进行介绍，通过本章的学习重点掌握语音信号分析的基本方法，包括时域分析和频率分析等，语音合成与识别实现方法及 MATLAB 实现方法。

习题

10-1　有两段语音信号，分别在 s1.wav 和 s2.wav 文件中。请利用 MFCC 参数观测信号 s1 和 s2 的匹配情况并计算它们的 MFCC 距离。

10-2　读入语音信号文件中的某一帧数据，在小波变换后利用近似系数的峰值获取该帧的基音频率。

10-3　设计程序实现语音信号的叠加。

10-4　读入一段 wav 格式的语音信号，画出其语谱图。

10-5　读入一段 wav 格式的语音信号，先用线性预测方法求出预测系数和预测误差，再用预测系数和预测误差进行语音合成。

第 11 章　MATLAB 在人工神经网络中的应用

人工神经网络（Artificial Neural Networks, ANNs），也简称为神经网络或称作连接模型（Connectionist Model），是一种类似于人类神经系统的信息处理技术，是模仿生物神经网络进行分布式并行信息处理的一种数学模型。人工神经网络依靠系统的复杂程度，通过调整内部大量节点之间相互连接的关系，从而达到信息处理的目的。

本章将对神经网络的功能和基本原理进行介绍，并对较为典型的几种网络结构进行介绍，使读者对其曲折的发展历程和学习机制有一定的认识。

11.1　人工神经网络概述

11.1.1　人工神经网络简介

1．神经细胞与人工神经元

人工神经网络的灵感来自生物学对应物，生物神经网络使大脑能够以复杂的方式处理大量信息，比如当我们面前出现一个熟悉的人的面孔时，眼的视网膜上的感光细胞受到光的刺激，并把刺激传入大脑，大脑就可以在几百毫秒的时间内做出反应，并在脑海中浮现出关于这个人的相关信息。而支撑我们大脑进行如此复杂计算的生物神经网络，则由一个个最基本的神经细胞组成，图 11-1 为神经细胞示意图。

虽然神经细胞形态各异，功能不一，但结构上都可以分为细胞体和突起两个部分，其中突起部分包括轴突和树突两种。神经细胞的工作过程大致为，神经细胞的树突与多个其他神经细胞的轴突末梢连接，当与轴突末梢连接的树突所感受到的电信号达到一定阈值时，则神经细胞兴奋，然后整合来自多个轴突末梢的电信号沿着轴突传递给下一级的神经细胞。

人工神经网络类似于生物神经网络，人工神经网络的基本单元称为人工神经元，具有与生物神经元相似的功能，图 11-2 为人工神经元结构图。

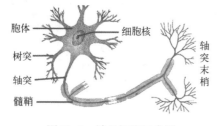

图 11-1　神经细胞示意图

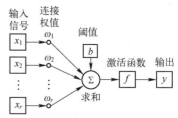

图 11-2　人工神经元结构图

人工神经元模型可以看成由 3 种基本元素组成

（1）一组突触权值。连接强度由各连接上的权值表示，权值可以取正值或负值，分别表示激活和抑制。

（2）一个求和节点。用于求输入信号对神经元的相应突触加权和。

（3）一个激活函数。用来限制神经元输出振幅，激活函数一般具有单调递增、连续、可微且有界的特点，正常输出范围为[0, 1]或[-1, 1]。

人工神经元的工作过程大致为：接收一个或多个输入（代表神经树突处的兴奋性突触后电位和抑制性突触后电位），并将它们相加以产生输出（或激活，代表沿其轴突传递的神经元的动作电位）。通常每个输入都单独加权，总和通过一个激活函数，最后产生一个综合了多个输入信息的输出值。

2. 神经网络发展历史

神经网络的发展经历了一个十分曲折的过程，先后经历了以下几个时期。

（1）启蒙时期：1890—1969 年

1890 年，心理学家 William James 在他的专著《心理学原理》中，提出一个神经细胞受到刺激激活后可以把刺激传播到另一个神经细胞，并且神经细胞的激活是与之相连的其他所有细胞的输入叠加的结果。此后，Warren Mc Cullon、Walter Pitts 和 Rosenblatt 等众多科学家均提出了自己的独到思想。

然而，这次人工神经网络的研究高潮未能持续很久，许多人陆续放弃了这方面的研究工作，这是因为当时数字计算机的发展处于全盛时期，许多人误以为数字计算机可以解决人工智能、模式识别、专家系统等方面的一切问题，使感知机的工作得不到重视；其次，当时的电子技术工艺水平比较落后，主要元件是电子管或晶体管，利用它们制作的神经网络体积庞大，价格昂贵，要制作在规模上与真实的神经网络相似是完全不可能的。

（2）低潮时期：1969—1982 年

1969 年，Minsky 和 Papert 出版了一本名为《感知机》的书，书中指出线性感知机功能是有限的，它不能解决高阶谓词问题，而且多层网络还不能找到有效的计算方法，这些论点促使大批研究人员对于人工神经网络的前景失去信心。加之当时串行计算机和人工智能所取得的成就，掩盖了发展新型计算机和人工智能新途径的必要性和迫切性，人工神经网络的研究进入了低潮。

（3）复兴时期：1982—1986 年

20 世纪 80 年代初期，模拟与数字混合的超大规模集成电路制作技术提高到新的水平，完全付诸实用化，此外，数字计算机的发展在若干应用领域遇到困难。这一背景预示，向人工神经网络寻求出路的时机已经成熟。美国物理学家 Hopfield 于 1982 年和 1984 年在美国科学院院刊上发表了两篇关于人工神经网络研究的论文，引起了巨大的反响，为神经计算机的研究做了开拓性的工作，开创了神经网络用于联想记忆和优化计算的新途径，有力地推动了神经网络的研究。人们重新认识到神经网络的威力以及付诸应用的现实性。随即，一大批学者和研究人员围绕着 Hopfield 提出的方法展开了进一步的工作，形成了 20 世纪 80 年代中期以来人工神经网络的研究热潮。

（4）发展新时期：1985 年至今

1985 年，Ackley、Hinton 和 Sejnowski 将模拟退火算法应用到神经网络训练中，提出了 Boltzmann 机，该算法具有逃离极值的优点，但是训练时间需要很长。1986 年进行认知微观结构的研究，提出了并行分布处理的理论；Rumelhart、Hinton、Williams 发展了反向传播（Back Propagation，BP）算法，它从证明的角度推导算法的正确性，使学习算法有理论依据。从学习算法角度上看，这是一个很大的进步。迄今，BP 算法已被用于解决大量实际问题。1988 年，Linsker 对感知机网络提出了新的自组织理论，并在 Shanon 信息论的基础上形成了最大互信息理论，从而点燃了基于神经网络的信息应用理论的光芒。1988 年，Broomhead 和 Lowe 用径向基函数（Radial basis function，RBF）提出分层网络的设计方法，从而将神经网络的设计与数值分析和线性适应滤波相挂钩。20 世纪 90 年代初，Vapnik 等提出了支持向量机（Support vector machines, SVM) 和 VC（Vapnik-Chervonenkis）维数的概念。

人工神经网络的研究受到了各个发达国家的重视，美国国会通过决议将 1990 年 1 月 5 日开始的十年定为"脑的十年"，国际研究组织号召它的成员国将"脑的十年"变为全球行为。在日本的"真实世界计算（RWC）"项目中，人工智能的研究成为一个重要的组成部分。

3. 神经网络的特点

（1）具有自学习功能。例如实现图像识别时，只要先把许多不同的图像样板和对应的识别结果输入人工神经网络，网络就会通过自学习功能，慢慢学会识别类似的图像。自学习功能对于预测有特别重要的意义。

（2）具有联想存储功能。神经网络具有分布存储信息和并行计算的性能，因此它具有对外界刺激信息和输入模式进行联想记忆的能力。联想记忆又分为自联想记忆和异联想记忆。

（3）具有高速寻找优化解的能力。寻找一个复杂问题的优化解，往往需要很大的计算量，利用一个针对某问题而设计的反馈型人工神经网络，发挥计算机的高速运算能力，可能很快找到优化解。

（4）非线性。从整体上来看，人工神经元所进行的运算是非线性的，通过将知识存储在神经元的权值中再经过激活函数来实现不同程度的激活与抑制。这种运算的非线性与现实世界以及人脑的实际情况一致。

（5）鲁棒性和容错性。神经网络信息存储的分布性决定了其具有很强的鲁棒性和容错性，即当部分数据出现错误时表现为神经网络功能性的降低，而不会导致整个神经网络不能工作的严重后果。

（6）计算的并行性与存储的分布性。神经网络的独特结构使得其具有与生俱来的并行处理信息的能力。在运行过程中，单个神经元独自接收信息并对接收的信息进行单独处理，然后输出结果。被设置在同一层中的神经元对于数据的处理是同时进行的，将处理之后的信息传递到下一层神经元，即同层运算并行处理，层间数据有序流动。正是得益于这样的并行性运算，使得神经网络的运算速度可以达到很快的程度。

（7）非局限性。由多个神经元广泛连接的神经网络的整体行为往往不取决于单个神经元的特征，这是因为每个单元都不是孤立存在的，而是与其他神经元或直接或间接的协同作用。因而能够通过大量的神经元间错综复杂的连接来模仿人体大脑的非局限性。

（8）非常定性。与生物神经细胞类似，人工神经元同样具有自适应能力、自组织能力以及自学习能力。人工神经网络在处理信息的过程中发生的变化是多样性的，在这个过程中，非线性动力系统也随之不断变化。通常人们习惯使用迭代过程描述动力系统的演变过程。

（9）非凸性。每个系统最终会得到哪种结果通常由特定条件下的特定状态函数决定。如通过能量函数图形中的极值所对应的就是系统较为稳定时的状态。一般当一种函数有多个极值时，称这种函数是非凸的，对应在能量函数中就表现为系统有多个稳定状态，这使得系统能够朝不同的方向进行演化。

11.1.2 神经网络的分类及学习方式

1. 神经网络的分类方式

按照不同的分类标准可以把神经网络分为多个类别，按照网络性能可分为连续型与离散型网络、确定性与随机性网络；按照学习方式的不同可分为监督学习网络和无监督学习网络；按照连续突触性质可分为一阶线性关联网络和高阶非线性关联网络；按照网络拓扑结构的不同可分为层次型结构和互联型结构；按照网络信息流向不同可分为前馈型网络和反馈型网络。这里主要介绍较为主流的两种分类方式：

（1）按照网络拓扑结构分类

网络的拓扑结构，即神经元之间的连接方式。按此划分，可将神经网络结构分为两大类：层次型结构和互连型结构。

层次型结构的神经网络将神经元按功能和顺序的不同分为输入层、中间层（隐层）、输出层。输入层各神经元负责接收来自外界的输入信息，并传给中间各隐层神经元；隐层是神经网络的内部信息处理层，负责信息变换。根据需要可设计为一层或多层；最后一个隐层将信息传递给输出层神经元经进一步处理后向外界输出信息处理结果。

互连型网络结构中，任意两个节点之间都可能存在连接路径，因此可以根据网络中节点的连接程度将互连型网络细分为三种情况：全互连型、局部互连型和稀疏连接型。

（2）按照网络信息流向分类

从神经网络内部信息传递方向划分，可以分为两种类型：前馈型网络和反馈型网络。

单纯前馈型网络的结构与分层网络结构相同，前馈是因网络信息处理的方向是从输入层到各隐层再到输出层逐层进行而得名的。前馈型网络中前一层的输出是下一层的输入，信息的处理具有逐层传递进行的方向性，一般不存在反馈环路。因此这类网络很容易串联起来建立多层前馈型网络。前馈型神经网络有几种较为典型的结构，如感知器网络（单层和多层）、BP网络、线性神经网络、径向基函数网络、随机神经网络以及竞争神经网络。

2．神经网络的学习方式

主流的神经网络学习方式可分为两类：有监督学习和无监督学习。

（1）有监督学习

有监督学习也称为有导师学习，其特点是需要依赖教师信号进行权值调整，每一个训练样本都对应一个教师信号，如图 11-3 所示。

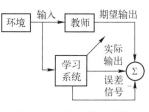

图 11-3　监督学习流程

学习时，需要提供训练集。训练集由输入（也称为特征）和输出（也称为目标）构成，也就是说数据被打了标签（Label），其目的就是训练模型以得到在某个评价标准下的最优解。当有新数据也就是未知数据时，再利用这个最优模型进行判定。有监督学习往往能有效完成模式分类、函数拟合等功能。

（2）无监督学习

无监督学习也称为无导师学习，学习过程不需要教师信号进行权值调整，仅仅根据网络内部结构和学习规则自动挖掘样本内部潜在的规律和信息，最终达到类内差距最小化，类间差距最大化。例如，在自组织竞争网络中，相似的输入样本会激活同一个输出神经元，从而实现样本聚类或联想记忆。由于无监督学习没有期望输出，因此无法用来逼近函数。

以上两种学习方式又与如下四种学习规则相对应

① Hebb 学习规则。由神经心理学家 Hebb 提出的 Hebb 学习规则是一种无监督学习规则，这种学习的结果是使网络能够提取训练集的统计特性，从而把输入信息按照它们的相似性程度划分为若干类。这一点与人类观察和认识世界的过程非常吻合。人类观察和认识世界在相当程度上是根据事物的统计特征进行分类的。Hebb 学习规则只根据神经元连接间的激活水平改变权值，因此这种方法又称为相关学习或并联学习。

② Widrow-Hoff 学习规则。又称 Delta 学习规则或纠错学习规则。表达式为

$$e = d - y \tag{11-1}$$
$$\Delta\omega = \eta e y \tag{11-2}$$

其中，d 为期望输出，y 为实际输出，e 为误差。训练的目标是使误差值最小，因此权值的调整量与误差的大小成正比。

③ Boltzmann 学习规则。又称为随机学习规则，其思想源于统计动力学，实际为模拟退火算法。

④ 竞争学习规则。网络单元群体中所有单元相互竞争对外界刺激模式响应的权利。竞争取胜的单元的连接权向着对这一刺激模式竞争更有利的方向变化。相对来说，竞争取胜的单元抑制了竞争失败单元对刺激模式的响应，这与生物神经元的运行机制相符合。

11.1.3　神经网络的应用场景

神经网络以其独特的结构和处理信息的方法，在许多实际应用领域中取得了显著的成效，主要应用如下。

（1）模式分类。模式分类是通过构造一个分类函数或者分类模型将数据集映射到某一个给定的类别中，它是模式识别的核心研究内容，关系到其识别的整体效率，广泛应用于各个研究领域。而其中的关键部分分类模型可以使用神经网络来实现。

（2）聚类。聚类与分类的最大区别在于聚类不需要有标签标定类别的数据集，是一种无监督学习，只需要将待分类的样本输入模型，模型就会根据样本数据的不同特征将样本分成不同的类别。

（3）回归与拟合。神经网络的特性使得当输入为相似的样本时，输出也会有相似的结果，凭借这一特点可以解决很多函数的拟合问题。

（4）优化计算。寻找一组参数组合，在已知约束条件下使由该组合确定的目标函数达到最小值。部分神经网络的训练过程就是调整权值使输出误差最小化的过程。神经网络的优化计算过程是一种软计算，包含一定的随机性，对目标函数没有过多的限制，计算过程不需要求导。

（5）数据压缩。神经网络将特定知识存储于网络的权值中，相当于将原有的样本用更小的数据量进行表示，这实际上就是一个压缩的过程。神经网络对输入样本提取模式特征，在网络输出端恢复原有样本向量。神经网络将信息存储在神经元间的权值中，这其实就是用比样本更小的数据量表示样本的一种方式，表现为对数据进行了压缩。用于压缩的神经网络可以在输入端提取样本特征，并在输出端根据样本特征对样本进行还原。

除了以上的部分，神经网络在更加广泛的领域内均有很多的应用。在民用领域的应用，如语音识别、图像识别与理解、计算机视觉、智能机器人故障检测、实时语言翻译、企业管理、市场分析、决策优化、物资调运、自适应控制、专家系统、智能接口、神经生理学、心理学和认知科学研究等；在军用应用领域的应用，如雷达、声呐的多目标识别与跟踪，战场管理和决策支持系统，军用机器人控制各种情况、信息的快速录取、分类与查询，导弹的智能引导，保密通信，航天器的姿态控制等。随着神经网络向更深层次发展，人工神经网络将在越来越多的行业中发挥重要作用，应用前景更加广阔。

11.2　单层感知器

感知器（Perception）由美国学者 F.Rosenblatt 于 20 世纪 50 年代后期提出，它的神经元突触权值是可变的，因此可以通过一定规则学习。感知器是最早被设计并实现的人工神经网络，在神经计算科学发展史上具有里程碑作用，至今仍是一种十分重要的神经网络模型，可以快速、可靠地解决线性可分的问题。理解感知器的结构和原理，是学习其他复杂神经网络的基础。

感知器是一种前馈神经网络，是神经网络中的一种典型结构，由 MP 模型增加学习功能得到。它具有分层结构，信息从输入层进入网络，逐层向前传递到输出层。

11.2.1 单层感知器模型

单层感知器是感知器中最简单的一种，其本质是包含一层权值可变的神经元的感知器模型，只能用来解决线性可分的二分类问题。单层感知器由一个单层神经元（线性组合器）和一个二值阈值元件组成，通过对网络权值的训练，可以使感知器对一组输入矢量得到 0 或 1 的目标输出，从而实现分类的目的。

图 11-4 为单层感知器的神经元模型，每一个输入分量为 $x_i(i=1,2,\cdots,r)$，通过一个权值分量 ω_i 进行加权求和，作为二值阈值函数的输入。二值阈值函数通常是一个上升的函数，典型功能是将非负的输入值映射为 1，负的输入值映射为-1（或 0）。

假设输入一个 r 维向量 $x=[x_1, x_2, \cdots, x_r]$，其中每个分量都对应一个权值 ω_i，则隐含层的输出叠加为一个标量值

$$v = \sum_{i=1}^{r} x_i \omega_i + b \qquad (11\text{-}3)$$

在随后的二值阈值函数中对上式中的 v 进行判断，产生二值输出

$$y = \begin{cases} 1, & v \geqslant 0 \\ -1, & v < 0 \end{cases} \qquad (11\text{-}4)$$

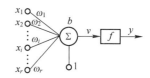

图 11-4　单层感知器神经元模型

当单层感知器输出分别为 1 和-1 时，可以认为感知器将输入 x 分为两类。在实际应用中，除了输入的 r 维向量，还有一个外部偏置，其值恒为 1，权值为 b。这样输出 y 可以表示为

$$y = \mathrm{sgn}\left(\sum_{i=1}^{r} x_i \omega_i + b \right) \qquad (11\text{-}5)$$

其中，sgn 为符号函数。

当输入维数为 2 时，输入向量可以表示为平面直角坐标系中的一点。此时分类超平面是一条直线，即

$$\omega_1 x_1 + \omega_2 x_2 + b = 0 \qquad (11\text{-}6)$$

假设平面上任意三点，分为 l_1 和 l_2 两类，第一类包括点（2,0）和（3,1），第二类包括点（0,2）。选择权值为 $\omega_1=3$，$\omega_2=-4$，$b=1$，平面上坐标点的分类情况如图 11-5 所示。

将 3 个点的 x_1 和 x_2 的值分别代入直线方程中，可以得出，在直线下方的点输出 $v>0$，因此 $y=1$，属于 l_1 类；反之 $v<0$，因此 $y=-1$，属于 l_2 类。

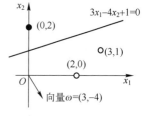

图 11-5　$r=2$ 时的二分类

11.2.2 单层感知器的学习算法

图 11-5 中选择的权值可以很好地将数据分开。实际应用中，需要计算机自动根据训练数据学习获得正确的权值。单层感知器对权值向量的学习算法基于迭代的思想，通常采用纠错学习规则的学习算法。

为方便起见，将图 11-4 中的单层感知器结构中的偏置作为第零个输入 x_0 的权值 ω_0。因此，单层感知器结构可修改为图 11-6 所示的形式。

将输入和权值写成如下向量形式

$$\boldsymbol{x}(n) = [1, x_1(n), x_2(n), \cdots, x_r(n)]^\mathrm{T} \qquad (11\text{-}7)$$

$$\boldsymbol{\omega}(n) = [b(n), \omega_1(n), \omega_2(n), \cdots, \omega_r(n)]^\mathrm{T} \qquad (11\text{-}8)$$

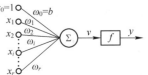

图 11-6 单层感知器等价神经元模型

式中，n 表示迭代次数，$\boldsymbol{x}(n)$ 和 $\boldsymbol{\omega}(n)$ 均为 $r+1$ 维向量。因此线性组合的输入可以改写为如下向量形式

$$v = \sum_{i=1}^{r} \omega_i x_i = \boldsymbol{x}^\mathrm{T}(n)\boldsymbol{\omega}(n) \qquad (11\text{-}9)$$

令上式等于零，即可得到二分类问题的决策面。

上述学习算法步骤如下。

（1）定义变量和参数。$\boldsymbol{x}(n)$ 为输入向量或训练样本；$\boldsymbol{\omega}(n)$ 为权值向量；$b(n)$ 表示偏置；$y(n)$ 为实际输出；$d(n)$ 为期望输出；η 为学习率，是小于 1 的正数；n 表示迭代次数。

（2）初始化。$n=0$，将 $\boldsymbol{\omega}$ 权值向量设置为随机值或全零值。

（3）激活。输入一组训练样本 $\boldsymbol{x}(n)$，制定它的期望输出 d，即若 $x \in l_1$，$d=1$，若 $x \in l_2$，$d=-1$。

（4）计算实际输出 $$y(n) = \mathrm{sgn}\left(\boldsymbol{x}^\mathrm{T}(n)\boldsymbol{\omega}(n)\right) \qquad (11\text{-}10)$$

（5）更新权值向量 $$\boldsymbol{\omega}(n+1) = \boldsymbol{\omega}(n) + \eta[d(n) - y(n)]\boldsymbol{x}(n) \qquad (11\text{-}11)$$

其中 $$d(n) = \begin{cases} 1, & x(n) \in l_1 \\ -1, & x(n) \in l_2 \end{cases} \qquad (11\text{-}12)$$

（6）判断是否满足条件。若满足条件，则算法结束；若不满足条件，则将 n 值加 1，然后转到（3）循环执行。本步骤中需要判断收敛的条件。在计算时，收敛条件通常为以下三种

➢ 误差小于某个预先设定的较小值 ε，即

$$|d(n) - y(n)| < \varepsilon \qquad (11\text{-}13)$$

➢ 两次迭代中的权值变化很小，即

$$|\omega(n+1) - \omega(n)| < \varepsilon \qquad (11\text{-}14)$$

➢ 设定最大迭代次数 M，当到达 M 次之后算法停止迭代。

为防止偶发因素导致的提前收敛，前两个条件还可以改进为连续若干次误差（权值变化）小于某个值，此处的 ε 和 M 都是通过经验确定的。

另一个需要事先确定的参数是学习率 η。η 的值决定了误差对于权值的影响大小，学习率的值不能过大也不能过小，这源于两种互相矛盾的需求：

➢ 不应当过大，以便为输入向量提供一个比较稳定的权值估计；

➢ 不应当过小，以便使权值能够根据输入的向量实时变化，体现误差对权值的修正作用。

单层感知器仅对线性可分的问题收敛，即可通过学习不断调整权值，最终找到合适的决策面，实现正确分类，如图 11-7（a）所示；对于线性不可分问题，单层感知器的学习算法是不收敛的，无法实现正确分类，如图 11-7（b）所示。

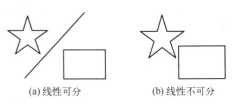

(a) 线性可分   (b) 线性不可分

图 11-7 线性可分和线性不可分

值得一提的是，对于线性不可分的问题，仍然可以利用单层感知器获得一个最优超平面，使得在该超平面下的分类误差最小，实现近似分类。在实际应用中，已经有很多有效的方法能

够正确地将两类模式区分开，但是这种思想方法依然有其值得借鉴之处。

11.2.3 单层感知器的相关函数

MATLAB 神经网络工具箱中提供了大量与感知器神经网络有关的函数，常用的函数列于表 11-1 中。

其中用于单层感知器最重要的函数是 newp、train 和 sim，分别用来对单层感知器进行设计、训练和仿真。

使用感知器网络的典型流程为：使用 newp 函数创建一个感知器网络 net，然后用 train 函数根据训练数据对 net 进行训练，最后用 sim 或直接用 net 进行仿真，得到网络对新的样本的实际输出。

表 11-1 感知器神经网络常用函数

函数类型	函数名称	函数用途
感知器创建函数	newp	创建一个感知器网络
感知器仿真函数	sim	对一个神经网络进行仿真
感知器训练函数	train	训练创建好的感知器网络
	adapt	学习自适应函数
感知器学习函数	learnp	感知器神经网络权值和阈值的学习
	learnpn	具有奇异样本时的权值和阈值的学习
感知器传递函数	hardlim	硬限幅传递函数，输出 0 或 1
	hardlims	对称硬限幅传递函数，输出-1 或 1

1. 感知器创建函数

在 MATLAB 神经网络工具箱中，用 newp 函数对感知器神经网络进行创建，其调用格式为

$$net = newp[p, t, tf, lf]$$

其中，p 为一个 $r*2$ 矩阵，r 为输入向量的维数，矩阵的每一行表示输入向量每个分量的取值范围。规定矩阵的第二列数值（分量的上限）必须大于等于第一列（分量的下限）数值，否则系统将报错；t 表示输入节点的个数，是一个标量；tf 为传输函数，可选 hardlim 或 hardlims，默认为 hardlim；lf 为学习函数，可选 learnp 或 learnpn，默认为 learnp；net 为生成的感知器网络。

2. 感知器训练函数

（1）train 函数

train 函数可以用于各类神经网络的训练，具体语法格式如下

$$[net\_new, tr] = train(net, X, T, Xi, Ai, EW)$$

其中，net_new 表示训练好的网络；tr 表示训练记录，包括训练的步数 epoch 和性能 perf；net 表示需要训练的神经网络，对于感知器，net 是 newp 的输出。train 根据 net.trainFcn 和 net.trainParam 进行训练；X 表示网络输入，每一列是一个输入向量；T 表示网络期望输出，每一列是一个输出向量，默认为 0；Xi 表示初始输入延迟，默认为 0；Ai 表示初始的层延迟，默认为 0；EW 表示误差权值。

（2）adapt 函数

adapt 函数为学习自适应函数，其在每个输入时间段更新网络时仿真网络，具体语法格式为

$$[net\_new, Y, E, Pf, Ad, Tr] = adapt[net, P, T, Pi, Ai]$$

其中，net_new 表示修正后的网络；Y 表示网络的输出；E 表示网络误差；Pf 表示最终的输出延迟；Af 表示最终的层延迟；Tr 表示训练记录，包括 epoch 和 pref；net 表示待修正的网络；P 表示 Q 个输入向量组成的 $R*Q$ 矩阵，输入节点个数为 R；T 表示 Q 个期望输出向量组成的 $S*Q$ 矩阵，输出节点个数为 S；Pi 表示初始的输出延迟；Ai 表示初始的层延迟。

3. 感知器仿真函数

sim 函数用于对神经网络进行仿真，具体语法格式如下

$$[Y, Xf, Af] = sim(net, X, Xi, Ai, T)$$

其中，Y 表示网络的输出；Xf 表示最终的输入延迟状态；Af 表示最终的层延迟状态；net 表示要测试的网络对象；X 表示网络输入；Xi 表示初始输入延迟，默认为 0；Ai 表示初始的层延迟，默认为 0；T 表示网络期望输出，默认为 0。

例 11-1　创建一个感知器，实现逻辑"与"。

解　MATLAB 程序 ex11_1.m 如下

```
%ex11_1.m
net=newp([-3,3;-1,1],1)          %创建一个具有 2 个输入 1 个输入的感知器
P=[0,0,1,1;0,1,0,1];             %输入向量
T=[0,0,1,1];                     %期望输出
net=train(net,P,T);              %训练
Y=sim(net,P)                     %仿真，或用 Y=net(P)
```

运行程序，输出如下，其训练效果如图 11-8 所示。

```
Y=
     0    0    1    1
```

例 11-2　创建一个感知器，用来判断输入数字的符号，非负数输出 1，负数输出 0。

解　MATLAB 程序 ex11_2.m 如下

```
%ex11_2.m
p=[-100, 100];                   %输入数据是标量，取值范围-100～100
t=1;                             %网络含有一个输出节点
net=newp(p,t);                   %创建一个感知器
P=4: -1: -5;                     %训练输入
T=[1,1,1,1,1,0,0,0,0,0];         %训练输出，负数输出 0，非负数输出 1
net_new=train(net,P,T);          %用 train 进行训练，采用默认值
newP=-10:0.5:10;                 %测试输入
newT=sim(net_new,newP);          %测试输入的实际输出，或用 newT=net_new(newP);
plot(newP,newT, 'LineWidth',3);
title('判断数字符号的感知器');
```

程序的执行结果和训练效果分别如图 11-9 和图 11-10 所示。

除以上介绍的函数外，用于感知器设计的函数还有感知器传输函数 hardlim/hardlims、神经网络初始化函数 init、神经网络自适应函数 adapt、学习函数 learnp/learnpn 等，相关函数及用法可以参考 MATLAB 帮助文档或其他教程。

11.2.4　单层感知器的局限性

由于感知器在结构和学习规则上的局限性，其应用也被限制在一定范围内。一般而言，感知器的局限性主要体现在以下几点

（1）感知器的激活函数采用阈值函数，只有两个输出，限制了其在分类种类上的扩展；

（2）感知器只对线性可分的问题收敛，若问题不可分，则感知器无能为力；

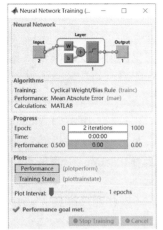

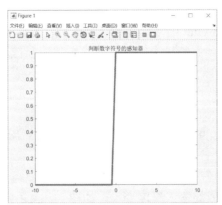

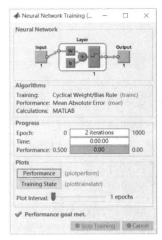

图 11-8　newp 函数的训练效果图　　　图 11 9　判断数字符号的感知器　　图 11-10　例 11-2 的训练效果

（3）如果输入样本存在奇异样本（相对于其他输入样本特别大或特别小的样本矢量），则训练网络需要花费很长时间，此时可以采用标准化感知器学习规则；

（4）感知器的学习算法只对单层感知器有效，因此无法直接套用其规则设计多层感知器。

11.3　线性神经网络

线性神经网络是一种最简单的神经网络，它由一个或多个线性神经元组成，最典型的代表是 20 世纪 50 年代由 Widrow 和 Hoff 提出的自适应线性元（Adaptive Liner Element, Adaline）。线性神经网络与感知器主要的区别在于：前者的神经元传递函数是线性函数，因此可以输出任意值。线性神经网络采用 Widrow-Hoff 学习规则，即 LMS（least Mean Square，最小均方误差）算法来调整网络的权值和偏置。

与感知器相比，线性神经网络在收敛的精度和速度上都有较大的提高，可用于函数逼近、信号预测、系统辨别、模式识别和控制领域。

11.3.1　线性神经网络模型

线性神经网络在结构上与感知器非常相似，只是激活函数有所区别：线性神经网络除了产生二值输出，还可以产生模拟输出，即采用线性传输函数 purelin($f(x)=x$)，使输出可以为任意值。具体网络结构如图 11-11 所示。

同样地，假设输入一个 r 维向量 $\boldsymbol{x}=[x_1, x_2, \cdots, x_r]$，其中每个分量都对应于一个权值 ω_i，则隐含层的输出叠加为一个标量值：

$$v = \sum_{i=1}^{r} x_i \omega_i + b \qquad (11\text{-}15)$$

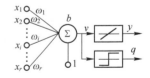

图 11-11　线性神经元模型

输出节点的传递函数采用线性函数 purelin，其输入和输出之间是一个简单的比例关系。线性网络的最终输出为：

$$y = \text{purelin}(v) = \text{purelin}\left(\sum_{i=1}^{r} x_i \omega_i + b\right) \qquad (11\text{-}16)$$

将输入和权值写成向量形式　　　$\boldsymbol{x}(n) = [1, x_1(n), x_2(n), \cdots, x_r(n)]^{\mathrm{T}}$　　　　$(11\text{-}17)$

$$\boldsymbol{\omega}(n) = [b(n), \omega_1(n), \omega_2(n), \cdots, \omega_r(n)]^{\mathrm{T}} \qquad (11\text{-}18)$$

则输出可以表示为
$$y = \boldsymbol{x}^{\mathrm{T}}(n)\boldsymbol{\omega}(n) \tag{11-19}$$
$$q = \mathrm{sgn}(y) \tag{11-20}$$

通常在训练的时候使用 purelin 函数，在训练完成后需要输出的时候使用 sgn 函数，其中的原因在于：使用线性函数得到的结果中所有的值都有可能存在，但是输出的标签只有两个，所以需要通过 sgn 函数进行整合。

若网络中包含多个神经元节点，就能形成多个输出，此时形成如图 11-12 所示的 Madaline 网络。Madaline 可以用一种间接的方式解决线性不可分的问题，方法为使用多个线性函数对区域进行划分，然后对各个神经元的输出做逻辑运算。图 11-13 所示为 Madaline 用两条直线实现了异或逻辑。

线性神经网络解决线性不可分问题的另一个方法是，对神经元条件进行非线性输入，从而引入非线性成分，这样会使等效的输入维度变大，如图 11-14 所示。

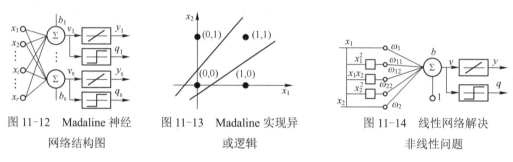

图 11-12 Madaline 神经
网络结构图　　　图 11-13 Madaline 实现异
或逻辑　　　图 11-14 线性网络解决
非线性问题

11.3.2 线性神经网络的学习算法

神经网络采用 W-H 学习规则，又称为最小均方误差学习（LMS）规则。该方法基于负梯度下降的原则来减小网络的训练误差。

定义某次迭代时的误差信号为
$$e(n) = \boldsymbol{d}(n) - \boldsymbol{x}^{\mathrm{T}}(n)\boldsymbol{\omega}(n) \tag{11-21}$$

其中，n 表示迭代次数，$\boldsymbol{d}(n)$表示期望输出。这里采用均方误差 MSE 作为评价指标

$$\mathrm{MSE} = \frac{1}{Q}\sum_{k=1}^{Q}e^2(k) \tag{11-22}$$

其中，Q 为输入训练样本的个数。线性神经网络学习的目标是找到合适的网络权值 $\boldsymbol{\omega}(n)$，使误差的均方误差最小。MSE 对 $\boldsymbol{\omega}(n)$求偏导，令偏导等于 0 求得 MSE 极值，因为 MSE 必为正，二次函数凹向上，求得的极值必为极小值。

在实际运算中，为解决权值 $\boldsymbol{\omega}(n)$维数过高给计算带来的困难，往往通过调节权值，使 MSE 从空间中的某一点开始，沿着斜面向下滑行，最终达到最小值。滑行的方向使该点最陡下降的方向，即负梯度方向。沿着此方向以适当强度对权值进行修正，就能最终到达最佳权值。

实际计算中，常常定义代价函数（Cost Function；或称损失函数，Lost Function）
$$E(\omega) = \frac{1}{2}e^2(n) \tag{11-23}$$

对上式两边关于权值向量 $\boldsymbol{\omega}$ 求导，可得
$$\frac{\partial E}{\partial \omega} = e(n)\frac{\partial e(n)}{\partial \omega} = -\boldsymbol{x}^{\mathrm{T}}(n)e(n) \tag{11-24}$$

因此，根据梯度下降法，权值向量的修正值正比于当前位置上 $E(\boldsymbol{\omega})$的梯度，权值调整的规则为

$$\omega(n+1) = \omega(n) - \eta\left(\frac{\partial E}{\partial \omega}\right) = \omega(n) + \eta x^{\mathrm{T}}(n)\omega(n) \tag{11-25}$$

其中，η 为学习率。

LMS 算法的具体步骤如下：

（1）定义变量和参数。$x(n)$ 为输入向量或训练样本；$\omega(n)$ 为权值向量；$b(n)$ 表示偏置；$y(n)$ 为实际输出；$d(n)$ 为期望输出；η 为学习率，是小于 1 的正数；n 表示迭代次数。

（2）初始化。$n=0$，将 ω 权值向量设置为较小的随机值。

（3）输入样本，计算实际输出和误差

$$e(n) = d(n) - x^{\mathrm{T}}(n)\omega(n) \tag{11-26}$$

（4）调整权值向量，根据上一步得到的误差，计算

$$\omega(n+1) = \omega(n) - \eta\left(\frac{\partial E}{\partial \omega}\right) = \omega(n) + \eta x^{\mathrm{T}}(n)\omega(n) \tag{11-27}$$

（5）判断算法是否收敛。若收敛，则算法结束；若不满足收敛条件，则将 n 值加 1，然后转到（3）循环执行。

常用的收敛条件有以下几种情形。

➤ 误差小于某个预先设定的较小值 ε，即

$$|e(n)| < \varepsilon \text{ 或 } \mathrm{mse} < \varepsilon \tag{11-28}$$

➤ 两次迭代中的权值变化很小，即

$$|\omega(n+1) - \omega(n)| < \varepsilon \tag{11-29}$$

➤ 设定最大迭代次数 M，当到达 M 次之后算法就停止迭代。

LMS 算法也有学习率大小的选择问题，若学习率过小，则算法耗时过长；若学习率过大，则可能导致误差在某个水平上反复振荡，影响收敛的稳定性。一般可以采用变学习率的方法，用比较大的学习率保证收敛速度，随着迭代次数增加，减小学习率保证精度，确保收敛。

11.3.3 线性神经网络的函数

MATLAB 神经网络工具箱中为线性神经网络提供了大量的函数，它们可分别用于线性网络的设计、创建、分析、训练及仿真等。线性神经网络的常用函数如表 11-2 所示。

表 11-2　线性神经网络的常用函数

函数类型	函数名称	函数用途
线性网络的创建函数	newlin	创建一个线性层
	linearlayer	构建线性层的函数
	newlind	设计一个线性层
学习函数	learnwh	Widrow-Hoff 学习函数
	maxlinlr	计算线性层的最大学习速率
纯线性传输函数	purelin	返回一个向量矩阵
权积函数	dotprod	用于网络输入向量与权值求点积
	netprod	计算第一层的网络输出

1. 线性网络创建函数

（1）newlin 函数

该函数用于创建一个线性层，所谓的线性层是一个单独的层次，一般用作信号处理和预测中的自适应滤波器。其调用格式如下

$$\text{net} = \text{newlin}(P, S, ID, LR)$$

其中，P 表示 Q 个输入向量组成的 $R*Q$ 矩阵，输入节点个数为 R；S 表示输入向量的数目；ID 表示输入延迟向量，默认为[0]；LR 表示学习速率，默认为 0.01；net 表示返回训练好的线性网络。

例 11-3　用 newlin 设计一个双输入线性神经网络。

解　MATLAB 程序 ex11_3.m 如下

```
%ex11_3.m
clear all;
```

```
P = [2 1 −2 −1;2 −2 2 1];
t = [0 1 0 1];
pr=[−2 2; −2 2];
net = newlin(pr,1);
net.trainParam.goal= 0.1;                        %均方误差目标值设置为 0.1
[net, tr] = train(net,P,t);                      %训练网络
w= net.iw{1,1}                                    %经过训练后的权值
b=net.b{1}                                        %经过训练后的阈值
y=net(P)                                          %仿真验证
perf = mse(net,t,y)                               %计算均方误差
```

运行程序，可得到如下运行结果和如图 11-15 所示的训练效果图，可以看到，当程序迭代至均方误差小于目标值时即停止，共执行了 64 次迭代。

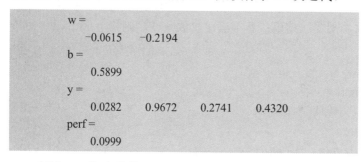

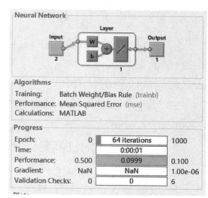

图 11-15　newlin 函数的训练效果图

（2）newlind 函数

该函数可以设计一个线性层，通过输入向量和目标向量计算线性层的权值和阈值。其调用格式如下

$$net = newlind(P, T, Pi)$$

其中，P 表示 Q 个输入向量组成的 $R*Q$ 矩阵，输入节点个数为 R；T 表示 Q 个期望输出向量组成的 $S*Q$ 矩阵，输出节点个数为 S；Pi 表示初始输入延迟状态的 ID 个单元阵列，每个元素 $Pi\{i, k\}$ 都是一个 $Ri*Q$ 维的矩阵，默认为空；net 表示返回训练好的线性网络，其输出误差平方和对于输入 P 来说具有最小值。

需要注意的是，newlind 函数一经调用，就不需要再用别的函数重新训练，可以直接进行仿真测试。

例 11-4　利用 newlind 函数创建一个线性神经网络。

解　MATLAB 程序 ex11_4.m 如下

```
% ex11_4.m
P = [1 2 3];                                      %输入向量
T = [2.0 4.1 5.9];                                %输出向量
net = newlind(P,T);                               %训练网络
Y = sim(net,P)                                    %仿真网络并验证
```

运行程序，可以得到输出向量，可以看出与原输入向量十分相近。

```
Y =
    2.0500    4.0000    5.9500
```

例 11-5　利用 newlind 函数建立具有输入延迟的线性神经网络。

解　MATLAB 程序 ex11_5.m 如下

```
% ex11_5.m
P={1 2 1 3 3 2};
Pi={1 3};
T={5.0 6.1 4.0 6.0 6.9 8.0};
%应用 newlind 函数构造一个网络以满足上面的输入/输出关系和延迟条件
net=newlind(P,T,Pi)
view(net)                         %显示网络结构
y=net(P)
W=net.IW{1,1}                     %神经网络的权值
b=net.b{1}                        %神经网络的阈值
```

运行程序后输出结果如下，图 11-16 为神经网络结构。

```
y =
    [1.0554]    [2.9757]    [4.0189]    [6.0054]    [6.8959]    [8.0122]
W =
    0.9568      0.9635      1.0365
b =
    0.0986
```

其算法原理如下。

输入向量 P={1 2 1 3 3 2}由于延迟向量{1 3}的作用变成了如下向量

$$\begin{bmatrix} 1 & 2 & 1 & 3 & 3 & 2 \\ 0 & 1 & 2 & 1 & 3 & 3 \\ 0 & 0 & 1 & 2 & 1 & 3 \end{bmatrix}$$

即每个输出变成了自身再加上前两个延迟

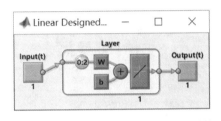

图 11-16　程序运行得到的神经网络结构

$$y_1 = \begin{bmatrix} 1 & 0 & 0 \end{bmatrix} \begin{bmatrix} 0.9568 \\ 0.9635 \\ 1.0365 \end{bmatrix} + 0.0986 = 1.0554$$

$$y_2 = \begin{bmatrix} 2 & 1 & 0 \end{bmatrix} \begin{bmatrix} 0.9568 \\ 0.9635 \\ 1.0365 \end{bmatrix} + 0.0986 = 2.9757$$

后续依次类推。

（3）linearlayer 函数

linearlayer 函数用于设计静态或动态的线性系统，其调用格式如下

$$net = linearlayer(inputDelays, widrowHoffLR)$$

其中，inputDelays 表示输入延迟的行向量。默认为 0；widrowHoffLR 表示学习率，默认为 0.01；net 表示返回训练好的线性网络。

linearlayer 指令中，两个输入参数都是可选的。用 linearlayer 创建的线性网络层还需要训练才能具有分类或拟合、识别的能力。

例 11-6　利用 linearlayer 实现直线拟合。

解　MATLAB 程序 ex11_6.m 如下

```
% ex11_6.m
x=-5:5;y=3*x-7;                   %定义一条直线
y=y+randn(1,length(y))*1.5;       %在直线上加入噪声
```

```
plot(x,y,'o')                          %噪声点绘图
P=x;T=y;
lr=maxlinlr(P,'bias');                 %计算最大学习率
net=linearlayer(0,lr);                 %创建线性层，输入延迟为0
net=train(net,P,T);                    %训练网络
new_x=-5:0.2:5;
new_y=sim(net,new_x);                  %仿真
hold on;
plot(new_x,new_y);                     %绘制拟合曲线
w=net.iw                               %神经网络的权值
b=net.b                                %神经网络的阈值
```

运行程序后输出结果如下，图 11-17 和图 11-18 分别为神经网络训练效果图和拟合直线图。

```
w =
      [3.0138]
b =
      [-6.7959]
```

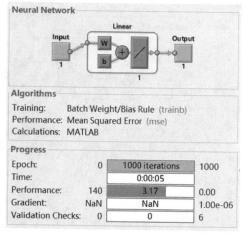

图 11-17　使用 linearlayer 的训练效果图

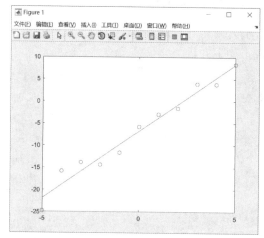

图 11-18　用 linearlayer 拟合直线图

除以上介绍的函数外，用于线性神经网络设计的函数还有线性网络学习函数 learnwh/maxlinlr、线性传输函数 purelin、线性网络权积函数 dotprod/netprod 等，相关函数及用法可以参考 MATLAB 帮助文档或其他教程。

11.3.4　线性神经网络的局限性

线性神经网络只能反映输入和输出样本向量间的线性映射关系，与感知器神经网络一样，它也只能解决线性可分问题。由于线性神经网络的误差曲面为一个多维抛物面，所以在学习速率足够小的情况下，对于基于最小二乘梯度下降原则进行训练的线性神经网络总可以找到一个最小解。但是，即便如此，对线性神经网络的训练并不一定总能达到零误差。线性神经网络的训练性能要受到网络规则和训练样本集大小的限制。

此外值得注意的是，线性神经网络训练和性能要受到学习速率参数的影响，过大的学习速率可能会导致网络的发散。

11.4　BP 神经网络

线性神经网络只能解决线性可分的问题，这与其单层网络的结构有关。在历史上，由于一直没有找到合适的多层神经网络学习算法，导致神经网络的研究一度陷入低迷。1986 年，以 Rumelhart 和 McClelland 为首的科学家提出了一种按照误差逆向传播算法训练的多层前馈网络，即 BP（Back Propagation）神经网络。BP 神经网络是整个人工神经网络体系的精华，广泛应用于分类识别、逼近、回归、压缩等领域。实际应用中大约 80%的神经网络模型采取了 BP 网络或 BP 网络的变化形式。

11.4.1　BP 神经网络的模型

BP 神经网络一般是多层的，除输入层和输出层外，还包含若干个隐含层（隐层）。图 11-19 为包含两个隐含层的 BP 神经网络拓扑结构。

从图中可以看出，BP 神经网络可以看成一个非线性函数，网络输入值和预测值分别为该函数的自变量和因变量，当输入、输出节点数分别为 r 和 s 时，BP 神经网络就表达了从 r 个自变量到 s 个因变量的函数映射关系。

BP 神经网络有以下特点。

图 11-19　BP 神经网络的拓扑结构

（1）网络由多层构成，层与层之间全连接，同一层之间的神经元无连接。多层的网络设计，使 BP 网络能够从输入中挖掘更多的信息，完成更复杂的任务。

（2）BP 网络的传递函数必须可微。因此，感知器的传递函数二值数在这里没有用武之地。BP 网络一般使用 Sigmoid 函数或线性函数作为激活函数。根据输出值是否包含负值，Sigmoid 函数又可分为 Log-Sigmoid 函数和 Tan-Sigmoid 函数。一个简单的 Log-Sigmoid 函数为

$$f(x) = \frac{1}{1+e^{-x}} \tag{11-30}$$

其中，x 的范围为整个实数域，函数值在 0～1 之间（Tan-Sigmoid 为-1～1），具体应用时可以增加参数以控制曲线的位置和形状。Log-Sigmoid 函数的曲线如图 11-20 所示。

由图可知，Sigmoid 函数具有非线性、处处可导、输出范围有限、非饱和单调等特点，分类时比线性函数更精确，容错性较好。BP 神经网络的典型设计是，隐含层采用 Sigmoid 函数作为激活函数，而输出层则采用线性函数作为传递函数。

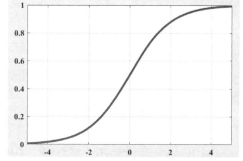

图 11-20　Log-Sigmoid 函数的曲线

（3）采用误差反向传播算法（Back-propagation Algorithm）进行学习。在 BP 网络中，数据从输入层经隐含层逐层向后传播，训练网络权值时，则沿着减少误差的方向，从输出层经过中间各层逐层向前修正网络的连接权值。随着学习的不断进行，最终的误差越来越小。

11.4.2　BP 神经网络的学习算法

在确定了 BP 神经网络的结构后，需要通过输入和输出样本对网络进行训练，即对网络的

权值和阈值进行修正和学习，以实现对给定输入输出的映射关系。

BP 网络属于有监督学习，需要一组已知目标输出的学习样本。网络的学习分为两个阶段：第一个阶段输入已知的学习样本，通过设置的网络结构和前一次迭代的权值和阈值，从网络第一层向后计算各神经元的输出；第二个阶段对权值和阈值进行修改，从最后一层开始向前计算各个权值和阈值对总误差的影响（梯度），据此对各个权值和阈值进行修改。以上两个过程反复交替，直到收敛。

修改权值有不同的规则。标准的 BP 神经网络沿着误差性能函数梯度的反方向修改权值，原理与 LMS 算法比较类似，属于最速下降法。此外还有一些改进算法，如动量最速下降法、拟牛顿法等，本书以图 11-21 所示的三层 BP 网络为例对最速下降法进行介绍。

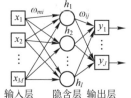

图 11-21　三层 BP 神经网络拓扑结构图

1．变量定义

在三层 BP 网络中，假设输入层神经元个数为 M，隐含层神经元个数为 I，输出层神经元个数为 J。输入层第 m 个神经元记为 x_m，隐含层第 i 个神经元记为 k_i，输出层第 j 个神经元记为 y_j。从 x_m 到 k_i 的连接权值为 ω_{mi}，从 k_i 到 y_j 的连接权值为 ω_{ij}。隐含层传递函数为 Sigmoid 函数，输出层传递函数为线性函数。

上述网络接收一个长为 M 的向量作为输入，最终输出一个长为 J 的向量。用 u 和 v 分别表示每一层的输入与输出，如 u_I^1 表示 I 层（即隐含层）第一个神经元的输入。网络的实际输出为

$$Y(n) = \left[v_J^1, v_J^2, \cdots, v_J^J \right] \tag{11-31}$$

网络的期望输出为
$$d(n) = [d_1, d_2, \cdots, d_J] \tag{11-32}$$

n 为迭代次数。第 n 次迭代的误差信号定义为

$$e_j(n) = d_j(n) - Y_j(n) \tag{11-33}$$

将误差能量定义为
$$e(n) = \frac{1}{2} \sum_{j=1}^{J} e_j^2(n) \tag{11-34}$$

2．工作信号正向传播

输入层的输出等于整个网络的输入信号

$$v_M^m(n) = x(n) \tag{11-35}$$

隐含层第 i 个神经元的输入等于 $v_M^m(n)$ 的加权和

$$u_I^i(n) = \sum_{m=1}^{M} \omega_{mi}(n) v_M^m(n) \tag{11-36}$$

假设激活函数为 Sigmoid 函数，则隐藏层第 i 个神经元的输出为

$$v_I^i(n) = f(u_I^i(n)) \tag{11-37}$$

输出层第 j 个神经元的输入等于 $v_I^i(n)$ 的加权和

$$u_J^j(n) = \sum_{i=1}^{I} \omega_{ij}(n) v_I^i(n) \tag{11-38}$$

输出层第 j 个神经元的输出为　　$v_J^j(n) = g((u_J^j(n))) \tag{11-39}$

输出层第 j 个神经元的误差为　　$e_j(n) = d_j(n) - v_J^j(n) \tag{11-40}$

网络的总误差为　　$e(n) = \frac{1}{2} \sum_{j=1}^{J} e_j^2(n) \tag{11-41}$

3．误差信号反向传播

在权值调整阶段，沿着网络逐层反向进行调整。

（1）首先调整隐含层与输出层之间的权值 ω_{ij}。根据最速下降法，应计算误差对 ω_{ij} 的梯度 $\partial e(n)/\partial\omega_{ij}(n)$，再沿着该方向反向进行调整：

$$\Delta\omega_{ij}(n) = -\eta\frac{\partial e(n)}{\partial\omega_{ij}(n)} \tag{11-42}$$

$$\omega_{ij}(n+1) = \Delta\omega_{ij}(n) + \omega_{ij}(n) \tag{11-43}$$

梯度可由求偏导得到。根据微分的链式规则，有

$$\frac{\partial e(n)}{\partial\omega_{ij}(n)} = \frac{\partial e(n)}{\partial e_j(n)}\cdot\frac{\partial e_j(n)}{\partial v_J^j(n)}\cdot\frac{\partial v_J^j(n)}{\partial u_J^j(n)}\cdot\frac{\partial u_J^j(n)}{\partial\omega_{ij}(n)} \tag{11-44}$$

由于 $e(n)$ 是 $e_j(n)$ 的二次函数，其微分为一次函数

$$\frac{\partial e(n)}{\partial e_j(n)} = e_j(n) \tag{11-45}$$

$$\frac{\partial e_j(n)}{\partial v_J^j(n)} = -1 \tag{11-46}$$

输出层传递函数的导数为 $\qquad \dfrac{\partial v_J^j(n)}{\partial u_J^j(n)} = g'(u_J^j(n)) \tag{11-47}$

$$\frac{\partial u_J^j(n)}{\partial\omega_{ij}(n)} = v_I^i(n) \tag{11-48}$$

因此，梯度值为 $\qquad \dfrac{\partial e(n)}{\partial\omega_{ij}(n)} = -e_j(n)g'(u_J^j(n))v_I^i(n) \tag{11-49}$

权值修正量为 $\qquad \Delta\omega_{ij}(n) = \eta e_j(n)g'(u_J^j(n))v_I^i(n) \tag{11-50}$

引入局部梯度的定义 $\quad \delta_J^j = -\dfrac{\partial e(n)}{\partial u_J^j(n)} = -\dfrac{\partial e(n)}{\partial e_j(n)}\cdot\dfrac{\partial e_j(n)}{\partial v_J^j(n)}\cdot\dfrac{\partial v_J^j(n)}{\partial u_J^j(n)} = e_j(n)g'(u_J^j(n)) \tag{11-51}$

因此，权值修正量可表示为 $\qquad \Delta\omega_{ij}(n) = \eta\delta_J^j v_I^i(n) \tag{11-52}$

局部梯度指明权值所需要的变化。神经元的局部梯度等于该神经元的误差信号与传递函数导数的乘积。在输出层，传递函数一般为线性函数，因此其导数为 1。

$$g'(u_J^j(n)) = 1 \tag{11-53}$$

代入上式，可得 $\qquad \Delta\omega_{ij}(n) = \eta e_j(n)v_I^i(n) \tag{11-54}$

输出神经元的权值修正相对简单。

（2）误差信号向前传播，对输入层与隐含层之间的权值 ω_{mi} 进行调整。与上一步类似，应有

$$\Delta\omega_{mi}(n) = \eta\delta_I^i v_M^m(n) \tag{11-55}$$

式中，$v_M^m(n)$ 为输入神经元的输出 $\qquad v_M^m(n) = x^m(n)$

δ_I^i 为局部梯度，定义为 $\quad \delta_I^i = -\dfrac{\partial e(n)}{\partial u_I^i(n)} = -\dfrac{\partial e(n)}{\partial v_I^i(n)}\cdot\dfrac{\partial v_I^i(n)}{\partial u_I^i(n)} = -\dfrac{\partial e(n)}{\partial v_I^i(n)}f'(u_I^i(n)) \tag{11-56}$

$f(g)$ 为 Sigmoid 传递函数。由于隐含层不可见，因此无法直接求解误差对该层输出值的偏导数 $\partial e(n)/\partial v_I^i(n)$。这里需要使用上一步计算中求得的输出层节点的局部梯度

$$\frac{\partial e(n)}{\partial v_I^i(n)} = \sum_{j=1}^J\delta_J^j\omega_{ij} \tag{11-57}$$

故有
$$\delta_I^i = f'(u_I^i(n)) \sum_{j=1}^{J} \delta_J^j \omega_{ij}$$
（11-58）

至此，三层 BP 网络的一轮权值调整就完成了。调整的规则可总结为

权值调整量 $\Delta\omega$ = 学习率 η × 局部梯度 δ × 上一层输出信号 v

当输出层传递函数为线性函数时，输出层与隐含层之间权值调整的规则类似于线性神经网络的权值调整规则。BP 网络的复杂之处在于，隐含层与隐含层之间、隐含层与输入层之间调整权值时，局部梯度的计算需要用到上一步计算的结果。前一层的局部梯度是后一层局部梯度的加权和。因此，BP 网络学习权值时只能从后向前依次计算。

11.4.3　BP 神经网络的函数

MATLAB 神经网络工具箱中为 BP 神经网络提供了大量的函数，常用函数如表 11-3 所示。

表 11-3　BP 神经网络相关函数

函数名称	功能
newff	创建一个 BP 网络
feedforwardnet	创建一个 BP 网络
newcf	创建级联的前向神经网络
cascadeforwardnet	创建级联的前向神经网络
mapminmax	归一化函数
logsig/tansig	Log-Sigmoid/Tan-Sigmoid 函数
newfftd	创建前馈输入延迟的 BP 网络

1．newff 函数

newff 是 BP 网络中最常用的函数，可以用于创建一个误差反向传播的前向网络，具体调用格式如下

net = newff(P, T, S, TF, BTF, BLF, PF, IPF, OPF, ODF)

其中，P 表示 $R*Q_1$ 矩阵，表示创建的网络中，输入层具有 R 个神经元；T 表示 $SN*Q_2$ 矩阵，表示创建的网络有 SN 个输出层节点；S 表示用于指定隐含层神经元个数，若隐含层多于一层，则写成行向量的形式；TF(i)表示第 i 层的传输函数，隐含层默认为"tansig"，输出层默认为"purelin"；BTF 表示 BP 网络的训练函数，默认值为"trainlm"，表示采用 LM 法进行训练；PF 表示性能函数，默认值为"MSE"，表示采用均方误差作为误差性能函数；IPF 表示指定输入数据归一化函数的细胞数组，默认值为 fixunknowns、remconstantrows、mapminmax，其中 mapminmax 用于正常数据的归一化，fixunknowns 用于含有缺失数据时的归一化；OPF 表示制定输出数据的反归一化函数，用细胞数组的形式表示，默认值为 fixunknowns、mapminmax；ODF：数据划分函数，newff 函数将训练数据划分成三份（60%训练集，20%测试集，20%验证集），可以用来防止出现过拟合现象。默认值为"dividerand"。

例 11-7　使用 newff 函数实现 simplefit_dataset 数据拟合。

解　MATLAB 程序 ex11_7.m 如下

```
% ex11_7.m
[inputs,targets] = simplefit_dataset ;          %采用 MATLAB 自带 1*94 数据集
net=newff(inputs,targets,20);                    %创建 BP 神经网络，隐层具有 20 个神经元
net=train(net,inputs,targets);
outputs=net(inputs);
errors=outputs - targets;
perf=perform(net,outputs,targets)                %计算 MSE
plot(outputs);hold on;plot(targets,'--r*')
legend('outputs','targets')
```

运行程序后输出结果如下，可见拟合后数据误差很小，图 11-22 和图 11-23 分别为目标值-输出值对比图及 newff 训练效果图。

```
    perf =
```

5.4219e-04

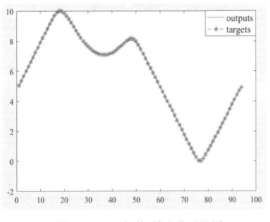

图 11-22　目标值-输出值对比图

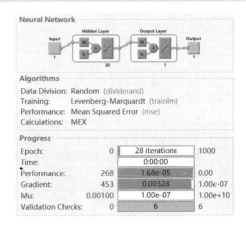

图 11-23　newff 训练效果图

2. feedforwardnet 函数

该函数是新版神经网络工具箱中用于替代 newff 的函数，具体调用格式如下

$$net = feedforwardnet(hiddenSizes, trainFcn)$$

其中，hiddenSizes 表示隐含层的神经元节点个数，如果有多个隐含层，则 hiddenSizes 是一个行向量，默认值为 10；trainFcn 表示训练函数，默认"trainlm"。

feedforwardnet 函数并未确定输入层和输出层向量的维数，系统将这一步留给 train 函数来完成。

例 11-8　使用 feedforwardnet 函数实现 simplefit_dataset 数据拟合。

解　MATLAB 程序 ex11_8.m 如下

```
% ex11_8.m
[inputs,targets] = simplefit_dataset ;
net=feedforwardnet                          %创建 BP 神经网络，隐层具有 10 个神经元
net = train(net,inputs,targets);
outputs = net(inputs);
perf = perform(net,outputs,targets)
plot(outputs);hold on;plot(targets,'--r*')
legend('outputs','targets')
```

运行程序后输出结果如下，可见拟合后数据误差很小。图 11-24 和图 11-25 分别为目标值-输出值对比图及神经网络训练效果图。

```
perf =
    5.6754e-05
```

数据的归一化在数据预处理阶段是非常重要的一个步骤，一般指将样本数据映射到[0, 1]或[-1, 1]或其他区间。对数据进行归一化操作的原因具体有如下几点。

（1）输入数据的单位不一样，有些数据的范围可能特别大，导致神经网络收敛慢、训练时间长；

（2）输入范围大的输入在模式分类中的作用可能会偏大；

（3）由于神经网络输入层的激活函数的值域是有限制的，因此需要将网络训练的目标数据映射到激活函数的值域；

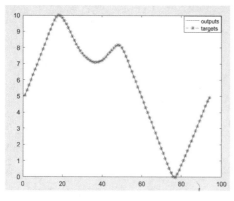

图 11-24　目标值-输出值对比图

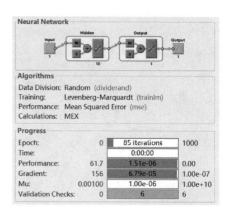

图 11-25　feedforwardnet 训练效果图

（4）Sigmoid 激活函数在(0, 1)区间外很平缓，区分度很小，如对于 $f(x)$ 为 Log-Sigmoid，$f(100)$ 和 $f(5)$ 只相差 0.0067。

3. mapminmax 函数

该函数用于实现数据归一化，具体调用格式如下

$$[Y,PS] = mapminmax(X, YMIN, YMAX)$$

其中，Y 表示归一化之后的输出矩阵；PS 表示归一化处理过程中的相关设置；X 表示输入矩阵；YMIN，YMAX 表示输出 Y 的每一列的上下限（默认为±1）。例如，以下两条指令可以实现数据的归一化和反归一化。

```
Y = mapminmax('apply', X, PS)
X = mapminmax('reverse', Y, PS)
```

例 11-9　使用 BP 神经网络对 Iris 数据集进行分类。

Iris 数据集是常用的分类实验数据集，由 Fisher 在 1936 年收集整理。Iris 也称鸢尾花卉数据集，是一类多重变量分析的数据集。该数据集包含 150 个数据样本，分为 3 类，每类 50 个数据，每个数据包含 4 个属性，分别是花萼长度、花萼宽度、花瓣长度、花瓣宽度。可通过这 4 个属性预测鸢尾花卉属于 Setosa 山鸢尾、Versicolour 杂色鸢尾、Virginica 维吉尼亚鸢尾这三个种类的鸢尾花中的哪一类。

在已知数据集的情况下，一般将数据集分为训练集（training set）和测试集（testing set），某些情况下还会划分出验证集（validation set）。

本例中，首先完成数据的随机排序及分组，并对数据进行归一化处理，在完成神经网络的创建及训练后，对网络的准确性进行测试。

解　MATLAB 程序 ex11_9.m 如下

```
% ex11_9.m
clear;clc;
[inputs,targets] = iris_dataset ;
%将三种类别鸢尾花的表示方法由[0 0 1]、[0 1 0]、[1 0 0]变为 1、2、3
[max,targets]=max(targets);
inputs=inputs';targets=targets';            %数据进行转置方便后续处理
temp = randperm(size(inputs,1));            %将数据随机排序并分组
P_train=inputs(temp(1:110),:)';
T_train=targets(temp(1:110),:)';
```

```
P_test=inputs(temp(111:end),:)';
T_test=targets(temp(111:end),:)';
%数据归一化
[p_train, ps_input] = mapminmax(P_train,0,1);
p_test = mapminmax('apply',P_test,ps_input);
[t_train, ps_output] = mapminmax(T_train,0,1);
%创建网络
net = newff(p_train,t_train,9);
%设置训练参数
net.trainParam.epochs = 1000;
net.trainParam.goal = 1e-3;
net.trainParam.lr = 0.01;
%训练网络
net = train(net,p_train,t_train);
%仿真测试
t_sim = sim(net,p_test);
%数据反归一化
T_sim = mapminmax('reverse',t_sim,ps_output);
%运行结果取整
T_sim=round(T_sim);
plot(T_test);hold on;plot(T_sim);hold off;
legend ('T\_test','T\_sim')                %下画线的 Tex 解释器
accuracy=1-length(find((T_sim-T_test)~=0))/length(T_test)
```

运行程序可以得到如下结果，在本次运行中，所训练 BP 神经网络对于测试集的判断准确率为 97.5%。

```
accuracy =
     0.9750
```

图 11-26 和图 11-27 分别为测试集的预测值-实际值对比图及神经网络训练效果图。从图 11-26 中可以看出，仅有测试集中第 39 个样本预测错误，预测准确率为 97.5%；通过重新运行程序，甚至可以获得准确率 100%的 BP 神经网络。

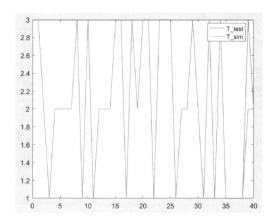

图 11-26　测试集的预测值-实际值对比图

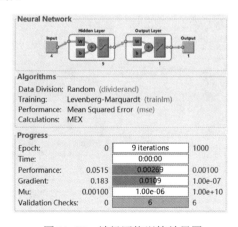

图 11-27　神经网络训练效果图

11.4.4　BP 神经网络的局限性

大量的实验已经证明，BP 网络具有实现任何复杂非线性映射的能力，特别适合求解内部机制复杂的问题。但是在实际应用过程中，BP 神经网络也具有一些难以克服的局限性，表现在以下几方面。

（1）容易陷入局部最优。BP 网络从理论上可以任意实现线性和非线性函数的映射，但在实际应用中却常常陷入局部极小值中。此时可以通过改变初始值、多次运行及在算法中加入动量项或其他方法来获得全局最小。

（2）参数选择缺乏有效的方法。BP 神经网络训练的过程中需要对网络层数、神经元个数、权值、学习率等众多参数进行设置：权值依据训练样本和学习率经过学习得到；隐层神经元个数过多或过少可能会引起过拟合或欠拟合；学习率过大或过小可能会引起学习不稳定或学习时间过长的不足。目前为止，只能根据经验给出一个粗略范围，缺乏简单有效的参数确定方法。

（3）样本依赖性。网络模型的逼进和推广能力与学习样本的典型性密切相关，如果样本集代表性差、矛盾样本多、存在冗余样本，网络就很难达到预期的性能。

小　　结

本章主要对神经网络的相关概念和特点进行介绍，并对单层感知器、线性神经网络及 BP 神经网络的创建和使用进行了介绍。通过本章的学习，应重点掌握几种神经网络在 MATLAB 中的设计、创建、分析、训练及仿真方法。

习题

11-1　设计自适应线性神经网络消除信号误差（adapt 和 linearlayer）。

11-2　利用 newlind 函数实现例 11-6 的功能。

11-3　用 newff 逼近二次函数。

11-4　尝试用不同的学习率及网络结构运行例 11-9，并观察鸢尾花分类情况。